国家级一流本科专业建设成果教材

能源科学与技术

Energy Science and Technology

张泽会 主 编
刘 冰 王 朋 副主编

化学工业出版社
·北京·

内容简介

在“双碳”目标引领下，传统能源（石油、煤化工）向低碳化、智能化转型，新能源技术发展迅猛，碳中和前沿技术也需及时补充更新，因此特编写本书以适应能源化工学科的发展需求。本书主要介绍了能源与能量转换过程中的基本概念和基本原理，内容涵盖传统能源的高效转化与利用，新能源的开发与利用以及 CO_2 的捕集、利用与封存三大领域，具体包括煤炭、石油、天然气、水能、核能与电能等传统能源和太阳能、风能、生物质能、海洋能、地热能、天然气水合物、氢能等新能源的高效利用技术，以及 CO_2 的封存与资源化利用等内容。

本书可作为化学工程与工艺、应用化学、能源化工等专业本科生的专业必修教材，也可作为相关工科专业学生了解能源化工知识的选修课教材，同时也可作为各工科教师、研究生教学与研究的参考书。

图书在版编目（CIP）数据

能源科学与技术 / 张泽会主编 ；刘冰，王朋副主编. 北京 ：化学工业出版社，2025. 8. --（国家级一流本科专业建设成果教材）. -- ISBN 978-7-122-48719-3

Ⅰ. TK01

中国国家版本馆 CIP 数据核字第 2025AX9216 号

责任编辑：刘丽菲　赵玉清　旷英姿　文字编辑：孙倩倩
责任校对：张茜越　装帧设计：刘丽华

出版发行：化学工业出版社
（北京市东城区青年湖南街 13 号　邮政编码 100011）
印　　装：河北延风印务有限公司
787mm×1092mm　1/16　印张 11　字数 270 千字
2026 年 3 月北京第 1 版第 1 次印刷

购书咨询：010-64518888　售后服务：010-64518899
网　　址：http://www.cip.com.cn
凡购买本书，如有缺损质量问题，本社销售中心负责调换。

定　　价：45.00 元

前言

能源化工是一门以化石能源（煤、石油、天然气）、可再生能源（生物质能、太阳能、氢能等）为原料，通过化学与工程技术转化为高附加值能源产品、化工原料及材料的交叉学科。其核心目标是高效转化能源资源、降低环境污染以及开发可持续能源技术。区别于传统化工，能源化工更强调能源效率、低碳化和资源的可持续利用，是化学、材料、环境等多学科的融合。本课程起到在基础化工课程（如化工原理、化工热力学）与专业方向课程（如绿色化工、化工工艺学）之间搭建桥梁的作用，承上启下，是化学工程与工艺专业一门重要的专业选修课程。

近年来，在“双碳”目标、新工科建设和工程教育认证的推动下，能源化工课程进行了一定的教学改革与教研活动。首先，为实现国家“碳达峰、碳中和”目标，积极推动能源结构转型，课程内容增加 CO_2综合利用、碳捕集利用与封存（CCUS）等前沿技术。其次，新能源（生物质能、储能电池、绿氢）技术快速迭代，需及时更新教学内容。因此在能源化工教研活动的基础上，结合国家“碳中和”目标，按照工程教育认证要求，按照“以产出为导向、以学生为中心”的目标，我们编写了《能源科学与技术》教材。

本书主要介绍了能源与能量转换过程中的基本概念与基本原理，具体内容涵盖：传统能源的高效转化与利用，包括洁净煤技术，煤化工（煤的气化、液化、焦化），石油炼制（一次、二次加工），天然气转化（制合成气、液体燃料），一次能源的节能降碳、水力发电、核裂变与核聚变原理以及电能的存储；新能源的开发与利用，重点介绍太阳能热利用、光利用（光伏电池的设计），海洋能、地热能的利用，生物质能发电与制备平台化合物、生物乙醇以及氢能的制备、存储与运输等；CO_2的捕集、利用与封存，如 CO_2加氢制甲醇、液体燃料利用技术与 CO_2封存技术等。

本书由中南民族大学张泽会教授主编。具体编写分工为张泽会负责编写第2、6、7章，刘冰负责编写第1、3章，王朋负责编写第4、5章，周鹏、贺杰参与编写第6、7章部分内容。全书由张泽会统稿、定稿。在编写过程中，我们还参阅了相关国内外专著、教材和期刊论文，在此向所有文献的作者表示诚挚的谢意。

由于能源化工涉及的知识面很广，编者的知识和经验有限，书中难免有不妥之处，恳请读者批评指正。

编者

2025 年 6 月

目录

第1章 绪 论

能源与水、粮食一起构成人类赖以生存的三大要素。能源也是社会生产力发展的重要条件。能源开采效益与利用效率在很大程度上反映了一个国家科学与技术的水平。能源问题一直是人类社会和各国政府最为关注的问题之一，能源短缺是社会经济发展的瓶颈。

人类利用能源经历了从木柴向煤炭、煤炭向油气、油气向新能源的三次重大转变。目前，世界能源正在迈入石油、天然气、煤炭、新能源“四分天下”的发展时代。据国际能源机构预测，2035 年世界一次能源消费结构中，石油将占 28%、天然气将占 23%、煤炭将占 24%、核能及可再生能源将占 25%。随着人类社会的发展，人们对煤、石油和天然气等化石能源的需求不断增大，导致化石资源日益枯竭。此外，化石能源使用过程中排放出大量的温室气体 CO_2，导致全球变暖，引发了人们对未来社会发展动力来源的广泛关注和思考。

2015 年，在巴黎召开的联合国气候大会中，中国承诺 2030 年单位国内生产总值二氧化碳排放比 2005 年下降 60%～65%，非化石能源占一次能源消费比重达到 20%左右。2020 年 9 月 22 日，国家主席习近平在第七十五届联合国大会一般性辩论上宣布：“中国将提高国家自主贡献力度，采取更加有力的政策和措施，二氧化碳排放力争于 2030 年前达到峰值，努力争取 2060 年前实现碳中和。”2023 年 9 月，《2023 全球碳中和年度进展报告》在北京正式发布。报告系统评价了全球 197 个国家在碳中和承诺、低碳技术、气候投融资、国际气候合作等方面的进程，为推动各国深化碳中和转型、弥合全球碳中和进展与《巴黎协定》温升目标的差距提供了重要信息和参考。

中国实现碳中和具有深远的经济、环境、地缘政治和社会意义，不仅关乎全球气候治理，也是中国自身高质量发展的战略选择。首先，实现碳中和目标有利于推动中国经济高质量转型。中国光伏（全球 80%组件产能）、风电（60%装机）、动力电池（70%产能）等领域已形成全产业链优势，碳中和将巩固这一地位。对于钢铁、水泥等传统高耗能行业通过电炉炼钢，碳捕集、利用与封存（CCUS）等技术减碳，加快产业升级，提升国际竞争力。其次，碳中和的实现将有效降低我国对化石能源依赖。中国石油、天然气对外依存度超 70%和 40%，发展风能、太阳能等本土可再生能源可减少地缘政治风险。最后，中国作为最大发展中国家，其减排路径为新兴经济体提供参考（如印度、东南亚国家），推动发展中国家集体行动。

能源化工是以化石能源（煤、石油、天然气）、可再生能源（生物质能、太阳能、氢能等）为原料，通过化学与工程技术转化为高附加值能源产品、化工原料及材料的交叉学科。其核心目标是高效转化能源资源、降低环境污染以及开发可持续能源技术。区别于传统化工，能源化工更强调能源效率、低碳化和资源可持续性，是化学、材料、环境等多学科的融合。本书主要介绍能源与能量转换过程中的基本概念和基本原理，涵盖以下三方面：①传统能源的高效转化与利用，包括洁净煤技术，煤化工（煤的气化、液化、焦化），石油炼制（一次、二次加工），天然气转化（制合成气、液体燃料），一次能源的节能降碳，水力发电，核裂变与核聚变的原理以及电能的存储；②新能源的开发与利用，包括太阳能、风能、生物质能、海洋能、地热能、天然气水合物及氢能等新能源的开发利用技术，重点介绍光伏电池技术、生物质发电与燃料制备（生物乙醇、平台化合物）以及氢能的制备、存储与运输；③ CO_2 的捕集、利用与封存，包括 CO_2 捕集、CO_2 利用（加氢制甲醇、液体燃料）、CO_2 封存技术以及甲烷控排等。随着全球能源结构向低碳化转型，能源化工不仅关注传统化石燃料的高效利用（如石油催化裂化、煤制合成气），更致力于开发绿色可持续技术，如电解水制氢、CCUS、生物质炼制等。当前，该领域面临的核心挑战在于如何平衡能源需求增长与碳排放控制，同时突破关键技术瓶颈，如低成本储氢材料、高效光催化剂等。未来，能源化工将向智能化（AI优化反应过程）、多能互补（风光储氢一体化）及循环经济（废弃物资源化）方向发展，为国家“双碳”目标和全球可持续发展提供关键技术支撑。

第 2 章
能源与能量

2.1 能源的基本概念

能源是指可提供各种能量（如热能、电能、光能和机械能等）或可用功的物质的统称。具体来说，能源是指能够直接取得或者通过加工、转换而取得有用能的各种资源，包括煤炭、原油、天然气、煤层气、水能、核能、风能、太阳能、地热能、生物质能、潮汐能等一次能源和电力、热力、成品油等二次能源，以及其他新能源和可再生能源。能源是呈多种形式的，并且可以相互转换的能量源泉。确切而简单地说，能源是自然界中能够直接或经过转换为人类提供某种形式能量的物质资源。

2.1.1 能源的分类

能源在自然界存在的形式多种多样，概括起来主要有六种（图 2-1）：

① 按成因，能源可分为一次能源和二次能源。一次能源即天然能源，指在自然界现成存在的能源，如煤炭、石油、天然气、水能、风能、太阳能、核能、地热能、潮汐能等。一次能源大部分不能直接作为能源供终端用户使用，天然气是少数几种可作为直接终端能源的一次能源之一。一次能源经过加工转换而成的能源产品称为二次能源，如煤气、石油制品、蒸汽、氢能、电力等。在众多的二次能源中，电力是当前应用最广泛的。

② 根据是否可再生，一次能源可分为可再生能源和不可再生能源。可再生能源包括太阳能、水能、风能、生物质能、波浪能、潮汐能、海洋温差能、地热能等。可再生能源可以在自然界中循环再生。可再生能源取之不尽，用之不竭，不需要人力参与便会自动再生。然而，随着人类的开发与利用，不可再生能源将变得越来越少，如煤炭、石油、天然气、核燃料等。

③ 根据来源，能源可以分为以下三类：a. 来自地球外部天体的能源，主要是太阳能、煤炭、石油、天然气、生物质能以及风能、水能、海洋能等。从广义上讲，该类能源间接来源于太阳。b. 地球本身蕴藏的能量。该类能量又分为两种，一种是以热能形式存储于地球内部的地热能，包括地热水、地热蒸汽和干热岩体；另一种是地球上核燃料所释放的能量，即原子核能。c. 地球和其他天体相互作用而产生的能量，该类能量以月球引力为主，如海洋中的潮汐能。

④ 根据技术成熟度和使用广泛度，能源可分为常规能源和新能源。常规能源是指在一定的历史时期和技术水平下已经大规模生产和广泛利用的能源。现阶段国际公认的四大常规能源包括煤炭、石油、天然气和水能。近年来，随着核裂变能的高速发展，核裂变能已成为第五大常规能源。相对于常规能源，新能源通常指在当前尚未被大规模推广应用，部分甚至仍处于研究探索阶段的能源，如太阳能、风能、海洋能、生物质能等。常规能源和新能源的分类并非固定不变，例如核裂变能在 20 世纪属于新能源。然而，进入 21 世纪后，核裂变能

发电技术已相对成熟并被广泛应用，因此核裂变能从新能源变成为常规能源。

⑤ 根据对环境有无污染，能源可分为清洁能源和非清洁能源。清洁能源是指不排放污染物、能够直接用于生产生活的能源，如太阳能、风能、水能等。清洁能源不能只看能源本身，还要考察能源的利用过程是否清洁。例如氢气是否属于清洁能源要考虑氢气的来源，如果以可再生能源发电用于电解水制氢，那么产生的氢气就属于清洁能源；但如果氢气来源于传统化石能源，那就属于非清洁能源。因此清洁能源的准确定义应为：对能源清洁、高效、系统化应用的技术体系。

⑥ 按照能源本身性质可以分为含能体能源和过程性能源。含能体能源是指包含能量的物质，如化石燃料、草木燃料、核燃料等，含能体可以直接储存运送。过程性能源是指物质在运动或流动过程中产生的能量，并随着物质运动过程的结束而消散。这些能量形式包括流水、海流、潮汐、风、地震、直接的太阳辐射、电能等。

- 能源
  - 一次能源
    - 常规能源
      - 可再生能源(如水能)
      - 非可再生能源(如煤炭、石油、天然气、核裂变能)
    - 新能源
      - 可再生能源(如太阳能、风能、生物质能)
      - 非可再生能源(如核聚变能、油页岩、油砂)
  - 二次能源
    - 煤制品——精煤、焦炭、煤气
    - 石油制品——汽油、煤油、柴油、燃料油、液化石油气
    - 电力、氢能、工业余热、沼气、蒸汽等

图 2-1 能源的分类图

2.1.2 能量的基本形式

能源是能量的载体，而能量是指物质做功的能力。能量以多种不同的形式存在。按照物质的不同运动形式分类，能量可分为机械能、热能、核能、化学能、电能、辐射能六类。这些不同形式的能量之间可以通过物理过程或化学反应而相互转换（如图 2-2 所示）。

（1）化学能（chemical energy）

化学能不能直接用来做功，只有在发生化学变化的时候才可以释放出来，变成热能或者其他形式的能量。像石油和煤的燃烧、炸药爆炸以及人吃的食物在体内发生化学变化时所放出的能量，都属于化学能的转换。化学能是化学反应中吸收或者释放的能量，根据能量守恒定律，这种能量的变化与反应中热能的变化大小相等、符号相反，参加反应的化合物中各原子重新排列而产生新的化合物时，将导致化学能的变化，产生放热或吸热效应。化学能的本质是在化学反应中原子最外层电子运动状态的改变和原子能级发生变化的结果。

（2）热能（thermal energy）

热能是构成物质的微观粒子运动的动能和势能的总和。它反映了微观粒子运动的激烈程度，在宏观上的表现是温度的高低。热能是人类使用最广泛和最早的一种能量形式，有85％～90％的能源（能量）是经过转换成热能后再加以利用的。例如常规能源燃料中含有的化学能一般需要先转换为热能。相对于常规能源燃料，地热能和海洋能本身就是一种热能，其中地热能是地球上最大的热能资源。

（3）机械能（mechanical energy）

机械能是动能与势能的总和，而势能又分为重力势能和弹性势能。我们把动能、重力势

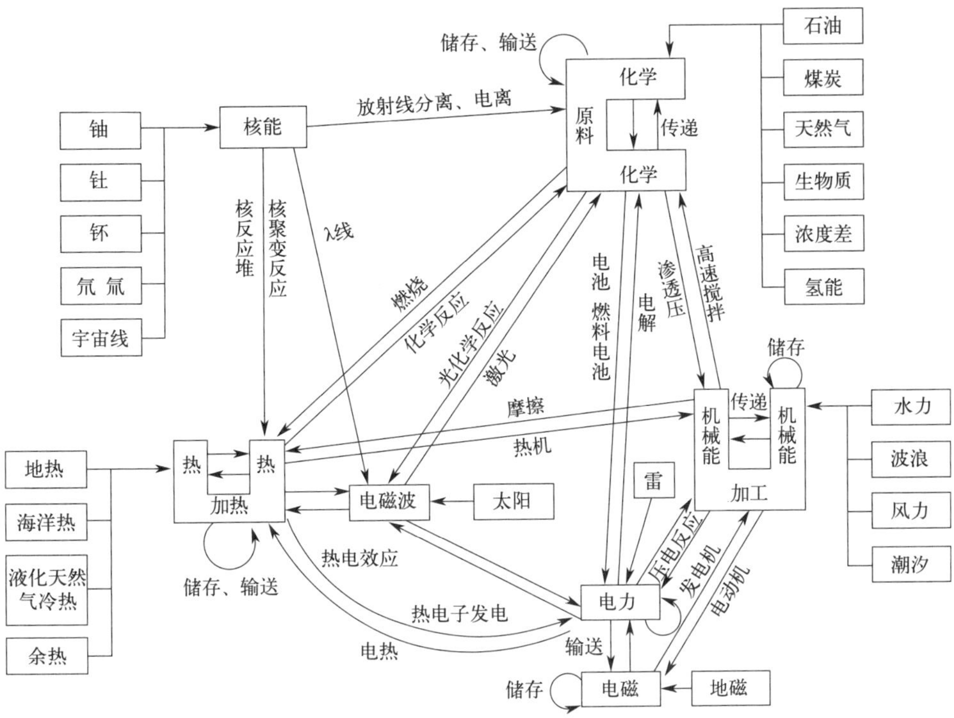

图 2-2 能量间的相互转换关系

能和弹性势能统称为机械能。风能、水能等是人类认识最早的机械能形式。决定动能的是质量与速度；决定重力势能的是质量和高度；决定弹性势能的是弹性系数与形变量。机械能是表示物体运动状态与高度的物理量。物体的动能和势能之间可以相互转换。在只有动能和势能相互转换的过程中，机械能总量保持不变，即机械能守恒。

(4) 电能 (electricity energy)

电能是指在一定的时间内电路元件或设备吸收或发出的电能量，用符号 W 表示。日常生活中使用的电能主要来自其他形式能量的转换，包括水能（水力发电）、内能（俗称热能，火力发电）、核能（原子能发电）、风能（风力发电）、化学能（电池）及光能（光电池、太阳能电池等）等。电能也可转换成其他所需能量形式。电能的利用是第二次工业革命的主要标志，从此人类社会进入电气时代。当前，电能是人类使用最多、最为方便的二次能源。

(5) 核能 (nuclear energy)

核能（或称原子能）是通过核反应从原子核释放的能量，符合阿尔伯特·爱因斯坦的质能方程 $E=mc^2$。其中 E 代表能量；m 代表质量；c 代表光速。核能是最具希望的未来能源之一。人们开发核能的途径有两条：一是重元素的裂变，如铀裂变；二是轻元素，如氘、氚、锂等的聚变。重元素的裂变技术，已取得实际的应用；而轻元素聚变技术，也正在积极研究之中。不论是重元素铀，还是轻元素氘、氚，在海洋中的储藏量都相当大。

(6) 辐射能 (radiant energy)

辐射能是指电磁波中电场能量和磁场能量的总和，因此也称为电磁场能量。辐射能包括电磁波、声波、弹性波、核射线所传递的能量。理论上讲，任何物体只要自身温度高于绝对零度，就会向外发射辐射能。不同的是高温物体（比如太阳）向外发出的辐射能属于短波，而低温物体发出的辐射能属于长波。太阳能是人类利用最多的辐射能，主要形式为光和热。

2.2 能源利用史

纵观人类历史，人类社会主要经历了三个时期，即薪柴时期、煤炭时期和石油时期。大约五十万年前，直立人就已经学会了用火。用火来获取有机物中累积的太阳能，是人类首次支配了一种自然力。距今一万年前的农业社会，通过种植作物与驯养家畜，人类更有效地把太阳能转化为食物、热量和动力。农业文明时代的燃料是薪柴、秸秆、动物粪便等生物质燃料，动力有人力、畜力、风力和水力等。以薪柴为主要能源的时期持续了很长时间，直到18世纪工业革命开始，以煤炭、石油、天然气为代表的化石能源取代了薪柴作为主要能源，社会生产力大幅增长。

我国在2000多年前的春秋战国时期，就已经将煤炭作为燃料使用，但是在生产力水平低下的时期，人类对于煤炭的开采获取能力十分有限。18世纪的英国发生了近代史上最重要的能源技术革命，即高效利用煤炭的蒸汽机的发明和应用。这一变革使英国突破了经济发展的能源瓶颈，实现经济腾飞。源于英国的化石能源技术革命开启了近代世界工业文明的历史大幕，极大地促进了工业化国家生产力的发展和经济增长。煤炭以其高热值、分布广的优点成为全球第一大能源。这也随之带动了钢铁、铁路、军事等工业的迅速发展，大大促进了世界工业化进程，煤炭时代所推动的世界经济发展超过了以往数千年的时间。

石油作为主力能源的崛起之路始于1859年，美国宾夕法尼亚州打出了世界上第一口油井，石油工业由此发展，世界进入了“石油时代”。19世纪末，以石油为燃料的内燃机被发明出来。此后不久，效率更高的柴油机和涡轮机先后问世。石油以其更高热值、更易运输等特点，于20世纪60年代取代了煤炭第一能源的地位，成为第三代主体能源。石油作为一种新兴燃料不仅直接带动了汽车、航空、航海、军工业、重型机械、化工等工业的发展，甚至影响着全球的金融业，人类社会也被飞速推进到现代文明时代。

最晚得到开发利用的化石燃料是天然气。天然气是蕴藏于地层中的烃类和非烃类气体混合物。现代意义上的天然气开发利用始于20世纪20年代的美国，最初主要作为照明、取暖和烹饪的燃料。随着输送管道网络建设的发展，天然气在居民生活和工业中得到广泛应用。如今，天然气在很多国家都是一种不可或缺的能源，特别是在民用生活领域。

与此同时，化石燃料的大量燃烧也引发了气候变暖、两极冰川融化、极端天气突增等一系列全球性危机。19世纪中叶，对更为便捷灵活的动力和交通运输条件以及更充足照明系统的需求促进了人类历史上新的一次重大能源进步的发生——电力的发明和应用。19世纪以来，随着电磁感应现象的发现，世界由“蒸汽时代”跨入“电气时代”。电力被人类学家视为现代文明的重要标志和象征。可再生能源是正在进行的能源转型的核心。随着各国加大减碳排放力度，太阳能和风能发电能力正在全球范围内扩大。

基于化石能源短缺及其环境影响，推动能源转型和替代显得十分紧迫。目前，能源多样化已经成为一种现实选择和趋势，诸如太阳能、波浪能、潮汐能及地热能等，都已成为人类利用的新能源。不过，这些能源在现有能源利用结构中仅占很小的比重，而且还存在着不少局限。另外，挖掘现有能源潜力的技术创新也是解决能源短缺的一条重要途径。

2.3 能源经济与可持续发展

能源是人类文明进步的基础和动力。习近平总书记指出，能源安全是关系国家经济社会发展的全局性、战略性问题，对国家繁荣发展、人民生活改善、社会长治久安至关重要。改革开放以来，中国适应经济社会快速发展需要，推进能源全面、协调、可持续发展，成为世界上最大的能源生产消费国和能源利用效率提升最快的国家。从 2014 年到 2023 年，我国一次能源生产总量稳定增长，由 2014 年的 36.22 亿 t 标准煤（1t 标准煤＝29307kJ）增长到 2023 年的 48.03 亿 t 标准煤（图 2-3）。2020 年 12 月，国务院新闻办公室发布《新时代的中国能源发展》白皮书。书中强调，新时代的中国能源发展，贯彻“四个革命、一个合作”能源安全新战略。①推动能源消费革命，抑制不合理能源消费；②推动能源供给革命，建立多元供应体系；③推动能源技术革命，带动产业升级；④推动能源体制革命，打通能源发展快车道；⑤全方位加强国际合作，实现开放条件下能源安全。

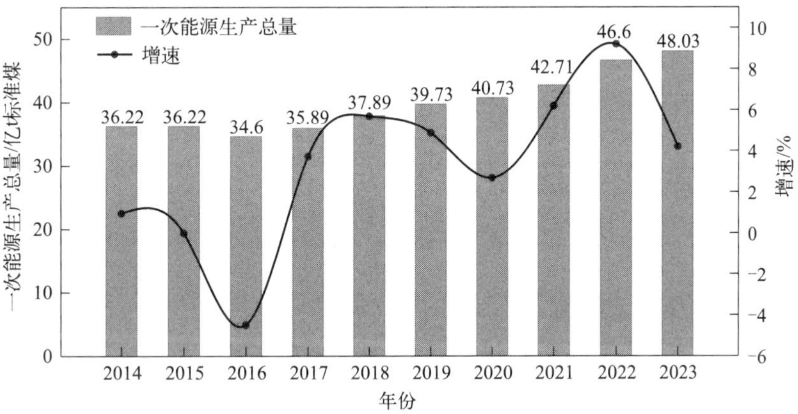

图 2-3 2014—2023 年能源生产总量及增速

2.4 能源消费弹性系数

能源消费弹性系数是指能源消费增长率与国内生产总值（GDP）增长率之比，是反映能源消费增长速度与国民经济增长速度之间比例关系的指标，能够反映经济增长对能源的依赖程度。经济发展史表明，在工业化初期，由于耗能多的重工业迅速发展，加之能源利用技术比较落后，因而能源消费的增长速度快于国民经济增长速度，因而能源消费弹性系数一般大于 1。随着科学技术的进步、能源利用效率的提高、国民经济结构的变化，能源消费弹性系数会普遍下降。

2014—2023 年十年间我国能源消费弹性系数如图 2-4 所示。从图中可以看出，随着能效水平不断提升，我国能源消费弹性系数总体较低，较好实现了以较低的能源发展速度支撑经济的高速发展。从十年数据来看，2015 年的 0.19 为近十年最低点，2017—2019 年保持在 0.5 上下。2020 年，国内生产总值增速从 2019 年的 6%下降到 2.3%，造成能源消费弹性系数明显提升。2021 年有所回调。2023 年，我国经济增长对能源消耗的依赖程度升高，能源消费弹性系数再度超过 1。

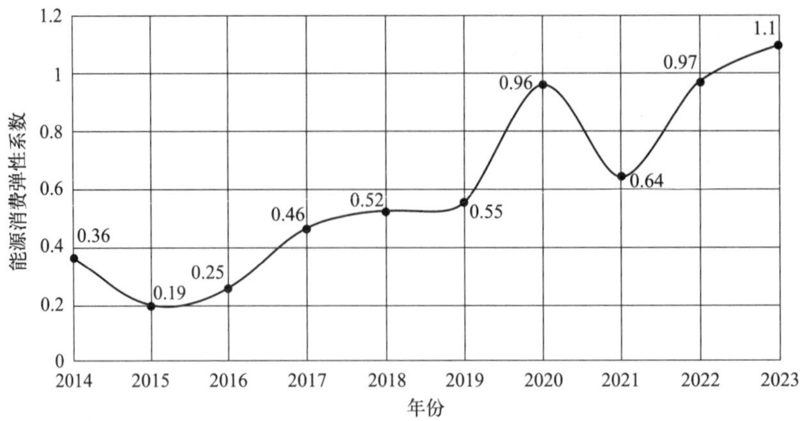

图 2-4 2014—2023 年能源消费弹性系数

当前，立足我国基本国情和现阶段经济社会发展水平，确立了生态优先、绿色发展的导向，坚持在保护中发展、在发展中保护，深化能源供给侧结构性改革，优先发展非化石能源，推进化石能源清洁高效开发利用，健全能源储运调峰体系，促进区域多能互补协调发展。

2.5 能源转换的化工过程

2.5.1 能源转换原理

自然界中，常见的各种能源本身都含有某种形式的能量。其中，多数不能直接用作“终端能源”（即通过“终端用能设备”供消费者直接使用）。因此，需要转换成人们所需要的能源形式（二次能源，即能源产品）。为了适应消费者的需要，能源必须转换成容易运输、分配并在各种设备中能方便使用的形态。这就形成了“能源供应网”，如电力网、燃气网和区域供热网等。液体燃料（如汽油和柴油）也趋向建立分配网，以便于储存、携带和运输。

在工业生产和日常生活中，消耗的主要能量形式有：热能、机械能、电能、化学能。各种形式的能量可以相互转换，但转换方式和难易程度不相同。能量的转换过程就是能量的利用过程。能量转换需要一定的设备，由于设备本身的限制，能量不可能全部转换为人们需要的能量。一次能源转换成二次能源有不同的方式。例如生产电力，可用燃煤“火电站”，也可用水力发电、核能发电、太阳能发电或风能发电等；又如燃煤“热电站”既可供电，又可区域供热/制冷。其中能源转换设备，有时是一个系统，如核电站，在发电以前，要进行化学转换、同位素浓缩、核燃料制作等过程；有时则是简单的机器，如水电机或风电机。

能源转换的最后阶段，是把二次能源转换成终端利用能源，即炉灶、汽车、计算机、灯泡等终端设备所消耗的能源。在能源的终端利用过程中，终端能源变成有效能，有效能就储存在产品中，或用于服务。一次能源转换成二次能源或终端能源过程中，无论如何转换都会有转换损失，把能源送到用户也会有输送损失。如用煤发电过程中，煤中有些能量残存在未燃尽的煤渣中，有些以热的形式从烟囱中损失掉，或成为锅炉或蒸汽管道的辐射热而散发掉，有些以废热的形式失去，有些成为摩擦损失，剩下的部分转变为电能。在能量转换和传递过程中，由于存在着耗散作用、不可逆过程及可用能损失，所以各种热力循环、热力设备和能量利用装置的能源利用效率都不可能达到 100%。在能量利用中，效率和经济性是两个非常重要的指标。效率一般定义为效果与代价之比。对于能量转换装置，能量转换效率是指一个能量转换设备所输出的可利用能量相对其输入能量的比值。火力发电厂的转换效率一般在 30%～45%。

能量的传递包括两种形式：转移与转换。转移是某种形态的能量从一地转移到另一地，从一物转移到另一物；转换则是能量由一种形态变为另一种形态。能量的传递途径主要有两条：一种是由物质交换和质量输运而携带的能量，称为携带能；另一种是在体系边界面上的能量交换，称为交换能。在体系边界面上的能量交换通常有两种方法：①传热：由温差引起的能量交换，这是能量传递的微观形式。传热的三种基本方式是热传导、热对流和热辐射。②做功：由非温差引起的能量交换，这是能量传递的宏观形式。做功（这里指机械功）的三种基本方式是体积功、轴功和流动功（推动功）。能量传递的结果主要体现在两方面：能量使用过程中所起的作用和能量传递的最终去向。能量传递的去向通常有两条：转移到产品或散失于环境。能量传递的实质，就是能量利用的实质。如果把产品的使用和消耗包括在内，能量的最终去向是唯一的，即最终进入环境。

2.5.2　化学能转换为热能

在各种能量转换方式中，最重要的能量转换方式是：将燃料的化学能通过燃烧转换为热能，热能再通过热机转换为机械能。机械能既可直接利用（例如驱动泵、压缩机、汽车等各种运动机械），也可通过发电机再将机械能转换为更便于利用的电能。燃料的化学能转变为热能在燃烧设备中实现。目前获得机械能的最主要方式是将热能转换为机械能，通常在热机中完成。化学能转换为热能的最主要方式是燃烧燃料。天然固体燃料有煤炭和木材（一次能源）；人工固体燃料有焦炭、型煤、木炭等（二次能源）。煤炭是当前应用最为普遍的燃料。天然液体燃料为石油或原油；人工液体燃料有汽油、煤油、柴油、重油等。天然气体燃料为天然气；人工气体燃料包括焦炉煤气、高炉煤气、水煤气和液化石油气等。

2.5.3　热能转换为机械能

目前获得机械能最主要的方式是通过热能转换，该转换需要热机。热机是一种将热能转换为机械能的装置。热机可为其他机械提供动力，通常又称为动力机械。应用最广泛的热机主要有蒸汽轮机、燃气轮机、内燃机等。

蒸汽轮机简称汽轮机，其结构如图 2-5 所示。蒸汽轮机是将蒸汽的热能转换为机械功的热机。汽轮机特点：单机功率大、效率高、运行平稳、使用寿命长等。在现代火力发电厂和核电站中都用它驱动发电机。汽轮机发电机组所发电量占总发电量的 80%以上。此外，汽轮机还用来驱动大型鼓风机、水泵和压缩机，也用作舰船的动力。蒸汽轮机工作原理如下：高压蒸汽从进汽管进入汽轮机，通过喷管时发生膨胀，压力降低，流速增加，蒸汽的热能转换为汽流的动能。离开喷管的高速汽流冲击叶片，使转子旋转做功，蒸汽的动能转换为机械功。

燃气轮机（图 2-6）是在汽轮机和活塞式内燃机之后出现的另一种热力发动机。压气机从外界大气环境中吸入空气，并经过轴流式压气机逐级压缩使之增压，同时空气温度也相应提高；压缩空气被压送到燃烧室与喷入的燃料混合燃烧生成高温高压的气体；然后进入涡轮中膨胀做功，推动涡轮带动压气机和外负荷转子一起高速旋转，实现了气体或液体燃料的化学能部分转换为机械能，并输出电能。从涡轮中排出的废气排至大气自然放热。这样，燃气

图 2-5 蒸汽轮机主体结构

轮机就把燃料的化学能转换为热能，又把部分热能转变成机械能。通常在燃气轮机中，压气机是由燃气涡轮膨胀做功来带动的，它是涡轮的负载。在简单循环中，涡轮输出的机械功主要（1/2～2/3）用来带动压气机，剩余的用来驱动发电机。在燃气轮机起动时，首先需要外界动力，一般是起动机带动压气机，直到燃气涡轮输出的机械功大于压气机消耗的机械功时，外界起动机脱扣，燃气轮机才能自独立工作。

图 2-6 燃气轮机主体结构

燃气轮机和蒸汽轮机的最大区别在于燃气轮机以燃烧气体作为工作介质。燃料燃烧时产生的高温气体直接推动燃气轮机的涡轮对外做功。因此，以燃气轮机作为热机的火力发电厂不需要锅炉。它包括三个主要部件：压气机、燃烧室和燃气涡轮。燃气轮机具有以下优点：①质量轻、体积小、投资省；②起动快、操作方便；③水、电、润滑油消耗少，只需少量的冷却水或不用水，因此可以在缺水的地区运行；④辅助设备用电少，润滑油消耗少，通常只占燃料费的1%左右，而汽轮机要占6%左右。然而，燃气轮机在运转时，发动机内部温度持续处于高位，这使得对材料的抗高温性能与耐久性有着极高要求，进而导致其价格昂贵。燃气轮机按照功率可以分为微型、小型、中型和重型燃气轮机，在航空、船舶等领域具有重要的应用，较少用于一般汽车和个人用机械上（图 2-7）。

内燃机是一种动力机械，其工作原理是让燃料在机器内部燃烧，并将其放出的热能直接转换为动力的热力发动机。广义上的内燃机不仅包括往复活塞式内燃机、旋转活塞式发动机和自由活塞式发动机，也包括旋转叶轮式的喷气式发动机，但通常所说的内燃机是指活塞式内燃机。大多数内燃机是往复式，有气缸和活塞。活塞式内燃机将燃料和空气混合，在气缸

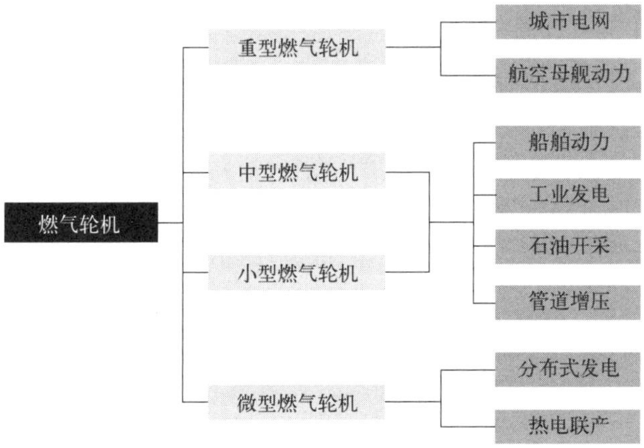

图 2-7　燃气轮机分类及应用

内燃烧，释放出的热能使气缸内产生高温高压的燃气。燃气膨胀推动活塞做功，再通过曲柄连杆机构或其他机构将机械功输出，驱动从动机械。常见的有柴油机和汽油机。

2.5.4　机械能转换为电能

机械能转换为电能的核心在于发电机的运用，它的工作原理基于电磁感应定律，即当磁场中的导线移动时，会在导线中产生电动势，从而产生电流。发电机利用转子的旋转来创造磁场。这个旋转磁场与定子的导体线圈相互作用，从而在导体中感应出电动势。电动势是电流产生的基础，它促使电流在电路中流动，这样就将机械能成功转换为电能（图 2-8）。在这个过程中，磁场与导体的相对运动是关键因素，它驱动了电能的产生。这一转换过程要求转子的旋转速度与磁场强度达到一定的平衡。只有当转子的旋转速度足够快，磁场强度足够大时，才能有效地在导体中感应出足够的电压。这一平衡关系是保证机械能高效转换为电能的前提条件。

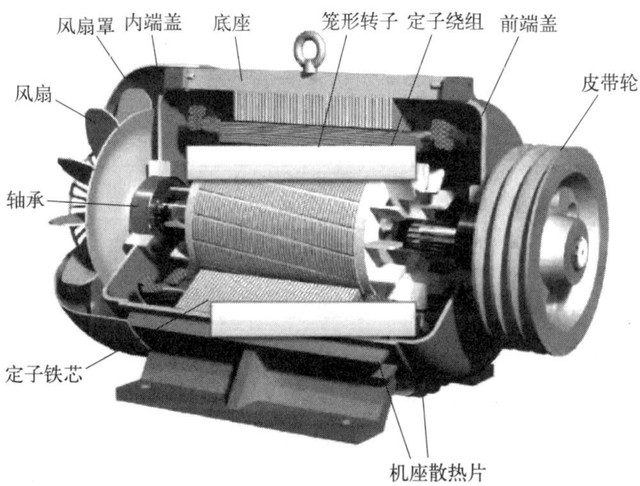

图 2-8　发电机结构图

2.5.5 化学能转换为电能

化学能转换为电能主要依赖电化学反应。电化学反应是一种将化学反应与电现象耦合起来的反应过程，通过控制电子的流动，将储存在化学物质中的能量转换为电能。

电池是一种能够将化学能转换为电能的装置。常见的电池有干电池、锂电池等。以干电池为例，通过化学反应将储存在干电池中的化学能转换为电能。干电池中存在阴极、阳极和电解质三个部分。化学反应导致电解质中出现电荷的不平衡，从而形成一个电场，使得电子在阴极和阳极之间流动，产生电流，最终将储存在化学物质中的能量转换为电能。

燃料电池是一种将化学能直接转换为电能的装置，其工作原理类似于电池。燃料电池通过燃料分子（如氢气、甲烷、甲醇、乙醇等）与氧气在电解质中进行氧化还原反应产生电流，将化学能转换为电能。它具有高效、环保的特点，被广泛应用于汽车、航空航天等领域。燃料电池的单体电池由正负两个电极（负极即燃料电极，正极即氧化剂电极）以及电解质组成。一般电池的活性物质储存在电池内部，因此，电池容量有限。而燃料电池的正、负极本身不包含活性物质，只是催化转换元件。电池工作时，燃料和氧化剂由外部供给，进行反应。原则上只要反应物不断输入，反应产物不断排出，燃料电池就能连续地发电。这里以氢-氧燃料电池为例来说明燃料电池的电极反应。

负极：
$$H_2+2OH^- = 2H_2O+2e^- \tag{2-1}$$

正极：
$$\frac{1}{2}O_2+H_2O+2e^- = 2OH^- \tag{2-2}$$

电池反应：
$$H_2+\frac{1}{2}O_2 = H_2O \tag{2-3}$$

氢-氧燃料电池的反应是电解水的逆过程。另外，只有燃料电池本体还不能工作，必须有一套相应的辅助系统，包括反应剂供给系统、排热系统、排水系统、电性能控制系统及安全装置等。燃料电池通常由形成离子导电体的电解质板及其两侧配置的燃料极（阳极）、空气极（阴极）、气体流路构成，气体流路的作用是使燃料气体和空气（氧化剂气体）能在流路中通过。

按照电解质和工作原理不同，燃料电池可以分为：质子交换膜燃料电池（PEMFC）、碱性燃料电池（AFC）、磷酸燃料电池（PAFC）、熔融碳酸盐燃料电池（MCFC）、固体氧化物燃料电池（SOFC）等（表 2-1）。下面对各类燃料电池介绍如下。

表 2-1 燃料电池种类、燃料、带电离子和工作温度

类型	燃料	带电离子	工作温度/℃
碱性燃料电池(AFC)	H_2(纯)	OH^-	50～200
质子交换膜燃料电池(PEMFC)	H_2	H^+	30～100
磷酸燃料电池(PAFC)	H_2	H^+	220
熔融碳酸盐燃料电池(MCFC)	CH_4、H_2、CO	CO_3^{2-}	650
固体氧化物燃料电池(SOFC)	CH_4、H_2、CO	O^{2-}	500～1000

（1）质子交换膜燃料电池（PEMFC）

质子交换膜燃料电池，也被称作聚合物电解质燃料电池。该类型的燃料电池主要依赖一种特殊的聚合物膜，在它表面涂有高分散的催化剂颗粒，被称作 CCM。PEMFC 主要由质子交换膜（电解质）、催化剂层、气体扩散层和双极板等核心部件组成。气体扩散层、催化剂层和聚合物电解质膜通过热压过程制备得到膜电极组件（MEA）。中间的质子交换膜起到了传导质子（H^+）、阻止电子传递和隔离阴阳极反应的多重作用。两侧的催化剂层是燃料和氧化剂进行电化学反应的场所。气体扩散层的主要作用为支撑催化剂层、稳定电极结构、提供气体传输通道及改善水管理。双极板的主要作用是分隔反应气体，并通过流场将反应气体导入燃料电池中，收集并传导电流，支撑膜电极，以及承担整个燃料电池的散热和排水功能。

PEMFC 的工作原理（图 2-9）为：燃料（氢气 H_2）进入阳极，通过扩散作用到达阳极催化剂表面，在阳极催化剂的作用下分解成带正电的质子（H^+）和带负电的电子（e^-），质子通过质子交换膜到达阴极，电子则沿外电路通过负载流向阴极。同时，氧气（O_2）通过扩散作用到达阴极催化剂表面，在阴极催化剂作用下，电子、质子和氧气发生氧还原反应（ORR）生成水。相关电极反应式如下：

阳极（负极）： $H_2 = 2H^+ + 2e^-$ (2-4)

阴极（正极）：$O_2 + 4e^- + 4H^+ = 2H_2O$ (2-5)

总反应：$2H_2 + O_2 = 2H_2O$ (2-6)

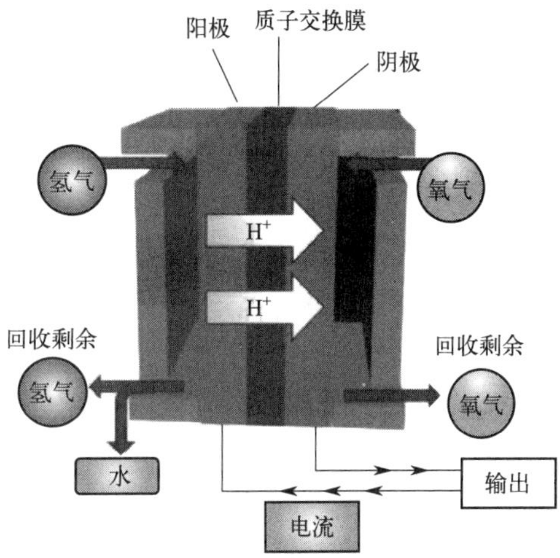

图 2-9 质子交换膜燃料电池结构及工作原理

PEMFC 内部构造简单，电池模块呈现自然的“积木化”结构，使得电池组的组装和维护都非常方便，也很容易实现“免维护”设计。PEMFC 的工作温度低，启动速度较快，功率密度较高（体积较小），因此很适合用作新一代交通工具的动力，潜力巨大。从目前发展情况看，PEMFC 是技术最成熟的电动车动力源，PEMFC 电动车被业内公认为是电动车的未来发展方向。燃料电池将会成为继蒸汽机和内燃机之后的第三代动力系统。PEMFC 可以实现零排放或低排放；其输出功率密度比目前的汽油发动机输出功率密度高得多，可达 1.4kW/kg 或 1.6kW/L。用作电动自行车、助动车和摩托车动力的 PEMFC 系统，其功率范围分别是 300～500W、0.5～2kW 和 2～10kW。游览车、城市工程车、小轿车等轻型车辆用的 PEMFC 动力系统的功率一般为 10～60kW。公交车的功率则需要 100～175kW。PEMFC 用作潜艇动力源时，与斯特林发动机及闭式循环柴油机相比，具有效率高、噪声低和红外辐射低等优点，对提高潜艇隐蔽性、灵活性和作战能力有重要意义。

质子交换膜燃料电池应用前景广阔，市场潜力巨大，对产业结构升级、环境保护及经济的可持续发展均有重要意义。然而电催化剂大量使用贵金属铂，其成本也占据了燃料电池总成本的近一半。质子交换膜和双极板的高成本也同样增加了燃料电池的总成本。因此研发高性能、高耐久性、低成本的质子交换膜燃料电池新材料是目前该领域的研究热点。

(2) 碱性燃料电池 (AFC)

碱性燃料电池是以 NaOH 或 KOH 等碱性溶液为电解质，以氢气为燃料，以纯氧气或者脱除微量 CO_2 的空气为氧化剂的燃料电池。图 2-10 为典型的碱性燃料电池组成和工作原理图。在阳极，氢气与碱性电解液中的 OH^- 在电催化剂的作用下发生氧化反应，生成水，并将电子通过外电路传递到阴极（式 2-7）。在阴极，氧气得到电子与水发生还原反应生成 OH^-（式 2-8），生成的 OH^- 通过饱浸碱液的多孔隔膜迁移到阳极。在 AFC 工作过程中阳极需要不断地排水以维持电解质的碱液浓度恒定，同时要排出电池反应的废热以保持电池工作温度的稳定。碱性燃料电池相关电池反应如下：

阳极（负极）： $$H_2+2OH^- = 2H_2O+2e^- \tag{2-7}$$

阴极（正极）： $$O_2+2H_2O+4e^- = 4OH^- \tag{2-8}$$

总反应： $$2H_2+O_2 = 2H_2O \tag{2-9}$$

碱性燃料电池在航天方面的成功应用证明了碱性燃料电池具有高的比功率和能量转换效率且运行高度可靠，展示出其作为高效、环境友好发电装置的可能性。由于碱性燃料电池以浓碱作为电解质，在地面应用时必须脱除空气中的 CO_2，若以碳氢化合物的重整气为燃料，则必须要分离出其中的 CO_2，从而导致整个系统的复杂化和成本增加。

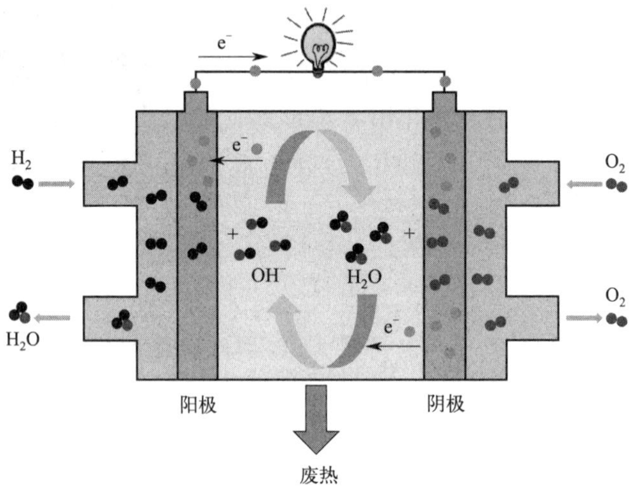

图 2-10　碱性燃料电池结构及工作原理

(3) 磷酸燃料电池（PAFC）

磷酸燃料电池是以浓磷酸为电解质，以贵金属催化的气体扩散电极为正、负电极的中温型燃料电池。磷酸燃料电池工作原理如图 2-11 所示：燃料气体或城市煤气添加水蒸气后送到改质器，把燃料转化成 H_2、CO 和水蒸气的混合物，CO 和水进一步在移位反应器中经触煤剂转化成 H_2 和 CO_2。经过如此处理后的燃料气体进入燃料堆的负极（燃料极），同时将氧气或空气输送到燃料堆的正极（空气极）进行化学反应，借助触媒剂的作用迅速产生电能和热能。磷酸燃料电池相关电极反应如下：

阳极（燃料极）： $$H_2 = 2H^+ +2e^- \tag{2-10}$$

阴极（空气极）： $$2H^+ +\frac{1}{2}O_2+2e^- = H_2O \tag{2-11}$$

总反应： $$H_2+\frac{1}{2}O_2 = H_2O \tag{2-12}$$

磷酸燃料电池有第一代燃料电池之称，同时也是当前商业化发展最快的一种燃料电池。尽管磷酸燃料电池的工作温度要在 150～220℃，但仍需使用贵金属 Pt 电极加速反应。相对于质子交换膜燃料电池的阴极反应，磷酸燃料电池工作温度较高，阴极上的反应速度更快，且较高的工作温度也使其对杂质的耐受性较强。磷酸燃料电池可用于大规模发电、医院或居民区供电、汽车动力以及不间断电源等领域。它具有能量密度高、高温运行和低维护要求的优点，被广泛应用于固定电源和航空航天等领域。

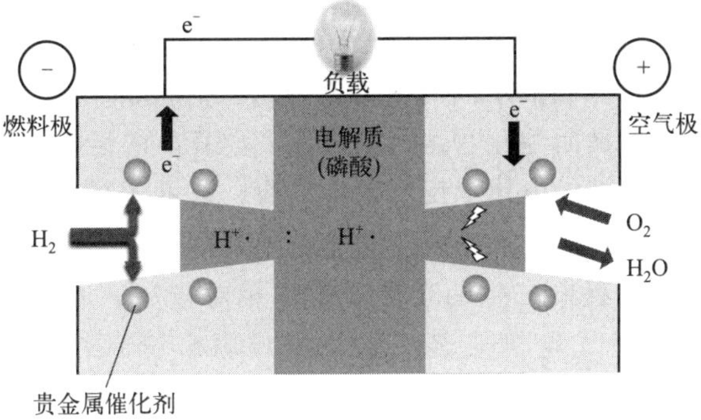

图 2-11 磷酸盐燃料电池工作原理

(4) 熔融碳酸盐燃料电池 (MCFC)

熔融碳酸盐燃料电池是由多孔陶瓷阴极、多孔陶瓷电解质隔膜、多孔金属阳极、金属极板构成的燃料电池，其电解质是熔融态碳酸盐。MCFC 的优点在于工作温度较高，反应速度加快；对燃料的纯度要求相对较低，可以对燃料进行电池内重整；不需贵金属催化剂，成本较低；采用液体电解质，较易操作。不足之处在于，高温条件下液体电解质的管理较困难，长期操作过程中，腐蚀和渗漏现象严重，降低了电池的寿命。熔融碳酸盐燃料电池相关电极反应如下：

阴极（正极）： $$O_2+2CO_2+4e^- = 2CO_3^{2-} \tag{2-13}$$

阳极（负极）： $$2H_2+2CO_3^{2-} = 2CO_2+2H_2O+4e^- \tag{2-14}$$

总反应： $$O_2+2H_2 = 2H_2O \tag{2-15}$$

MCFC 的工作原理如图 2-12 所示。其工作原理基于碳酸盐的离子传导性质。MCFC 的电解质一般为碱金属 Li、K、Na、Cs 的碳酸盐混合物，隔膜材料是 $LiAlO_2$，正极和负极分别为添加锂的氧化镍和多孔镍。在高温下，碳酸盐会熔化形成液态电解质。液态电解质中的离子能够在固体电极（阳极和阴极）之间进行传导，从而形成电流。在阳极处，燃料（如氢气或甲烷）被供应，并与来自外部电路的电子反应产生氢离子（H^+）。这些氢离子在液态电解质中移动，穿过电解质层，到达阴极。在阴极处，氢离子与氧气反应生成水（H_2O）。同时，阳极上的电子通过外部电路流回阴极，与燃料供应电路相连。这个过程产生的电流就是 MCFC 的输出电流。CO_2 在阴极为反应物，而在阳极为产物。实际上电池工作过程中 CO_2 在循环，即阳极产生的 CO_2 返回到阴极，以确保电池连续地工作。通常采用的方法是将阳极室排出来的尾气经燃烧消除其中的 H_2 和 CO，再分离除水，然后将 CO_2 返回到阴极循环使用。

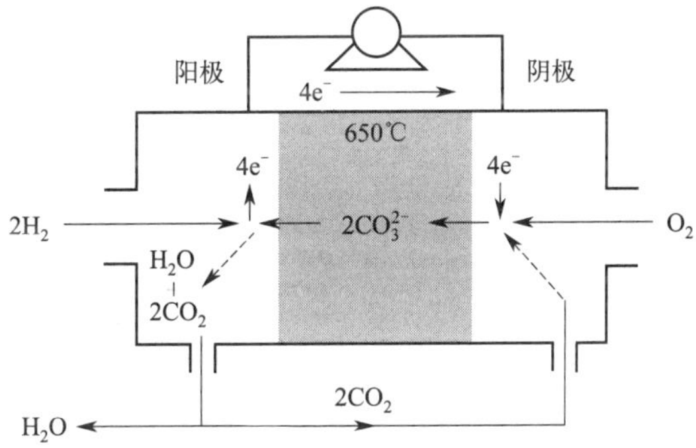

图 2-12 熔融碳酸盐燃料电池工作原理

(5) 固体氧化物燃料电池 (SOFC)

固体氧化物燃料电池（solid oxide fuel cell，简称 SOFC）号称第三代燃料电池，电解质为固态、无空隙的金属氧化物，由氧离子在晶体中穿梭。SOFC 是一种理想的燃料电池，不但具有其他燃料电池高效、环境友好的优点，而且还具有以下突出优点：①燃料适应广：SOFC能够使用多种燃料，包括氢气、天然气、生物质气，甚至一些碳氢化合物。这种广泛的燃料适应性使得SOFC可以根据不同地区的资源情况和能源需求，灵活选择合适的燃料，提高了能源利用的多样性和灵活性。②运行温度高：SOFC的运行温度一般在700～1000℃之间。高温运行使得电池内部的电化学反应速率加快，有助于提高发电效率。同时，高温环境也有利于一些燃料的直接利用，无需复杂的燃料预处理过程。③余热温度高：由于SOFC的运行温度较高，在发电过程中产生的余热温度也相对较高，通常适合用于热电联产。例如，排出的高温余热可与燃气轮机或蒸汽轮机组成联合循环，大幅度提高总发电效率。SOFC的技术难点在于，它是在高温下连续工作。在工作条件下，电池的关键部位（阳极、隔膜、阴极和联机材料等）必须具备化学与热的相容性。即在电池工作的条件下，电池构成材料间不但不发生化学反应，而且热膨胀系数也应相互匹配。

一般SOFC的电解质为氧化钇、氧化锆等，这些氧化物在高温下能够传导氧离子，在电池中起着传导氧离子、分隔氧化剂和燃料氢的作用。若以重整气（H_2 和 CO 的混合物）为燃料，在电池内部发生以下反应：

阴极（正极）： $$O_2+4e^- \longrightarrow 2O^{2-} \tag{2-16}$$

阳极（负极）： $$H_2+CO+2O^{2-} \longrightarrow CO_2+H_2O+4e^- \tag{2-17}$$

总反应： $$CO+H_2+O_2 \longrightarrow CO_2+H_2O \tag{2-18}$$

SOFC的工作原理如图2-13所示，SOFC是水电解的“逆过程”。在水电解过程中，水被分解为氢气和氧气；而在SOFC中，阳极发生燃料氧化反应，阴极发生氧化剂还原反应，通过电解质传导离子，从而产生电能和热能。具体来说，燃料（如氢气）在阳极被氧化，释放出电子和质子（或离子）；氧气在阴极被还原为氧离子，氧离子通过固体氧化物电解质迁移到阳极，与燃料反应生成水或其他产物，同时电子通过外部电路流动，形成电流，实现电能的输出。

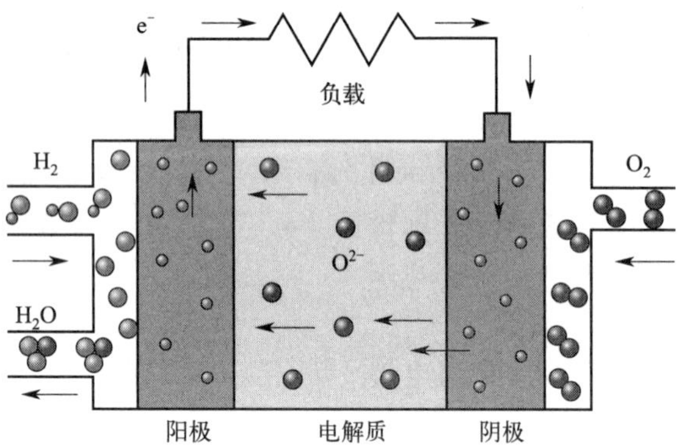

图2-13 固体氧化物燃料电池工作原理

2.6 能量存储

2.6.1 机械能存储

机械储能系统是指通过机械装置将电能转换为机械能存储在机械装置中。这种储存方式可以将多余的能量收集并在需要时释放，以实现能源的调节和平衡。主要以动能和势能方式存储。飞轮储能系统是一种具有广阔应用前景的机械储能系统，具有储能密度高、适应性强、应用范围广、效率高、寿命长、无污染和维修花费低等优点。飞轮储能系统已被应用于航空航天、不间断电源（UPS）、交通运输、风力发电、核工业等领域。随着复合材料技术、磁支撑技术、动发一体机技术和多学科优化设计技术的不断进步，对飞轮储能技术的关注也越来越多，相关的新技术也不断出现。

（1）动能存储

动能存储也称为飞轮储能，飞轮储能系统是一种机电能量转换的储能装置，突破了化学电池的局限，用物理方法实现储能。通过电动/发电互逆式双向电机，电能与高速运转飞轮的机械动能之间相互转换与储存，并通过调频、整流、恒压与不同类型的负载接口。飞轮储能工作原理如图 2-14 所示。在储能时，外界电能通过电力转换器变换后驱动电机运行，电机带动飞轮转子加速旋转，直至达到设定的某一转速。在飞轮加速旋转的过程中，飞轮以动能的形式把能量储存起来，完成电能到机械动能转换的储存能量过程，能量储存在高速旋转的飞轮体中。之后，飞轮以设定的转速旋转，直到接收到一个能量释放的控制信号。释能时，电机作为发电机使用，高速旋转的飞轮拖动电机发电，经电力转换器输出适用于负载的电流和电压，完成机械动能到电能转换的释放能量过程。在释能的过程中，飞轮的转速不断地下降。整个飞轮储能系统实现了电能的输入、储存和输出。

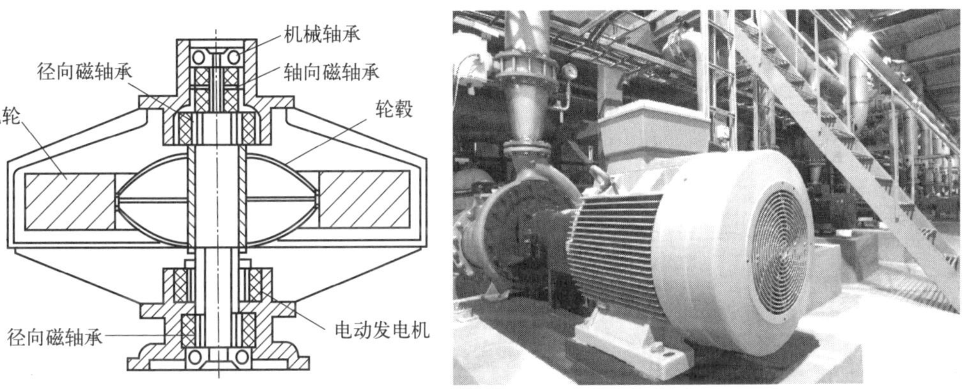

图 2-14　飞轮储能结构及工作原理

飞轮的主要作用是储存发动机做功冲程外的能量和惯性。飞轮具有较大的转动惯量。由于发动机各个缸的做功是不连续的，所以发动机转速也是变化的。当发动机转速增高时，飞轮的动能增加，把能量储存起来；当发动机转速降低时，飞轮动能减少，把能量释放出来。飞轮可以用来减少发动机运转过程的速度波动。它装在发动机曲轴后端，具有转动惯性，能将发动机能量储存起来，克服其他部件的阻力，使曲轴均匀旋转；通过安装在飞轮上的离合器，把发动机和汽车传动连接起来，与起动机接合，便于发动机起动。在做功行程中发动机传输给曲轴的能量，除对外输出外，还有部分能量被飞轮吸收，从而使曲轴的转速不会升高很多。在排气、进气和压缩三个行程中，飞轮将其储存的能量放出来补偿这三个行程所消耗的功，从而使曲轴转速不致降低太多。四冲程的发动机只有做功一个冲程，吸气、压缩、排气的能量来自飞轮存储的能量。

（2）势能存储

势能存储即利用重力势能存储能量，其中抽水蓄能电站是一种典型的势能存储技术。抽水蓄能电站利用电力负荷低谷时的电能抽水至上水库，在电力负荷高峰期再放水至下水库发电的水电站（图 2-15）。抽水蓄能电站又称蓄能式水电站。抽水蓄能电站也可以称得上是超级“充电宝”，它可将电网负荷低时的多余电能转变为电网高峰时期的高价值电能，兼具调频、调相功能，可稳定电力系统的频率和电压，且宜为事故备用电源，还可提高系统中火电站和核电站的效率。我国抽水蓄能电站的建设起步较晚，但由于后发效应，起点却较高，近年建设的几座大型抽水蓄能电站已处于世界先进水平。在“双碳”目标的大背景下，抽水蓄能作为最经济、方便、灵活的发电方式得到迅速发展。截至 2024 年，我国抽水蓄能电站投资总规模超 5800 万 kW，居全球首位。国家能源局发布《抽水蓄能中长期发展规划（2021—2035 年）》，目标到 2030 年，我国抽水蓄能电站投产总规模达到 1.2 亿 kW。无论是对标国际相关抽水蓄能设施还是立足国内，我国抽水蓄能发展都具有广阔的市场空间和强劲的发展动力。

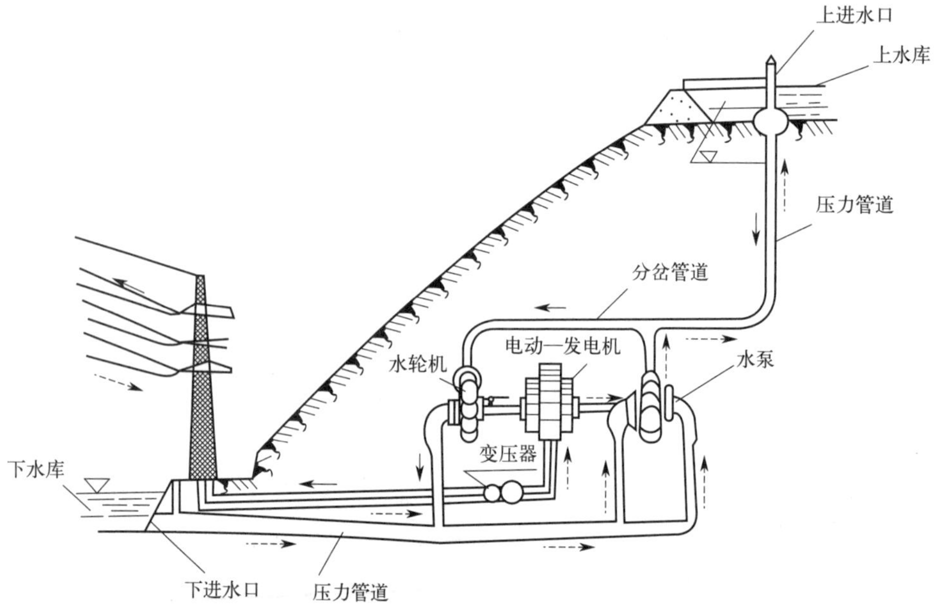

图 2-15 抽水蓄能发电站结构示意图

(3) 压缩空气储能

压缩空气储能是指在电网负荷低谷期将电能用于压缩空气，在电网负荷高峰期释放压缩空气推动汽轮机发电的储能方式。压缩空气储能是一种新型的大规模物理储能技术，可以解决光伏和风电等不稳定可再生能源发电并网难的问题，提高其能源利用率。压缩空气储能的形式主要有三种：传统压缩空气储能系统、带储热装置的压缩空气储能系统和液气压缩储能系统。压缩空气储能系统一般包括六个主要部件（图 2-16）：压缩机，一般为多级压缩机带级间冷却装置；膨胀机，一般为多级涡轮膨胀机带级间再热设备；燃烧室及换热器，用于燃料燃烧和回收余热等；储气装置，地下或者地上洞穴以及压力容器；电动机/发电机，分别通过离合器和压缩机以及膨胀机连接；控制系统和辅助设备，包括控制系统、燃料罐、机械传动系统、管路和配件等。

近年来，我国在压缩空气储能技术也取得了较大进展，已经被写入国家“十四五”规划中。2021 年 9 月 23 日，山东肥城全国首座商业化压缩空气储能调峰电站并网成功；2022 年 9 月 28 日，山东泰安 2×300MW 级压缩空气储能创新示范工程举行开工仪式；2024 年 4 月 9 日，湖北应城 300MW 级压气储能电站并网一次成功，这标志着全球压缩空气储能电站正

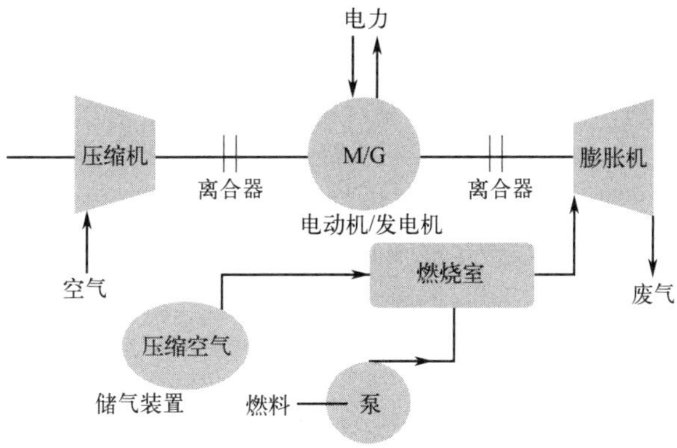

图 2-16　压缩空气储能原理示意图

式迈入 300MW 级单机商业化新时代，验证了大容量、高效率、超长时“压缩空气储能系统解决方案”的可靠性。据介绍，该项目由中能建数字科技集团有限公司和国网湖北综合能源服务有限公司共同投资建设，是国家新型储能试点示范项目，充分利用湖北云应地区废弃盐矿作为储气库，打造一个巨大的“绿色超级充电宝”。一期工程入选国家第三批能源领域首台（套）重大技术装备（项目）名单，单机功率达 300MW 级、储能容量达 1500MW·h。

2.6.2　电能存储

蓄电池是指将化学能转换成电能的装置，也称为二次电池。放电后，能够用充电的方式使内部活性物质再生——把电能储存为化学能；需要放电时再次把化学能转换为电能。蓄电池是世界上广泛使用的一种化学“电源”，具有电压平稳、安全可靠、价格低廉、适用范围广、原材料丰富和回收再生利用率高等优点，在各类电池中是产量最大、用途最广的一种。

(1) 铅酸蓄电池

铅酸蓄电池主要由极板、隔板、电解液、池槽、外壳构成。极板是铅酸蓄电池的核心部分，形状大多呈长方形。工厂先将铅卷冲压成网状的格栅，再在格栅上涂上俗称“铅膏”的活性物质。正极涂二氧化铅，负极涂海绵状纯铅。铅酸蓄电池的充放电就是依靠极板上的活性物质与电解液中的硫酸化学反应来实现的。通常一整个铅酸蓄电池包含 6 个极板组，每个极板组由数块正、负极板组成，负极板数量比正极板多一片，使每片正极板都处于两块负极板之间，这样能使两边放电均匀。隔板使用绝缘材料，放在相邻的正负极板之间，防止正负极板接触发生短路。市面上一般采用塑料隔板。极板沉浸在电解液中，与电解液发生化学反应。电解液由纯硫酸与纯蒸馏水按一定比例混合而成，一般工业用的硫酸与自来水不能用作电解液，否则会损坏极板。外壳要符合抗震、耐酸、耐热的标准。

在铅酸蓄电池组装好注入硫酸后，会静置四五天，这一过程叫作“化成”。正极板上少量的二氧化铅与硫酸中的水形成 $Pb(OH)_4$，于是正极板附近存在四价铅离子与氢氧根离子。而 Pb^{4+} 集聚在极板四周，于是正极板带正电位。负极板上少量的纯铅进入电解液中，形成二价铅离子，而把两个电子留在极板上，使得负极板上带负电位。在化成结束后，电池处于未充电也未放电的状态时，正极板的电动势高于负极板。

放电时的电池工作原理（图 2-17）：在蓄电池接入负载时，由于正极板的电动势高，电流 I 从正极流向负极，使得正极的电位降低，负极的电位升高。原本负极板上的两个电子到了正极板上。在正极板处，Pb^{4+}遇到了两个电子，于是Pb^{4+}变成Pb^{2+}，与硫酸中的SO_4^{2-}结合成$PbSO_4$附在极板上。在负极板处，Pb^{2+}与SO_4^{2-}结合在一起，同样生成了$PbSO_4$附在极板上。就这样，随着蓄电池不断放电，正负极板上的$PbSO_4$越来越多，电解液中的H_2SO_4失去了SO_4^{2-}，H^+与OH^-结合成H_2O，电解液浓度下降。

充电时的电池工作原理（图 2-17)：充电时发生的化学反应与放电时正好相反。接入外部电源时，外部电源的电动势高于蓄电池内部电动势，于是电流 I 从正极流入。正极处$PbSO_4$中的Pb^{2+}在电流的作用下失去两个电子变成Pb^{4+}，它和电解液中的OH^-结合生成$Pb(OH)_4$，由于不稳定，又分解为PbO_2与H_2O。PbO_2附在极板上。SO_4^{2-}与H^+结合成H_2SO_4。负极上$PbSO_4$在电流的作用下，得到两个e^-，变成 Pb 附在极板上。SO_4^{2-}与H^+结合成硫酸。所以充电时，两极的$PbSO_4$渐渐变成 Pb 与PbO_2，硫酸浓度越来越高。

$$PbO_2+2H_2SO_4+Pb \underset{\text{充电}}{\overset{\text{放电}}{\rightleftharpoons}} PbSO_4+2H_2O+PbSO_4$$

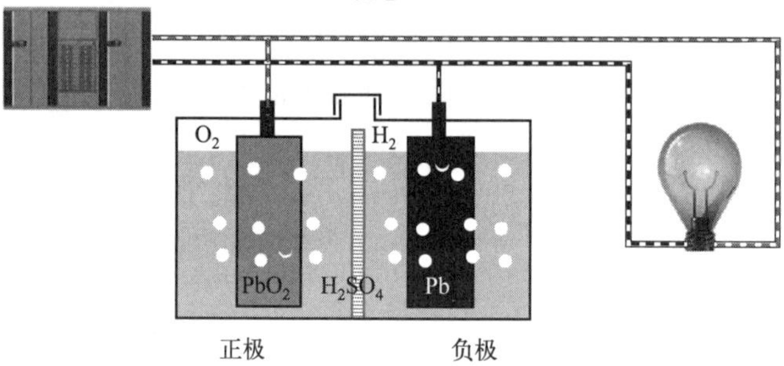

图 2-17　铅酸蓄电池工作原理

(2) 锂离子电池

锂离子电池是一种二次电池（充电电池），它主要依靠锂离子在正极和负极之间的移动来工作，其工作原理如图 2-18 所示。在充放电过程中，Li^+在两个电极之间往返嵌入和脱嵌。充电时，锂离子离开正极，在电解液的海洋中游向负极，电子则由外电路通过导线流向负极；锂离子插入负极石墨材料的层片结构中，接收电子并和石墨材料形成插层化合物Li_xC_6。当我们使用电池时，电池处于放电状态，插层化合物Li_xC_6被氧化并释放电子，负极的锂会变成锂离子在电解液里向正极移动，外电路的电子则产生电力，满足用电需求。

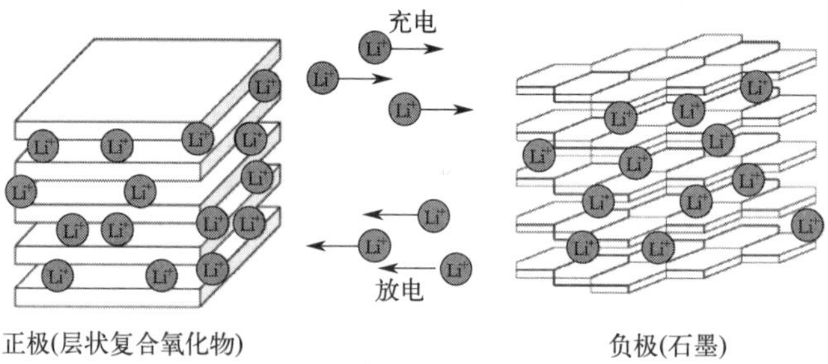

正极　$LiCoO_2 \underset{\text{充电}}{\overset{\text{放电}}{\rightleftharpoons}} Li_{1-x}CoO_2+xLi^++xe^-$

负极　$6C+xLi^++xe^- \underset{\text{充电}}{\overset{\text{放电}}{\rightleftharpoons}} Li_xC_6$

总反应　$LiCoO_2 \underset{\text{充电}}{\overset{\text{放电}}{\rightleftharpoons}} Li_{1-x}CoO_2+Li_xC_6$

图 2-18　锂离子电池工作原理

锂离子电池结构主要包括五部分。①电池壳：通常由金属或塑料制成，用于保护电池内部的结构和电解质。②正极：通常由锂离子嵌入化合物组成。此外，正极还含有集流体，通常是金属箔（如铜箔或铝箔），负责电流的传输。③负极：通常由石墨或其他碳基材料组成。在负极上，锂离子嵌入材料并通过电解质中的电解质离子传输到正极。④隔膜：是位于正负极之间的一层隔膜，用于分隔正负极并防止电池短路。⑤电解质：是电池中的关键组成部分，在充放电过程中，电解质提供 Li^{+} 传输通道，同时隔绝电子传导，迫使电子通过外电路形成电流。

锂离子电池具有很高的能量密度，能够提供大量的电力输出。这使得它们适用于许多便携式设备，如手机、笔记本电脑等。锂离子电池自放电小，好的电池，每月自放电率在 2% 以下（可恢复），没有记忆效应。锂离子电池具有较宽的工作温度范围：－20～60℃。锂离子电池循环性能优越，可快速充放电，充电效率高达 100%，且输出功率大，使用寿命长。因不含有毒有害物质，被称为绿色电池。2019 年 10 月 9 日，瑞典皇家科学院宣布，将 2019 年诺贝尔化学奖授予约翰·古迪纳夫、斯坦利·惠廷厄姆和吉野彰，以表彰他们在锂离子电池研发领域作出的贡献。

当前，根据锂离子电池所用电解质材料的不同，锂离子电池分为液态锂离子电池（liquified lithium-ion battery，简称为 LLB）、凝聚态锂离子电池和聚合物锂离子电池（polymer lithium-ion battery，简称为 PLB）。锂离子电池使用液态电解质，是最常见的锂离子电池类型。液态电解质通常由锂盐（如六氟磷酸锂 $LiPF_6$）溶解在有机溶剂（如碳酸酯类）中组成。这种电池具有良好的电导率和稳定的性能，广泛应用于消费电子产品、电动汽车等领域。聚合物锂离子电池使用聚合物电解质，可以是固态或凝胶状的。聚合物电解质具有更高的安全性和更好的设计灵活性，适用于需要定制化设计的产品，如智能手机和平板电脑。近期，动力电池龙头公司宁德时代在 2023 年 4 月 19 日正式发布凝聚态电池，单体能量密度最高可达 500W·h/kg，兼具高比能量和高安全的特性，显示出巨大的应用前景。

(3) 磷酸铁锂电池

储能电池的核心需求在于安全性高、成本低和使用（循环）寿命长，其次才是能量密度。磷酸铁锂电池的安全性、循环寿命、成本等各方面性能与储能需求适配度高，已成为主要技术路线。内驱外需推动下，储能产业的快速发展也拉动了磷酸铁锂电池正极材料的需求。据中国汽车动力电池产业创新联盟统计数据，2023 年 1－7 月，我国储能电池累计销量达 35.5GW·h，其中磷酸铁锂电池累计销量 35.2GW·h；我国储能电池累计出口达 7.3GW·h，其中磷酸铁锂电池累计出口 7.3GW·h。与三元路线相比，磷酸铁锂在使用寿命、安全性、响应速度、成本等方面具备明显优势，更适用于储能市场，磷酸铁锂电池已广泛运用到大型储能电站、通信基站、离网电站、微电网、轨道交通、UPS 以及户用储能等多个场景。逐渐提升能量密度将是磷酸铁锂正极未来的发展趋势，目前通过预锂化、硅碳负极等技术改进，磷酸铁锂电池能量密度可以突破 200W·h/kg，电池单体到系统的体积成组效率从 40%增加到 60%。国轩高科在 2021 年发布的一款采用掺硅补锂技术的磷酸铁锂电池，容量达到 210W·h/kg。

(4) 钠离子电池

钠离子电池与锂离子电池各有优势，有望在储能等领域对锂离子电池形成补充。钠离子电池由于钠资源丰富、低温性能好、充放电速度快等优点，得到了储能领域的高度关注。从性能来看，钠离子电池能量密度、循环寿命低于锂离子电池，但其在低温性能、快充方面更有优势；从成本和资源可获得性来看，钠元素储量丰富，钠离子电池材料成本低于锂离子电池。量产后钠离子电池相比锂电池价格便宜近一半，根据中科海纳估计，钠离子电池原材料成本相对磷酸铁锂/石墨体系将降低30%～40%。在资源层面，钠的地壳丰度为2.75%，锂为0.0065%，钠资源在全球皆有分布，锂资源75%分布在美洲。在集流体选择层面，钠离子电池正负极集流体均为铝箔（便宜）；锂离子电池负极集流体必须为铜箔（贵）。

相对于锂离子电池，钠离子电池除能量密度较小外，在资源储量、成本、安全、寿命等方面均具有很强的竞争力。高低温环境下均具有较好的充放电性能，锂离子电池的工作温度为−20～60℃，钠电池可在−40～80℃内正常工作，−20℃下容量保持率接近90%，能够解决冬季电动车充电难、高寒地区储能电站效率低的痛点。安全性高，钠离子电池已经通过中国汽车技术研究中心的安全检测，在针刺、挤压等安全项目测试中，不起火、不爆炸。倍率性能好，可“快充”，钠离子的摩尔电导率更高，充电效率更高，具备更好的倍率性能，可满足响应型储能和大规模供电的需求。

钠电主要组成材料与锂电类似，主要由正负极材料、集流体、隔膜、添加剂、电解液等基本构成。其中二者的电解液、隔膜差距不大，钠电的正负极集流体均可采用价格较低的铝箔，核心差异在正极材料。正极材料方面，当前主流材料分为三类：层状氧化物、普鲁士蓝类材料与聚阴离子型化合物。三种体系各有所长，如表2-2所示。层状氧化物技术最为成熟，能量密度高，产业化进度最快。工艺可复用锂电三元，合成过程简单，满足规模化生产要求。普鲁士蓝类材料电化学性能好，成本低。普鲁士蓝类材料是过渡金属六氰基铁酸盐。根据钠离子含量可分为普鲁士白（含量高）和普鲁士蓝（含量低）两种材料。宁德时代2021年发布的第一代钠离子电池主要采用普鲁士白材料路线，能量密度能达到160 W·h/kg。聚阴离子型化合物功率密度高、结构稳定，适用于高功率输出设备需求。聚阴离子类化合物具有三维网络结构，该结构具有稳定的框架。Na^+储存在框架中，稳定的框架结构赋予了这类材料高热力学稳定性。聚阴离子型化合物在Na^+嵌入和脱出过程中体积变化小、相变少，因此长期循环性能好，安全性高，但比容量低、电子导电性较差，为提高电子和离子导电性，往往需要采取碳包覆和掺杂手段，但又会导致其体积能量密度降低，目前聚阴离子类正极材料的产业实践相对较少。

表 2-2 钠离子电池正极材料性能比较

	层状氧化物	普鲁士蓝类材料	聚阴离子型化合物
可逆电容/(mA·h/g)	100	120～140	120
工作电位/V	3.4	3	3.6～3.8
能量密度/(W·h/kg)	低	中	高
结构稳定性	中	低	高
全寿命周期成本	中	低	高
产业化难度	中	高	低
循环性能	1000次	600次	2000次
倍率性能	低	中	高
相关企业单位	中科海纳、钠创	宁德时代、辽宁星空	中南大学、众钠、Naiades

(5) 液流电池

液流电池是由Thaller于1974年提出的一种电化学储能技术。简单来说，液流电池由电堆单元、电解液、电解液存储供给单元以及管理控制单元等部分构成。液流电池是利用正负极电解液分开、各自循环的一种高性能蓄电池。其具有容量高、使用领域（环境）广、循环寿命长的特点。液流电池通过正、负极电解质溶液活性物质发生可逆氧化还原反应（即价态的可逆变化）实现电能和化学能的相互转换。充电时，正极发生氧化反应使活性物质价态升高，负极发生还原反应使活性物质价态降低，放电过程与之相反。

图 2-19 为液流电池的原理图及电堆结构示意图（以全钒液流电池为例）。电池的正极和负极电解液分别装在两个储罐中，利用送液泵使电解液通过电池循环。在电堆内部，正、负极电解液用离子交换膜（或离子隔膜）隔开，电池外接负载和电源。与普通的二次电池不同，液流电池的储能活性物质与电极完全分开，功率和容量设计互相独立，易于模块组合和电池结构的放置；电解液储存于储罐中不会发生自放电；电堆只提供电化学反应的场所，自身不发生氧化还原反应；活性物质溶于电解液，电极枝晶生长刺破隔膜的危险在液流电池中大大降低；同时，流动的电解液可以把电池充电/放电过程产生的热量带走，避免由于电池发热而产生的电池结构损害甚至燃烧。

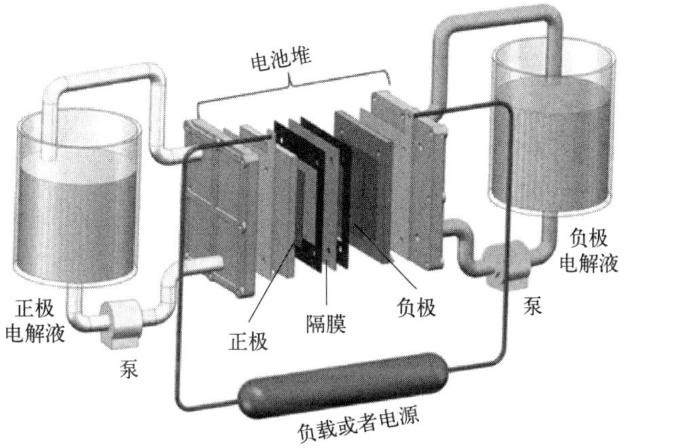

正极反应：$VO^{2+}+H_2O-e^- \underset{放电}{\overset{充电}{\rightleftharpoons}} VO_2^+ +2H^+ \quad E^{\ominus}=1.00V$

负极反应：$V^{3+}+e^- \underset{放电}{\overset{充电}{\rightleftharpoons}} V^{2+} \quad E^{\ominus}=-0.26V$

图 2-19　全钒液流电池工作原理

液流电池根据电极活性物质的不同，可以分为全钒液流电池、锂离子液流电池和铅酸液流电池等。全钒液流电池是一种新型蓄电储能设备，不仅可以用作太阳能、风能发电过程配套的储能装置，还可以用于电网调峰，提高电网稳定性，保障电网安全。锂离子液流电池是最新发展起来的一种化学储能电池技术，它综合了锂离子电池和液流电池的优点，是一种输出功率和储能容量彼此独立、能量密度大、成本较低的新型绿色可充电电池。

大规模、高效率、低成本、长寿命是未来液流储能电池技术的发展方向和目标。因此，需要加强液流储能电池关键材料（如电解液、离子交换膜、电极材料等）及电池结构的研究，提高电池可靠性和耐久性。同时，应进行关键材料的规模化生产技术开发、实现电池关键材料的国产化以显著降低成本，并且积极开展应用示范，为液流储能电池的产业化和大规模应用奠定基础。

(6) 超级电容器

超级电容器是介于传统电容器和充电电池之间的一种新型储能装置，它既具有电容器快速充放电的特性，同时又具有电池的储能特性，是通过电极与电解质之间形成的界面双层来存储能量的。基本原理为当向电极充电时，处于理想极化电极状态的电极表面电荷将吸引周围电解质溶液中的异性离子，使这些离子附于电极表面上形成双电荷层，构成双电层电容（图 2-20）。由于两电荷层的距离非常小（一般 0.5nm 以下），再加之采用特殊电极结构，使电极表面积成万倍的增加，从而产生极大的电容量。超级电容器其充放电过程完全没有涉及物质的变化，所以其具有充电时间短、使用寿命长、温度特性好、节约能源和绿色环保等特点。

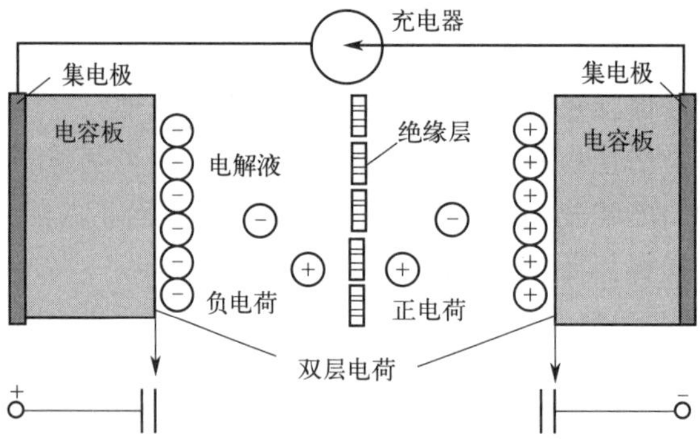

图 2-20　超级电容器结构示意图

最简单的超级电容器主要由两个电极和插入其中的电解质组成。电荷设置在电极/电解质界面中，不存在化学氧化还原过程。由于积累的物理过程是有限的，材料必须有较高的表面积才能积累大量的电荷。超级电容器是一种双电层电容器，具有非常高的容量，但双电层的间距极小，致使其耐压能力很弱，一般不会超过 20V，所以其通常用作低电压直流或者是低频场合下的储能元件。双电层电容的应用非常广泛，包括作为起重装置的电力平衡电源，提供超大电流电力支持；作为车辆起动电源，其起动效率和可靠性优于传统蓄电池，可部分或全部替代生产电动汽车，也可替代传统的内燃机改造现有的无轨电车；在军事领域，双电层电容可确保坦克、装甲车等战车在寒冷冬季的顺利起动，同时还可作为激光武器的脉冲能源。此外，它还可用于其他机电设备的储能需求。

2.6.3 热能存储

在人类可利用的资源类型中，热能占主要部分，有 80%～90%的能量是先转换为热能再加以利用。目前最主要的常规热能来源是燃料热能，指传统化石燃料，如煤炭、石油、天然气等燃烧产生的热能。其他的热能来源还包括太阳能、核能、地热、海水热能等，这也是目前正在研究的新能源，如图 2-21 所示。从热力学的角度来看，任何一种能量都可以 100%地转换为热能，而其逆过程即各种热力循环、热力设备及热能利用装置的效率都会受热力学第二定律限制，不可能达到 100%。考虑到转换技术限制，目前热能的相对利用效率基本在 50%以下，大部分的热能以废热的形式排放到环境中，这也产生了严重的环境及社会问题。因此针对这部分废热的利用也是一个新兴的研究方向。在目前“双碳”目标背景下，有效利用、存储和转换热能，将促进环境保护和绿色能源的发展。

储热技术是以储热材料为媒介将太阳能光热、地热、工业余热、低品位废热等热能储存起来，克服可再生能源间歇性和不稳定的缺点以及能量转换与利用过程中时空供求不匹配的

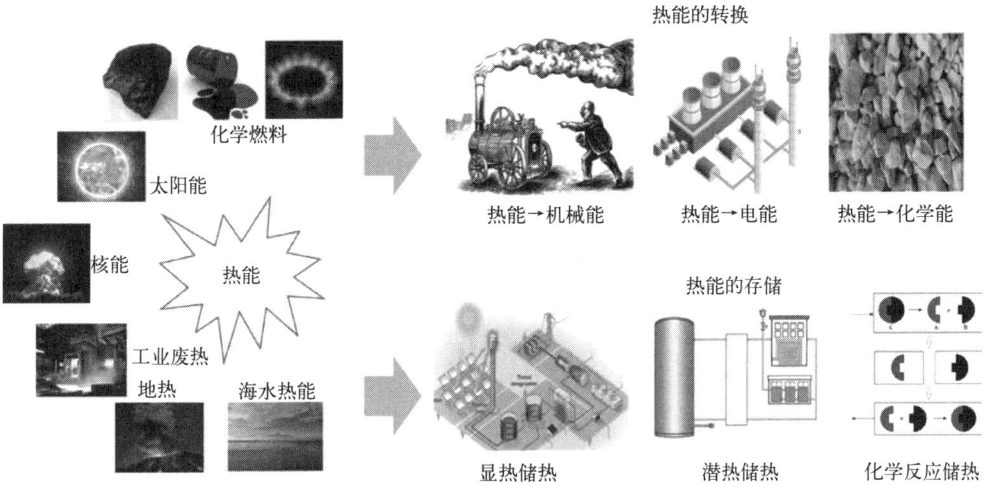

图 2-21　热能资源及其主要的存储及转换技术

矛盾，提高热能利用率的技术。总体上来说，热能存储的方式主要包括显热储热、潜热储热和化学反应储热三大类。

（1）显热储热技术

显热储热技术是指利用每一种物质均具有一定的比热容、在物质形态不变的情况下随着温度的变化会吸收或放出热量这一特性而开发的储能技术。显热储热效果和材料的比热容、密度等因素关系密切。所有的物质在理论上都可以被应用于显热储热技术，但实际应用的是水、岩土、土壤等比热容较大的物质（表 2-3）。显热储热在储热技术发展的初期首先被提出并得到了广泛应用，其中冷、热水储热技术应用得最广泛。显热储热具有储能方式简单、成本低和技术上相对简单等优点。然而，该技术也有一些明显缺点：材料储能的密度比较低、设备的体积比较庞大，而且在释放热能时不能维持在一定温度下释放所储热能，其温度的变化是持续的。熔盐具有高比热容、宽温度范围和低黏度等优点，这使其成为典型的中高温传热储热材料。

表 2-3　常见显热储热材料性能对比

类型	储热材料	工作温度/℃	平均密度/(kg/m^3)	平均热导率/[W/(m·K)]	平均比热容/[kJ/(kg·℃)]	储能密度/$(kW·h/m^3)$	储热成本/[$/(kW·h)]
固体材料	混凝土	200～400	2200	1.5	0.85	100	1.0
	氯化钠	200～500	2160	7.0	0.85	150	2.0
	铸铁	200～400	7200	37	0.56	160	32
	耐火硅砖	200～700	1820	1.5	1.00	150	7.0
	耐火镁砖	200～1200	3000	7.0	1.15	600	6.0
液体材料	矿物油	200～300	770	0.12	2.60	55	4.2
	硅油	300～400	900	0.1	2.10	52	80
	硝酸盐	265～565	1870	0.52	250	250	3.7
	液态钠	270～530	850	71	80	80	21

（2）潜热储热技术

潜热储热技术是指利用物质在相变过程中吸收或放出相变潜热来进行能量储存与释放的技术。潜热储热的储能密度高，而且在储放能过程中材料发生相变时吸收/放出大量的热，但温度近似恒定。潜热储热是利用物质在凝固/熔化、凝结/汽化、凝华/升华以及其他形式的相变过程中都要吸收或放出相变潜热的原理进行储热，所以也可称为相变储热。相变可以是固-液、液-气、气-固及固-固，其中以液-固相变最为常见。

从材料的类型角度分，相变储热材料主要包括无机熔融盐类、合金类、有机类以及复合类四种（表 2-4）。熔融盐类储热材料潜热密度大、安全性高、成本低，是目前在高温场合广泛应用的储热材料。如在太阳能集热发电领域常用的储热材料 solar salt（30% KNO_3 + 70% $NaNO_3$）就是典型的熔融盐类，此材料工作温度为 220～260℃，比热容达到 145J/(kg·℃)，可以作为槽型抛物面太阳能电站的热存储材料。合金类相变储热材料具有熔化热高、储热密度大、导热性能好、体积变化率小、使用寿命长等优点，其储热性能与无机盐和有机材料相比占有明显的优势。但是该类材料密度高，在对材料质量较敏感的储热领域关注度不高，同时其含有 Sn、Bi、Pb、Cd、In、Ga、Sb 等贵金属元素导致成本较高且具有毒性，限制了大规模应用。典型的 Pb-Sn 合金相变储热材料的熔点为 183℃，相变潜热约 104.2J/g。

表 2-4　常见相变储热材料的性能对比

类型	储热材料	相变温度/℃	相变潜热/(J/g)	材料密度/(kg/m^3)	材料储能密度/($kW \cdot h/m^3$)
有机类	聚乙烯	125.0	210～230	1.962	56.1～61.4
	新戊二醇	44.1	116.5	1.06	34.3
	石蜡(C_nH_{2n+2})	75.9	170～269	约 0.9	37.7～67.0
	硬脂酸	69.4	199	0.9	49.75
熔融盐类	$NaNO_3/KNO_3$ (70%/30%)	220～260	145	约 2.2	88.6
	$KNO_3/Mg(NO)_3$ (20%/10%)	195.68	59.2	约 1.6	26.3
合金类	56Si-44Mg	946	757	1.90	399.5
	49Al-51Si	579	515	2.25	321.9
	78.55Ga-21.45In	15.7	69.7	6.197	120.0
	60Sn-40Bi	138～170	44.4	8.12	100.1

从能量密度的角度来讲，潜热储存的能量要比显热储存的大很多，潜热储热材料具有相当大的潜热。热量“潜藏”于此，一旦达到某一温度，这种材料就开始吸收热量，但是整个过程中它自身的温度不会发生变化。潜热储热技术自身温度不变的原因在于添加于材料内部的小颗粒会利用吸收的热量实现相变，如从固体转化为液体。因此人们通常也将潜热储热材料称作相变储热材料（PCM）。利用潜热储热技术，可在建筑材料内部添加分散、细小的石蜡颗粒。石蜡颗粒接触热量后会立即熔化，但不会导致温度升高。与未使用 PCM 处理过的墙体相比，做 PCM 处理的墙体在更长的时间段内墙体温度明显更低。通常，细小颗粒状分散的石蜡一般被添加到石膏内层灰浆或墙体底漆内。在凉爽的夜间，石蜡重新凝固并在此过程中将热量释放出来。对于轻型建筑结构，同样可以通过添加细小的颗粒状分散石蜡形成 PCM。合理应用相变储热结合夜间通风复合降温技术可以获得舒适的夏季室内热环境。潜热储能也适用于行政办公建筑，它可以减少空调制冷的使用频率或干脆不需要空调制冷，有效节约空调制冷能耗。

(3) 化学反应储热

化学反应储热是指利用蓄热物质的可逆化学反应热进行储能的储热方式，通过化学物质的合成与分解来储存和释放热量。反应式为 $C+\Delta H \rightleftharpoons A+B$。正反应中储能材料 C 吸收热能转化成 A 和 B 单独储存起来，在吸热反应阶段，能量通过打破化学键储存；在放热过程中 A 和 B 充分接触生成 C，同时释放出存储的化学能，在放热反应阶段，化学能转变为热能。相比于显热储热和潜热储热，化学储热储能密度大、长时间储热几乎无热损失，是可再生能源及节能领域中极具挑战性和发展前景的储热新技术。

化学反应储热主要用于中低温储热。对于具有良好可逆性、高储热密度、快速反应速率、产物分离和副反应（对重复操作没有影响）的反应，可以更好地用作化学反应热储能的反应。通常而言，热化学储能过程包含三个步骤，即吸热过程、储存过程及放热过程。不管采用何种化学物质作为储能材料，储能过程都涉及材料的储能密度、储能温度、储能周期、材料运输的可能性、储能方法成熟度，因此相关技术较为复杂。目前常见的化学储热体系储能密度的对比见表 2-5，可以看出化学储热的储能密度远高于其他储热方式。另外，化学储能可以在环境温度下实现热能的无损存储，并且适合长距离运输，可见该技术是一种极具前景的大规模热能存储方法，适用于大规模太阳能及电厂峰谷负荷调节。

表 2-5 常见化学储热体系的储能密度及温度

化学储热材料体系	反应化学式	反应温度/℃	材料储能密度/(kW·h/m^3)
金属氧化物	$2BaO_2 \rightleftharpoons 2BaO+O_2$	400～700	745
	$2Co_3O_4 \rightleftharpoons 6CoO+O_2$	800～1000	295
金属氢化物	$MgH_2 \rightleftharpoons Mg+H_2$	200～500	580
金属氢氧化物	$Ca(OH)_2 \rightleftharpoons CaO+H_2O$	350～900	437
	$Mg(OH)_2 \rightleftharpoons MgO+H_2O$	250～450	388
碳酸盐	$CaCO_3 \rightleftharpoons CaO+CO_2$	700～1000	692
	$PbCO_3 \rightleftharpoons PbO+CO_2$	300～1457	303
氨化学体系	$NH_4HSO_4 \rightleftharpoons NH_3+H_2O+SO_3$	420～1000	863
	$NH_3+\Delta H \rightleftharpoons 1/2N_2+3/2H_2$	400～700	745
甲烷重整	$CH_4+CO_2 \rightleftharpoons 2CO+2H_2$	700～860	7.7
	$CH_4+H_2O \rightleftharpoons CO+3H_2$	600～950	7.8
	$C_6H_{12} \rightleftharpoons C_6H_6+3H_2$	300～400	530
三氧化硫体系	$2SO_3 \rightleftharpoons 2SO_2+O_2$	500～1000	646

综上所述，三种主要的储热方式各有优缺点，如表 2-6 所示。显热储热材料常见、原理简单、技术成熟度高、运行方式简单、成本低廉、使用寿命长、热导率高，但其储热量小且放热时不恒温，限制了其未来的应用前景。潜热储热具有单位体积储热密度大、吸放热过程温度稳定、温度范围窄等优点，但工作温度低、热损失大、泄漏腐蚀问题较为严重。化学反应储热的能量储存密度极高、便于热能的长期存储，然而其安全系数较低，目前技术还不成熟。可见发展一种理想的储热技术还比较困难，在实际的应用中结合不同的热能特点，合理选择储热技术至关重要。

表 2-6 三种储热方式的比较

项目	显热储热	潜热储热	化学反应储热
储热密度	低(约 0.2GJ/m^3)	中(0.3～0.5GJ/m^3)	高(0.5～3.0GJ/m^3)
工作温度	较低(150℃以下)	较低(100℃以下)	范围较广(100～1000℃)
储热周期	短	短	理论上无限长
运输距离	短	短	理论上无限长
现状	工业应用阶段	实验阶段	实验室阶段
优点	成本低、技术成熟	系统能量小	储热密度高
缺点	设备体积大、热损失大	热损较大、设备复杂	热导率低、成本高
技术复杂度	简单	中等	复杂

思考题

1. 蒸汽轮机和燃气轮机各自适用的条件是什么？
2. 说一说火力发电过程中能量的相互转换以及使用到的设备。
3. 简述能源弹性系数与能源利用的关系。
4. 简述我国的能源结构，并从“碳中和”角度分析我国未来能源的发展战略。
5. 热能存储主要有哪些技术？各自的优缺点是什么？
6. 机械能存储技术有哪些？主要适用场合是什么？
7. 几种化学能存储技术的优缺点是什么？

参考文献

[1] 吴金星，赖艳华，刘泉．能源工程概论［M］. 2版．北京：机械工业出版社，2019.

[2] 李文翠，胡浩权，鲁金明．能源化学工程概论［M］. 北京：化学工业出版社，2015.

[3] 陈军，陶占良．能源化学［M］. 2版．北京：化学工业出版社，2012.

[4] 袁权．能源化学进展［M］. 北京：化学工业出版社，2005.

[5] 清华大学碳中和研究院．2023全球碳中和年度进展报告［R］. 北京：清华大学碳中和研究院，2023.

[6] 国务院发展研究中心．新时代的中国能源发展白皮书［R］. 北京：国务院发展研究中心，2020.

[7] 胡软博．基于低贵金属催化剂的高温质子交换膜燃料电池膜电极制备工艺优化及性能研究［D］. 北京：北京化工大学，2024.

[8] 方中威．碱性阴离子交换膜燃料电池用非贵金属催化剂的制备及性能研究［D］. 合肥：合肥工业大学，2022.

第 3 章
煤炭资源的高效利用

常规能源也叫传统能源，指已经大规模生产和广泛利用的能源。其中，煤炭、石油、天然气等属于一次非再生的常规能源，而水电则属于可再生能源。煤炭是世界上最丰富的化石燃料之一，其储量广泛分布在全球各地。煤炭成为许多国家的能源支柱，特别是在一些发展中国家，它的应用领域非常广泛，主要包括火力发电、钢铁冶炼、化工、陶瓷、建材等行业。石油和天然气是由古代海洋和湖泊中的有机物沉积演化而来，它们是当今世界能源体系的重要组成部分，主要用于交通运输、工业生产和家庭取暖等领域。水力资源是利用水流和水位差等水动力产生的能源，主要用于水力发电，具有成本低、环保等优点。常规能源和新能源的分类是不断变化的，核裂变能在 20 世纪还属于新能源，进入 21 世纪，核裂变能发电技术已相对成熟并得到广泛应用，因此核裂变能成为常规能源。太阳能和风能被利用的历史比核裂变能要早许多世纪，由于还需要通过系统研究和开发才能提高利用效率、扩大使用范围，所以还是把它们列入新能源。

3.1 煤炭资源概述

远古时期地壳运动将植物体掩埋于地下，在适宜的地质条件下经过漫长的生物化学作用和物理化学作用而转变成的沉积有机矿产称为煤炭。煤炭是多种高分子化合物和矿物质组成的混合物，含碳量为 46%～97%。煤是重要的燃料和化学工业原料。煤炭有机质主要由碳、氢、氧和氮四种元素构成。煤炭无机质主要由硫、磷及少量氟、氯和砷等构成。煤炭中含碳量越高说明煤化程度越高。煤炭的有机质是复杂的混合物，它由大量分子量不同、分子结构相似但又不完全相同的“相似化合物”组成。煤的有机质大致可以分为两部分：其一被称为大分子化合物，是以芳香结构为主的环状化合物，是煤有机质的主体，占煤炭有机质总量的 90%以上；其二被称为低分子化合物，是以链状结构为主的化合物，含量较少，主要存在于煤化程度较低的煤中。煤的分子结构通常是指煤中大分子芳香族化合物的结构，这些大分子芳香族化合物通常由一些结构相似的“基本结构单元”桥接而成。这种基本结构单元由规则部分和不规则部分组成，规则部分是由几个或十几个环状化合物缩聚而成的，被称为基本结构单元的核（芳香核）；不规则部分是连接在核周围的烷基链以及多种官能团。煤化程度越高，构成核的环数越多，而周围的侧链和官能团越少。煤的结构单元通过桥键形成分子量大小各异的高分子化合物。几种常见煤的结构单元如图 3-1 所示。

煤炭是地球上蕴藏量最丰富、分布地域最广的化石燃料。根据世界能源委员会的评估，世界煤炭可采资源量达 4.84×10^4 亿 t 标准煤，占世界化石燃料可采资源量的 66.8%。我国能源资源的基本特点是“富煤、贫油、少气”，这决定了煤炭在一次能源中的重要地位。根据自然资源部新公布的《中国矿产资源报告（2024）》，截至 2023 年底中国煤炭储量为 2185.7 亿 t，中国煤炭资源分布如图 3-2 所示。近几年，年煤炭消费量占能源消费总量的占

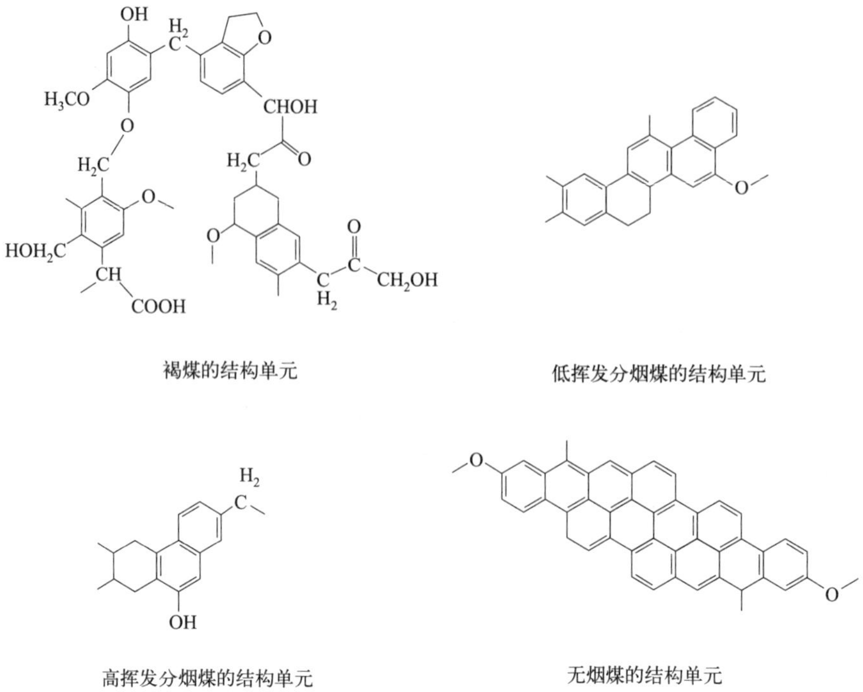

图 3-1 几种常见煤的结构单元

比超过 55%。当前，我国的能源需求仍呈增长趋势，煤炭仍将是我国能源供应的“压舱石”和“稳定器”。中国煤炭资源和现有生产力呈逆向分布，造成了“北煤南运”和“西煤东调”的被动局面。大量煤炭长距离运输，给煤炭生产和运输造成极大压力。

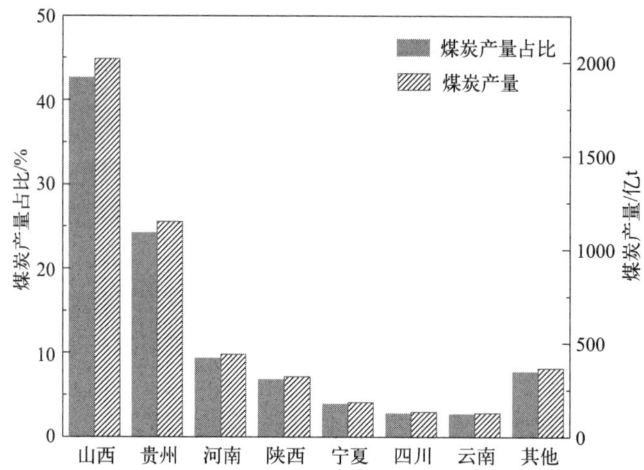

图 3-2 我国煤炭资源分布

煤炭开采方式主要包括露天开采和矿井开采。露天开采的优点是开采效率高，生产成本低，建设周期短，劳动条件好，安全性高。然而露天开采易受气候和季节影响，煤矸石占地面积大。我国适合露天开采的煤炭资源不多，煤炭生产以地下开采（矿井开采）为主。据统计，露天开采煤矿仅占我国煤炭资源总量的 10%～15%，集中分布在新疆、内蒙古、山西等区域。

面对煤炭兜底保障和绿色低碳转型要求，煤炭行业提出了“31110”科技创新任务，包括三大基础理论研究、十大重点领域核心技术攻关、十项重大技术创新示范和百项先进适用技术推广应用。科技创新主要任务框架如图 3-3 所示。三大基础理论包括煤炭绿色智能开采、煤矿重大灾害防控、煤炭清洁高效转化；十大重点领域核心技术攻关包括煤炭资源勘查与地质保障、大型现代化矿井建设、煤炭与共伴生资源协调开采、煤矿灾害防治、煤矿智能化与机器人、煤炭清洁高效加工、煤炭低碳转化利用、煤矿职业健康保障、煤矿应急救援、矿区资源利用与生态保护；十项重大技术创新示范包括：煤矿井巷全断面快速掘进、复杂地质条件煤层智能综采、智能化煤矿建设、智能精细高效洗选、煤炭分质利用技术、煤炭液化及高端化工品制备、废弃矿井地下空间资源综合利用、矿区大宗固废资源利用、大型矿区生态修复、煤炭产品质量精准调控；推广包括煤矿地质保障、现代化矿井建设、煤炭绿色高效开采、煤层气开发利用、煤矿安全、煤炭加工与清洁利用、资源综合利用与生态保护、煤矿智能化与机器人等领域的百项先进适用技术，如复杂地质构造槽波地震探测等。

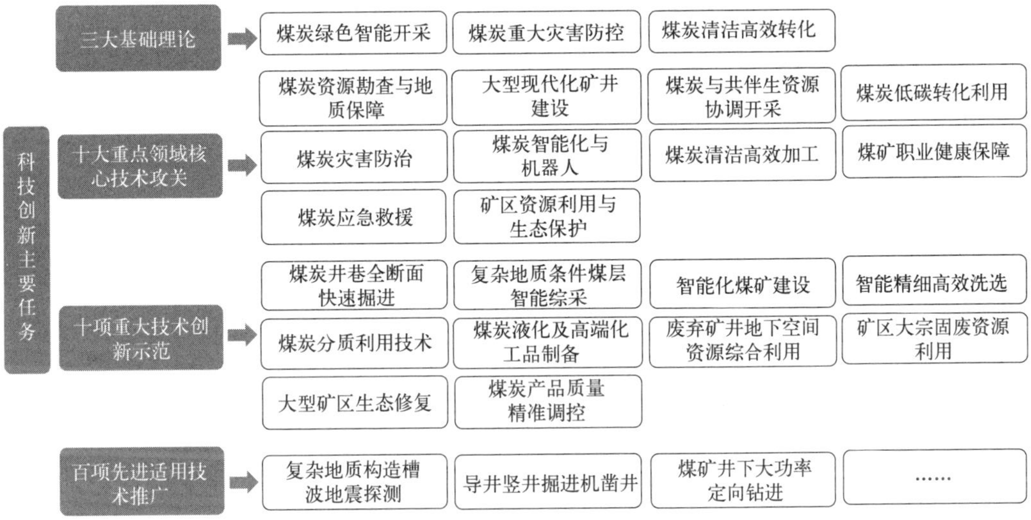

图 3-3　科技创新主要任务框架

“双碳”目标对煤炭行业的发展提出了新的要求，但“双碳”并不是简单的“去煤化”，煤炭清洁高效利用能够为我国能源转型提供立足点，在未来能源结构转变中发挥重要的支撑作用。煤炭行业必须坚持走清洁低碳、绿色安全、智能高效、多元协同的高质量发展道路，不断打造矿区“生态和谐”样板，构建矿区山水林田湖草沙多生态系统；持续拓展煤炭清洁消费空间，推进煤化工产业高端化、多元化、低碳化发展；加快煤矿智能化建设，着力提升煤矿安全生产水平，让更多发展成果惠及广大矿工；立足以煤为主的基本国情，加快煤电的灵活性改造，推动煤炭和新能源优化组合。

3.2　洁净煤技术

我国能源结构以煤炭为主，80%的煤炭直接作为燃料燃烧使用，燃烧过程产生大量 CO_2、SO_2、NO_x 等气体，同时伴有大量粉尘，是造成环境污染的主要原因。洁净煤技术是指从煤炭开发到利用的全过程中，旨在减少污染排放与提高利用效率的加工、燃烧、转化及污染控制等新技术的总称。洁净煤技术包括两个方面，一是直接烧煤洁净技术，二是煤转化为洁净燃料技术。前者主要包括选煤技术、型煤技术、水煤浆技术、超临界火力发电、先进燃烧器、流化床燃烧、烟道气净化等，后者主要包括煤炭焦化、煤炭气化、煤炭液化、煤气化联合循环发电技术。

(1) 直接燃煤洁净技术

煤燃烧前的处理主要是选煤、型煤和水煤浆三项技术。

选煤技术也称洗煤，指从原煤中分选出符合用户质量要求的精煤的过程。洗煤流程（图3-4）主要包括以下五个工艺流程。①煤炭破碎：该步骤是将原料煤炭进行机械破碎，以达到适合洗煤的粒度范围，通常要求在50mm以下。②煤炭筛分：该步骤是将破碎后的煤炭进行物理筛分，目的是分离出大块煤和小块煤，同时依据煤炭密度差异进行分选。③浮选：该步骤是洗煤的关键环节之一，主要通过气泡的作用使固体颗粒的重力与浮力相等，从而达到分离煤和杂质的目的。④重选：该步骤是为了进一步提高煤炭品质，主要通过重力分选将煤和杂质进一步分离。⑤脱水：该步骤是为了使洗选后的煤炭达到运输和销售的要求，去除多余的水分。此外，洗煤流程还包括混合、粗煤分选、除石、中煤分选、精煤分选等环节。整个洗煤流程相对复杂，各环节之间相互关联、相互作用，每一步的效果都会直接影响最终产品的品质。

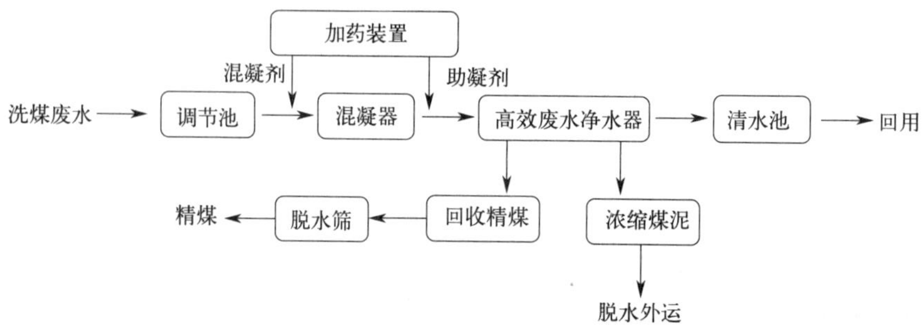

图 3-4 洗煤技术流程示意图

型煤是以粉煤为主要原料，是按具体用途所要求的配比、机械强度和形状大小经机械加工压制成型的，具有一定强度和尺寸及形状各异的煤成品（图3-5）。型煤技术是各种洁净煤技术中投资小、见效快、适宜普遍推广的技术。型煤根据应用领域可分为工业型煤和民用型煤。工业型煤可划分为高炉炼铁用型煤、蒸汽机车用型煤、层燃锅炉用型煤、煤气发生炉用型煤和工业炉窑用型煤。民用型煤可分为普通炊事用煤球、普通蜂窝煤（无烟煤）、上点火蜂窝煤（无烟煤）和烟煤上点火蜂窝煤。在各种洁净煤技术中，工业型煤的能量转换效率最高，达97.5%，远远大于其他技术。锅炉型煤产品粒度较大，可以保证燃烧时所需的空隙，燃烧效率较高，同时露煤量较少，与燃烧原煤相比，节煤15%～20%。锅炉燃用型煤可以大量减少大气污染。与燃烧原煤相比，SO_2 排放量降低40%～60%，NO_2 排放量降低40%左右，烟尘排放减少约60%，强致癌物减少50%以上，具有明显的环保效果。型煤在加工过程中加入固硫剂、黏合剂，可以使 SO_2 的排放量减少40%～50%，同时也可以减少固体粉尘的排放量。此外，型煤可使用工业废料和农业废料作黏合剂，变废为宝，减少了三废排放。型煤的成型过程中，通过加入不同添加剂，将不同性能的煤种加以组合掺配，使黏结性指数、着火点、灰分、灰熔点、硫分、固定碳、挥发分以及发热量等指标得到改善，增加了煤的反应活性、易燃性、热稳定性，提高灰熔点，生产出各项指标满足客户要求的优质产品。比如，通过配煤可将非炼焦煤制成型焦，作为冶金焦的替代品；将烟煤制成无烟化型煤，替代造气无烟块煤，从而扩大煤炭的利用途径。

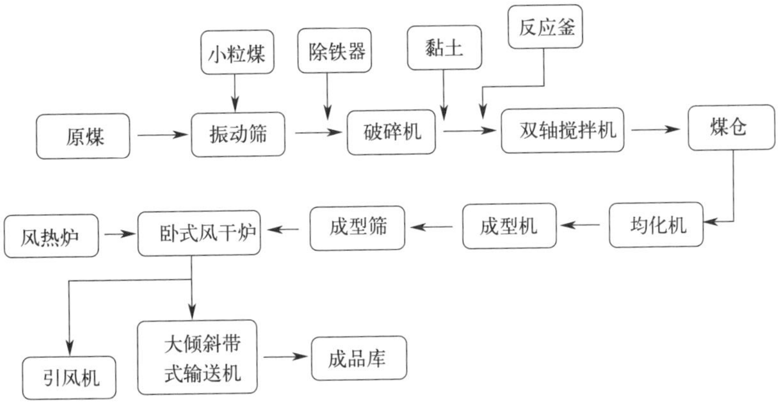

图 3-5 型煤技术流程示意图

水煤浆是 20 世纪 70 年代兴起的煤基液态燃料，可作为炉窑燃料或合成气原料，具有燃烧稳定、污染排放少等优点。水煤浆是由大约 65%的煤、34%的水和 1%的添加剂通过物理加工得到的一种低污染、高效率、可管道输送的代油煤基流体燃料。水煤浆的制备以浮选精煤为原料，经脱水、脱灰、磨制、加添加剂后与水混合成浆（图 3-6）。它改变了煤的传统燃烧方式，显示出了巨大的环保节能优势。水煤浆可以像油一样泵送、雾化、储存和稳定燃烧，其热值相当于燃料油的一半。由于水煤浆与燃油在相同热值下相比，其价格仅为重油的 1/2 左右，因此，以水煤浆代油具有显著的经济效益，可以广泛应用于工业与民用锅炉、工业窑炉、锻造加热炉、电站锅炉等代替燃油、燃气等。燃用水煤浆与直接烧煤相比，具有燃烧效率高、负荷易调控、节能和环境效益好等显著优点，所以也是洁净煤技术中的重要分支。尤其是近几年来，采用废物资源化的技术路线后，研制成功的环保水煤浆，可以在不增加费用的前提下大大提高水煤浆的环保效益。在我国丰富煤炭资源的保障下，水煤浆也已成为替代油、气等能源的最基础、最经济的洁净能源。目前水煤浆技术已被列为我国能源发展重点推广技术，也是煤炭工业洁净煤技术优先发展重点技术之一。我国的水煤浆技术经过多年的研究开发和工业性试验，已形成具有自主知识产权的水煤浆制备技术，在制浆工艺、装备和应用规模方面均已达到国际领先水平。2023 年中国水煤浆产量达到了 8500 万 t，较 2022 年的 7800 万 t 增长了 9.0%。这一增长主要得益于国家对清洁能源的重视以及环保政策的严格执行。水煤浆作为一种替代煤炭的清洁燃料，因其低污染排放特性而受到青睐。2023 年全国范围内安装并投入使用的水煤浆炉数量达到了 12600 台，比 2022 年的 11400 台增加了 10.5%。这表明市场对于水煤浆炉的需求正在稳步上升。

(2) 烟气净化技术

煤炭燃烧处理技术主要包括烟气除尘和烟气脱硫脱硝。

煤炭脱硫技术总体上分为煤燃烧前脱硫、燃烧中脱硫和燃烧后脱硫三种。燃烧前原煤脱硫主要通过物理选洗、化学或生物方法。物理洗选最经济，但只能脱除无机硫，而化学法脱硫不仅能脱除无机硫，也能脱除有机硫，但生产成本昂贵，距工业应用尚有较大距离。燃烧中脱硫会影响燃烧反应，且脱硫效率不高。燃烧后脱硫即烟气脱硫，该方法简单易行，是目前原煤脱硫的主要方法。燃烧中脱硫的化学反应采用廉价的石灰石（$CaCO_3$）为脱硫剂，

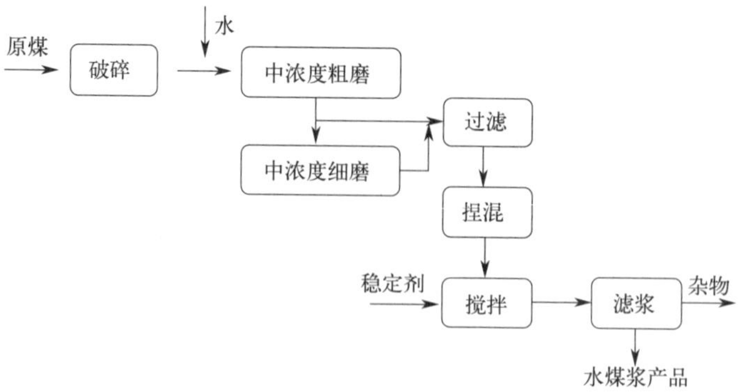

图 3-6 水煤浆工艺流程

将其粉碎成细粒喷入燃烧炉中，高温下石灰石分解，产生 CaO：

$$CaCO_3 \xlongequal{} CaO + CO_2 \tag{3-1}$$

CaO 在氧化气氛中与 SO_2 发生以下脱硫反应：

$$CaO + 1/2O_2 + SO_2 \xlongequal{} CaSO_4 \tag{3-2}$$

以石灰石为脱硫剂的关键技术为控制合适的反应温区：脱硫反应的最佳温度为 800～900℃。温度太高，CaO 易被“烧死”；低于这一温区，石灰石不足以形成高比表面积的 CaO，难以获得较高的脱硫反应速度。此外该技术还需要控制合适的炉内停留时间（2～3s）、建立高度分散气-固界面使脱硫剂均匀地与烟气混合并选择最佳的喷射点位置和方向。

喷钙法通常脱硫效率低，须在后续工艺过程脱硫。后续工艺过程脱硫最直接的方法就是在燃烧炉尾部烟道增加一个脱硫反应系统，通常称为烟气脱硫（图 3-7）。目前，烟道湿法脱硫和干法脱硫是两类代表性的烟气脱硫方法。烟道湿法脱硫是在燃煤锅炉的尾部烟道安装一个活化反应器，在烟气流过时向反应器内喷水增湿，使烟气中未反应的氧化钙与水反应生成氢氧化钙，残余二氧化硫与水反应生成亚硫酸，氢氧化钙与亚硫酸快速中和反应生成亚硫酸钙，亚硫酸钙遇氧气转化为硫酸钙，实现高效脱硫。主要化学反应：

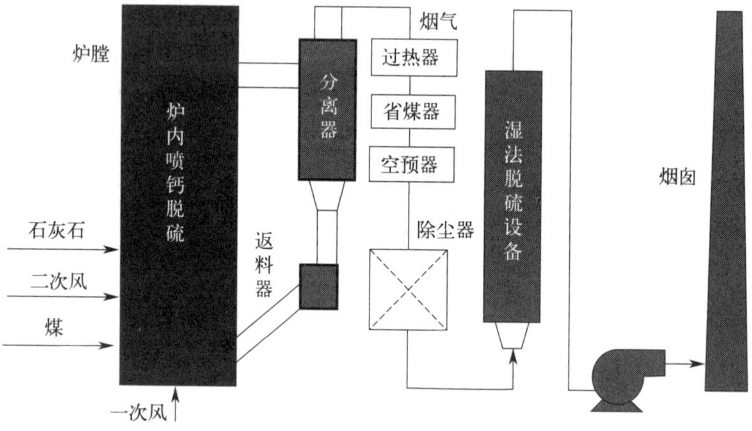

图 3-7 烟气脱硫工艺流程

$$CaO + H_2O \xlongequal{} Ca(OH)_2 \tag{3-3}$$

$$SO_2 + H_2O \xlongequal{} H_2SO_3 \tag{3-4}$$

$$Ca(OH)_2 + H_2SO_3 \xlongequal{} CaSO_3 + 2H_2O \tag{3-5}$$

$$CaSO_3 + 1/2O_2 = CaSO_4 \quad (3\text{-}6)$$

烟道湿法脱硫法也称为 LIFAC 方法。LIFAC 活化反应器系统比较简单，能耗和维修费用较低，运行成本较低；烟道湿法脱硫法适合 50～300MW 的燃煤锅炉。烟道湿法脱硫法活化反应器的脱硫效率可达 60%，从而使总的脱硫效率达到 80%。

烟气干法脱硫指的是脱硫后的最终产物是干态，与脱硫剂的干湿无关。烟气从燃烧炉出口进入干法脱硫反应器时，预先浆化好的雾化脱硫剂被喷射到烟气中，边蒸发边和 SO_2 发生化学反应，生成干态的反应产物。烟气干法脱硫效率可以达到 70%～90%。脱硫剂主要有碳酸钠 Na_2CO_3 或石灰 $Ca(OH)_2$，与烟气的反应为：

$$Na_2CO_3 + SO_2 = Na_2SO_3 + CO_2 \quad (3\text{-}7)$$

$$Ca(OH)_2 + SO_2 = CaSO_3 + H_2O \quad (3\text{-}8)$$

如氧气充分，则发生下述反应生成硫酸钠和硫酸钙：

$$Na_2SO_3 + 1/2O_2 = Na_2SO_4 \quad (3\text{-}9)$$

$$Na_2CO_3 + SO_2 + 1/2O_2 = Na_2SO_4 + CO_2 \quad (3\text{-}10)$$

$$Ca(OH)_2 + SO_2 + 1/2O_2 + H_2O = CaSO_4 \cdot 2H_2O \quad (3\text{-}11)$$

无论何种脱硫工艺，其初期投资和运行费用都较高。湿法烟气脱硫技术最为成熟，已得到大规模工业化应用，但由于投资成本高还需对工艺和设备进行优化。干法烟气脱硫技术不存在腐蚀和结垢等问题，但脱硫率远低于湿法脱硫技术，一般电厂都不会选用，须进一步开发基于新脱硫原理的干法脱硫工艺。

烟气脱硝是指把烟气中 NO_x 还原为 N_2，从而脱除烟气中的 NO_x，按治理工艺可分为干法脱硝和湿法脱硝。干法烟气脱硝主要有选择性催化还原法和选择性非催化还原法。选择性非催化还原法（SNCR）是指无催化剂的作用下，在适合脱硝反应的温度窗口（通常为 850～1100℃）喷入还原剂（如氨和尿素），将烟气中的氮氧化物还原为无害的氮气和水。一般来说，SNCR 脱硝效率对大型燃煤机组可达 25%～40%，对小型机组可达 80%。SNCR 脱硝技术受锅炉结构尺寸影响很大，该技术多用作低氮燃烧技术的补充处理手段。SNCR 脱硝技术工程造价低、布置简易、占地面积小，适合老厂改造，新厂可以根据锅炉设计配合使用。SNCR 脱硝技术最初由美国的 Exxon 公司发明并于 1974 在日本成功投入工业应用，后经美国 Fuel Tech 公司推广，目前美国是世界上应用实例最多的国家。选择性催化还原技术（SCR，图 3-8）是最成熟的烟气脱硝技术，它是一种炉后脱硝。SCR 技术是指在金属催化剂作用下，还原剂（如 NH_3 和尿素）选择性地与 NO_x 反应生成 N_2 和 H_2O，抑制了 NO_x 与 O_2 的氧化，从而达到脱硝效果。SCR 技术中使用的催化剂大多以 TiO_2 为载体，以 V_2O_5、V_2O_5-WO_3 或 V_2O_5-MoO_3 为活性成分，制成蜂窝式、板式或波纹式三种类型。燃料中的硫分在燃烧过程中可生成一定量的 SO_3。当添加催化剂后，在有氧条件下，SO_3 的生成量大幅增加，并与过量的 NH_3 生成 NH_4HSO_4。NH_4HSO_4 具有腐蚀性和黏性，可导致尾部烟道设备损坏。湿法脱硝是先将烟气中含量最多的 NO 通过氧化剂（如 O_3、ClO_2 等）氧化生成 NO_2，再被水或碱性溶液吸收。

燃煤产生的大气污染物占我国烟尘排放总量的 60%、粉尘的 70%以上，因此，烟气除尘是一个突出的问题。常见的烟气除尘器包括离心式除尘器、喷淋式除尘器、袋式过滤除尘器、静电除尘器。离心式除尘器是工业中应用比较广泛的除尘设备之一，多作为小型燃煤锅炉消烟除尘和多级除尘、预除尘的设备。

离心式除尘器工作原理为：含尘气体从除尘器的下部进入，并经叶片导流器产生向上移

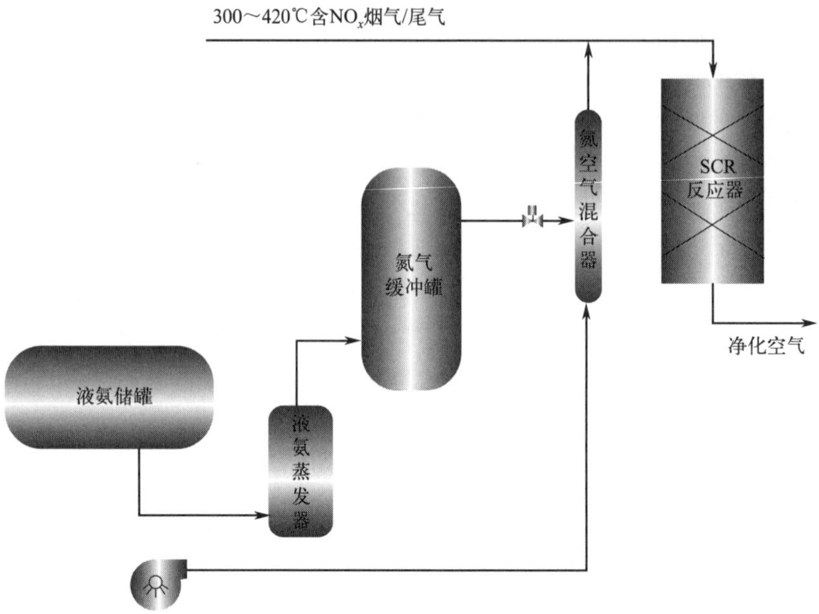

图 3-8 SCR 法烟气脱硝示意图

动的旋流。与此同时，向上运动的含尘气体的旋流还受到切向布置下斜喷嘴喷出的二次空气旋流的作用。由于二次空气的旋流方向与含尘气流的旋流方向相同，因此，二次空气旋流不仅增大含尘气流的旋流速度，增强对尘粒的分离能力，而且还起到对分离出的尘粒向下裹挟的作用，从而使尘粒能迅速地经导流板进入储灰器中。裹挟尘粒后的二次空气流，在除尘器的下部反转向上，混入净化后的含尘气中，并从除尘扇顶部排出。

静电除尘技术在火电厂等高温烟气除尘治理领域应用较为成熟。由于除尘机理的限制，静电除尘技术的除尘效率已难有较大提高，新建静电除尘系统一般可以控制其排放浓度在 $100mg/m^3$ 左右。同时，除尘效率因受烟尘比电阻变化影响大，在实际运行中，燃用燃料的不确定性致使工况烟气参数偏离设计值，从而导致烟尘排放浓度往往远高于设计的排放控制值。随着国家对烟气污染控制的要求不断提高，对微细粉尘的排放要求日趋严格，静电除尘技术正面临着严峻挑战。

与静电除尘技术相比，袋式除尘技术起步较晚。通过引进国外技术并消化吸收，我国的袋式除尘技术取得了长足的进步，各种袋式除尘器技术日趋先进、完善和齐全，滤料技术、清灰技术、配件等已逐步形成产业规模，部分袋式除尘设备性能已达到国际先进水平。经过袋式除尘过滤的含尘废气，烟尘排放浓度已经可以达到 $5mg/m^3$，且投资、运行维护费用逐步下降，滤袋寿命不断延长。随着我国对烟气污染控制的要求不断提高，袋式除尘技术得到了越来越广泛的应用，正处于快速发展阶段。

喷淋式除尘设备是在除尘设备内，水通过喷嘴喷成雾状，当含尘烟气通过雾状空间时，因尘粒与液滴之间的碰撞、拦截和凝聚作用，尘粒随液滴降落下来。这种除尘设备构造简单、阻力较小、操作方便。其突出的优点是除尘设备内设有很小的缝隙和孔口，可以处理含尘浓度较高的烟气而不会导致堵塞。又因为它喷淋的液滴较粗，所以不需要雾状喷嘴，这样运行更可靠。喷淋式除尘设备可以使用循环水，直至洗液中颗粒物质达到相当高的程度为止，从而大大简化了水处理设施。所以这种除尘设备仍有不少企业采用。它的缺点是设备体积比较庞大，处理细粉尘的能力比较低，需用水量比较大，所以常用来去除粉尘粒径大、含尘浓度高的烟气。

(3) 先进发电技术

超临界发电，尤其是超超临界（USC）发电技术（图3-9），是一种先进的发电技术，主要应用于燃煤电厂。这项技术在高温和高压条件下运行，使水达到超临界或超超临界状态，实现大幅提高机组热效率、降低煤耗和污染物排放的技术。在技术层面上，当水的温度和压力达到或超过其临界点（大约374.15℃和22.115MPa）时，水蒸气的密度与液态水相同，这个状态称为水的临界参数。超过这个临界参数的条件被称为超临界参数，而超超临界参数则要求蒸汽温度不低于593℃或蒸汽压力不低于31MPa。在这种状态下，汽轮机可以更高效地运转，从而提高整个发电过程的效率。超超临界发电技术的优点主要包括三个方面：①具有更高的发电效率（45%以上）；②具有更低的污染，超超临界发电比传统煤电厂少10%以上的污染物排放；③具有更强的灵活性，能够适应不同种类的煤炭和不同的负荷要求。

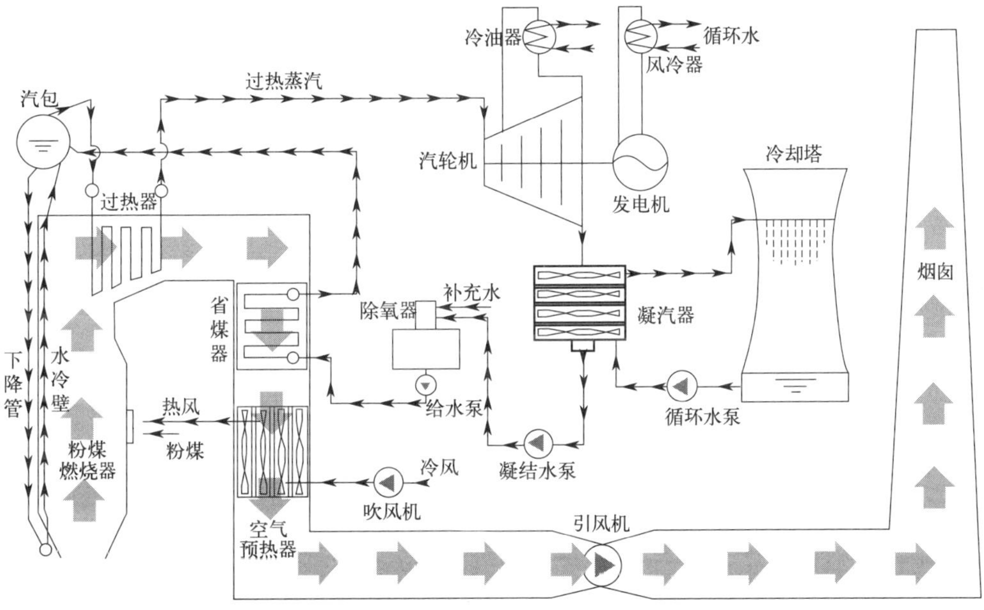

图3-9　超临界发电流程图

从20世纪50年代起，美国、英国、德国、日本等国家就开始了超超临界发电技术的研发应用。我国起步晚，1992年才开始兴建超临界机组，但利用国内巨大市场，多家公司长期发力，已具备自主研发能力和相关知识产权，实现了超超临界机组的国产化。2006年11月，由中国能建集团设计的华能浙江玉环电厂投产运行，这是中国首台百万千瓦超超临界发电机组工程。近年来，中国超临界发电技术发展迅猛。据中国电力企业联合会（中电联）统计，截至2024年底中国已投产的百万超超临界机组达200余台，约占中国火电机组装机容量的70%，其中1000MW及以上机组超过130余台。中国已是世界上1000MW超超临界机组发展最快、数量最多、容量最大和运行性能最先进的国家。

整体煤气化联合循环发电（IGCC，图3-10）和整体煤气化燃料电池发电（IGFC，图3-11）技术是洁净煤发电技术中被认为最具有前途的发电方式。IGCC包括煤气化、净化、燃气-蒸汽的联合循环，具有热效率高、环保等优势。IGCC 的工艺过程为：原料煤经气化转化为煤气，经净化除去 NO_x、硫化物、粉尘等，送入燃气轮机燃烧，产生的高温燃气驱动燃气透平做功，乏汽送入余热炉与工艺水换热，余热锅炉产生的过热蒸汽驱动蒸汽轮机做功。主要设备包括气化炉、煤气净化设备、燃气轮机、余热锅炉、蒸汽轮机。2009 年，我国首座 IGCC 示范工程——华能天津 IGCC 示范电站开工。2012 年该项目成功运行，目前已实现长周期稳定运行。该 IGCC 示范电站煤气化系统采用“两段式干煤粉加压气化技术”2000t/d 级全热回收的废热锅式气化装置，燃气-蒸汽联合循环部分选用了德国西门子公司的 SGT2000E 型燃气轮机，蒸汽轮机为三压再热方式。

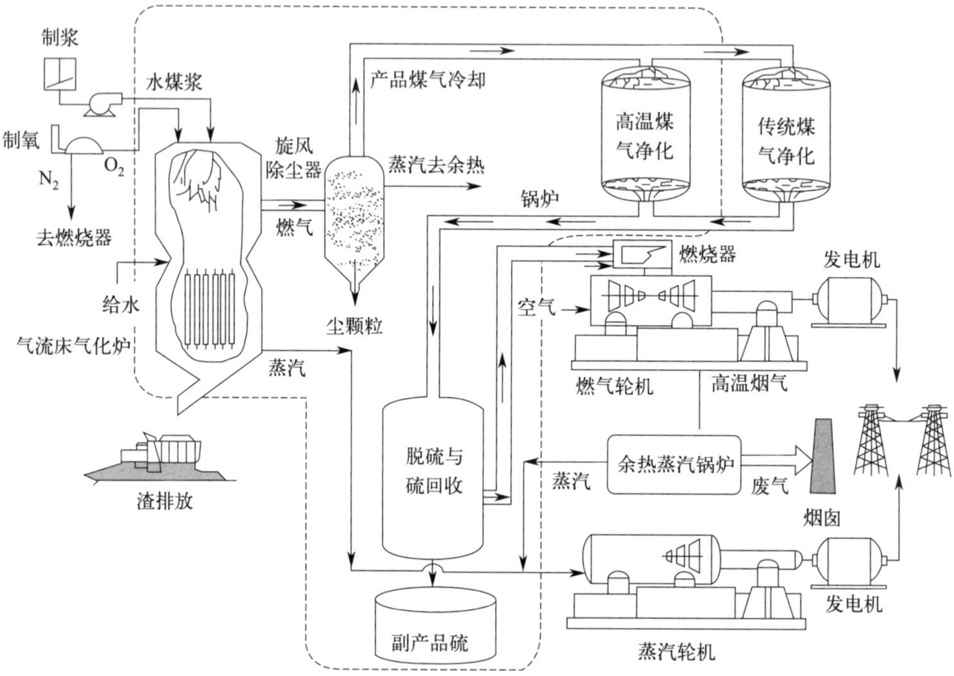

图 3-10 整体煤气化联合循环发电技术（IGCC）

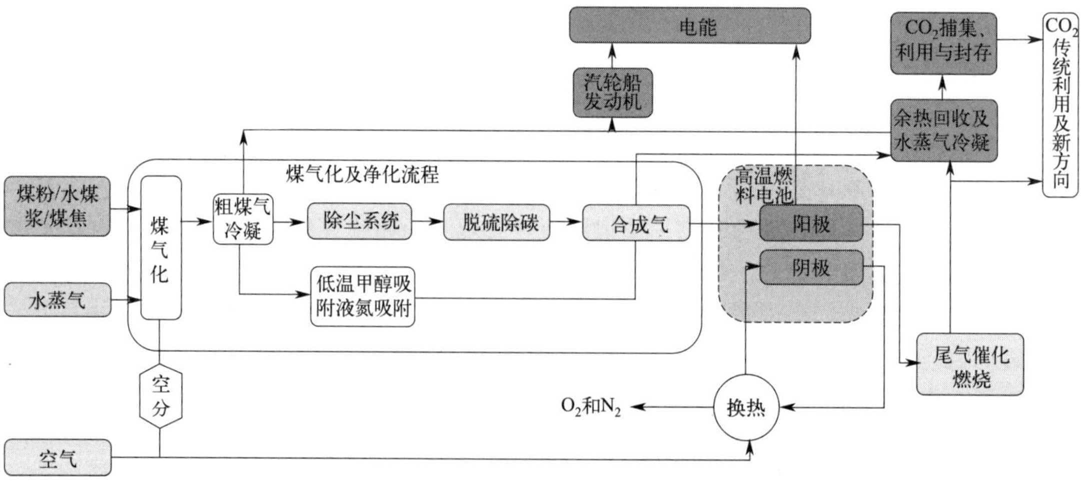

图 3-11 整体煤气化燃料电池发电技术（IGFC）

IGFC 是将 IGCC 的燃气-蒸汽联合循环发电系统替换成燃料电池发电系统，目前主要包括固体氧化物燃料电池和熔融碳酸盐燃料电池系统。相比较 IGCC 系统，IGFC 中高温燃料电池可直接使用合成气、化工尾气和天然气等进行高效发电，发电效率达 50%～60%，远高于常规的同等规模燃气发电系统效率（30%～43%），实现了热力循环发电和电化学发电系统的耦合。一方面，燃料电池理论高温余热可通过余热系统回收利用，综合效率更高；另一方面，燃料电池系统终端排放物为纯水和高浓度 CO_2（体积分数可达 90%以上），大幅降低这部分 CO_2 的捕集难度，在布置碳捕集利用与封存系统后，完全实现清洁、低碳、高效循环，CO_2 近零排放。

IGFC 技术发展的主要瓶颈为高温燃料电池和尾气纯氧燃烧技术。高温燃料电池包括固体氧化物燃料电池（SOFC）和熔融碳酸盐燃料电池（MCFC）两种，其中 SOFC 具有发电效率高、燃料适应性强、高温余热可回收等优点，在大型发电、分布式发电及热电联供等领域具有广阔的应用前景，是最前沿的燃料电池技术。2019 年，日本新能源产业技术综合开发机构宣布投资 73.3 亿日元开展 IGFC 示范工程研究，预计 CO_2 捕集率超过 90%，单位 CO_2 排放量减少到 590g/(kW・h)，同时净热效率达到 55%以上。中国于 2017 年 7 月启动 IGFC 国家重大专项项目资助。2020 年 10 月，国内首套 20kW 级整体煤气化燃料电池发电系统在宁夏煤业实验基地试车成功。目前，IGFC 处于起步阶段，煤气净化提纯技术、高温燃料电池技术、系统耦合控制技术等相关技术研究正逐步开展。

3.3 煤化工

煤化工是指以煤为原料，经化学加工使煤转化为气体、液体和固体燃料以及化学品的过程。主要包括煤的气化、液化、干馏以及焦油加工和电石乙炔化工等。煤中有机质是以芳香族为主的稠环为单元核心，由桥键互相连接，并带有各种官能团的大分子结构，通过热加工和催化加工，可以使煤转化为各种燃料和化工产品。随着世界石油资源不断减少，煤化工有着广阔的前景。

3.3.1 煤炭焦化

煤炭焦化又称煤炭高温干馏，是以煤为原料，在隔绝空气条件下加热到 950℃左右，经高温干馏生产焦炭，同时获得煤气、煤焦油并回收其他化工产品的一种煤转化工艺。煤炼焦过程主要分为四个阶段，工艺流程如图 3-12 所示。煤料在焦炉中主要受到来自两侧炉墙的高温作用，从炉墙到炭化室中心方向，煤料逐层经过干燥、脱水、脱除吸附气体、热分解、胶质体的产生和固化、半焦形成和收缩等阶段，最终形成焦炭。实际生产过程中，各阶段之间互相交错，难以截然分开。

3.3.2 煤炭气化

3.3.2.1 煤炭气化原理及应用

煤炭气化是指在特定的设备内，在一定温度及压力下使煤中有机质与气化剂（如蒸汽、空气或氧气等）发生一系列化学反应，将固体煤转化为含有 CO、H_2、CH_4 等可燃气体和 CO_2、N_2 等非可燃气体的合成气的过程。煤炭气化必须具备三个条件，即气化炉、气化剂、供热，三者缺一不可。

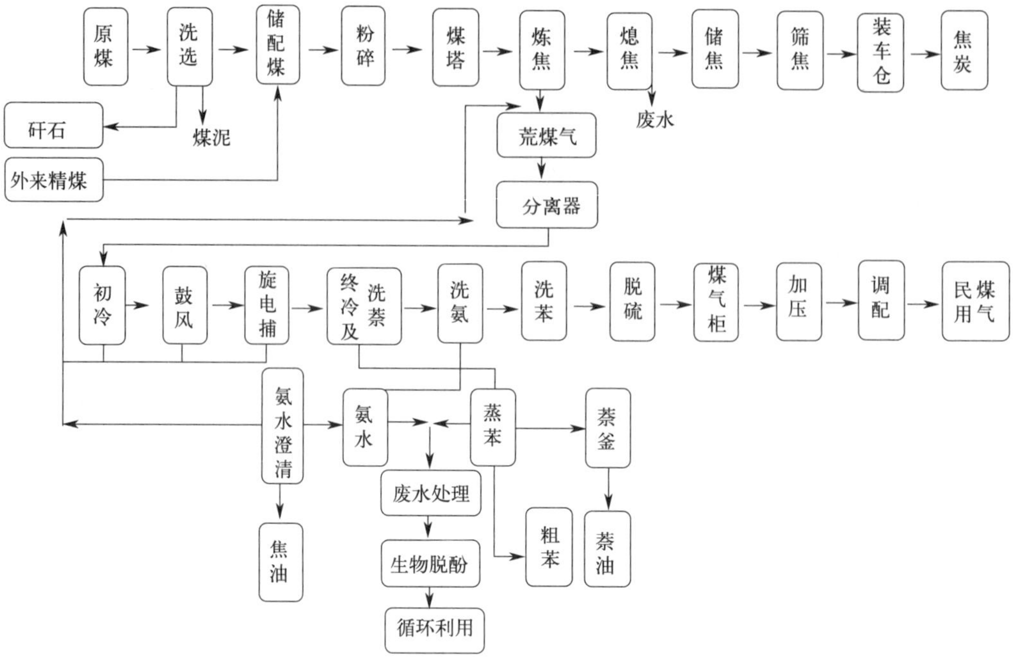

图 3-12 焦化生产工艺流程

煤炭气化时所得的可燃气体为煤气，而作为化工原料的煤气一般称为合成气。煤炭气化的设备称为煤气发生炉或气化炉。煤炭气化包含一系列物理、化学变化。一般包括干燥、燃烧、热解和气化四个阶段。干燥属于物理变化，随着温度的升高，煤中的水分受热蒸发。其他属于化学变化，燃烧也可以认为是气化的一部分。煤在气化炉中干燥以后，随着温度的进一步升高，煤分子发生热分解反应，生成大量挥发性物质（包括干馏煤气、焦油和热解水等），同时煤黏结成半焦。煤热解后形成的半焦在更高的温度下与通入气化炉的气化剂发生化学反应，生成以 CO、H_2、CH_4 及 CO_2、N_2、H_2S、H_2O 等为主要成分的气态产物，即粗煤气。气化反应包括很多的化学反应，主要是碳、水、氧、氢、一氧化碳、二氧化碳间的相互反应，其中碳与氧的反应又称燃烧反应，提供气化过程的热量。主要反应有：

水蒸气转化反应 $C+H_2O═CO+H_2 \quad \Delta H=131kJ/mol$ (3-12)

水煤气变换反应 $CO+H_2O═CO_2+H_2 \quad \Delta H=-41.2kJ/mol$ (3-13)

部分氧化反应 $C+1/2O_2═CO \quad \Delta H=-111kJ/mol$ (3-14)

完全氧化（燃烧）反应 $C+O_2═CO_2 \quad \Delta H=-394kJ/mol$ (3-15)

甲烷化反应 $CO+3H_2═CH_4+H_2O \quad \Delta H=-206.3kJ/mol$ (3-16)

歧化反应 $C+CO_2═2CO \quad \Delta H=172kJ/mol$ (3-17)

煤炭气化技术广泛应用于下列领域：

① 工业燃气。一般热值为 4605.48～5652.18kJ/m^3 的煤气，采用常压固定床气化炉、流化床、气化炉均可制得。主要用于钢铁、机械、建材、轻纺、食品等部门，用以加热各种炉、窑，或直接加热产品或半成品。

② 民用煤气。一般热值为 12560.4～14653.8kJ/m^3，要求 CO 小于 10%，除焦炉煤气外，直接气化也可得到，采用鲁奇炉较为适用。与直接燃煤相比，民用煤气不仅可以明显提高用煤效率和减轻环境污染，而且能够极大地方便人民生活，具有良好的社会效益与环境效

益。出于安全、环保及经济等因素的考虑，要求民用煤气中的 H_2、CH_4 及其他烃类等可燃气体的含量应尽量高，以提高煤气的热值；而 CO 有毒其含量应尽量低。

③ 合成原料气。作为化工合成和燃料油合成原料气。早在第二次世界大战时，德国等就采用费托（Fischer-Tropsch）工艺合成航空燃料油。随着合成气化工和碳一化学技术的发展，以煤气化制取合成气，进而直接合成各种化学品的路线已经成为现代煤化工的基础，主要包括合成氨、合成甲烷、合成甲醇、乙酸酐、二甲醚以及合成液体燃料等（图 3-13）。化工合成气对热值要求不高，主要对煤气中的 CO、H_2 等成分有要求，一般德士古气化炉、Shell 气化炉较为合适。我国合成氨和甲醇产量的 50%以上来自煤炭气化合成工艺。

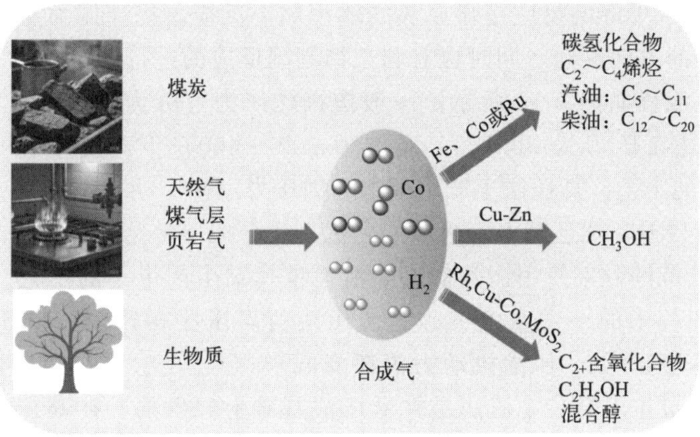

图 3-13　以合成气为平台的碳基能源转化

④ 冶金还原气。煤气中的 CO 和 H_2 具有很强的还原作用。在冶金工业中，利用还原气可直接将铁矿石还原成海绵铁；在有色金属工业中，镍、铜、钨、镁等金属的氧化物也可用还原气来冶炼。因此，冶金还原气对煤气中的 CO 含量有要求。

⑤ 作为联合循环发电燃气。整体煤气化联合循环发电是指煤在加压下气化，产生的煤气经净化后燃烧，高温烟气驱动燃气轮机发电，再利用烟气余热产生高压过热蒸汽驱动蒸汽轮机发电。用于 IGCC 的煤气，对热值要求不高，但对煤气净化度（如粉尘及硫化物含量）的要求很高。与 IGCC 配套的煤气化一般采用固定床加压气化（鲁奇炉）、气流床气化（德士古）、加压气流（Shell 气化炉）等气化工艺，煤气热值 9210.96～10467kJ/m^3。

⑥ 煤炭气化燃料电池。燃料电池是由 H_2、天然气或煤气等燃料通过电化学反应直接转化为电的化学发电技术。煤炭气化燃料电池主要有磷酸燃料电池（PAFC）、熔融碳酸盐燃料电池（MCFC）、固体氧化物燃料电池（SOFC）等。它们与高效煤气化结合的发电技术就是 IG-MCFC 和 IG-SOFC，其发电效率可达 53%。

⑦ 煤炭气化制氢。氢气广泛用于电子、冶金、玻璃生产、化工合成、航空航天、煤炭直接液化及氢燃料电池等领域，世界上 96%的氢气来源于化石燃料转化。而煤炭气化制氢起着很重要的作用，一般是将煤炭转化成 CO 和 H_2，然后通过变换反应将 CO 和 H_2O 转换成 H_2 和 CO_2，将富氢气体经过低温分离、变压吸附及膜分离技术处理，即可获得氢气。

⑧ 煤炭液化的气源。不论煤炭是直接液化还是间接液化，都离不开煤炭气化。煤炭液化需要煤炭气化制氢，而可选的煤炭气化工艺同样包括固定床加压 Lurgi 气化、加压流化床气化和加压气流床气化工艺。

3.3.2.2 典型的现代煤气化应用技术

(1) 合成气合成甲醇

合成气主要成分为 CO 和 H_2，还含有部分 CO_2。合成气合成甲醇的主要反应为：

$$CO+2H_2 \xlongequal{} CH_3OH \tag{3-18}$$

$$CO_2+3H_2 \xlongequal{} CH_3OH+H_2O \tag{3-19}$$

同时 CO_2 和 H_2 发生逆变换反应：

$$CO_2+H_2 \xlongequal{} CO+H_2O \tag{3-20}$$

通常提高压力、升高温度均可使甲醇合成反应速率加快，但从热力学角度分析，由于 CO、CO_2 和 H_2 合成甲醇的反应是强放热的体积缩小反应，提高压力、降低温度有利于化学平衡向生成甲醇的方向移动，同时也有利于抑制副反应的进行。

甲醇合成工艺流程如图 3-14 所示，一般按操作压力可分为高压法、中压法和低压法。高压法合成甲醇是在压力为 30MPa、温度为 300～400℃下，使用锌-铬催化剂（ZnO-Cr_2O_3）合成甲醇的工艺。高压法生产甲醇流程因压力过高、动力消耗大、设备复杂、投资费用高、产品质量较差，现已基本不再采用。低压法合成甲醇是在操作压力为 5MPa、反应温度在 230～270℃范围时，使用铜基低温高活性催化剂生产甲醇的工艺。低压法生产甲醇可以说是甲醇生产技术的一次重大突破。低压法与高压法相比较，装置的主要设备减少 13%，副产物产率低至 2%，压缩机动力消耗降低 50%～75%，热效率可达 64%，甲醇能耗下降 30%，生产成本下降。中压法是在低压法基础上开发的，在 5～10MPa 下合成甲醇的方法。该法成功地解决了高压法压力过高对设备、操作所带来的问题，同时也解决了低压法生产甲醇所需生产设备体积过大、生产能力小、不能进行大型化生产的问题，有效降低了建厂费用和生产成本。

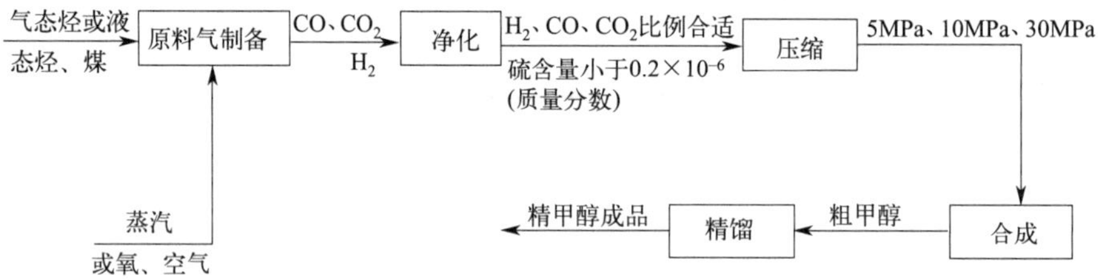

图 3-14 合成气制甲醇流程图

甲醇合成是可逆放热反应。从化学平衡考虑，升高温度对平衡不利（表 3-1）。但从动力学考虑，温度升高有利于加快反应速率。同时，升高温度，副反应产物增多，如副产物甲酸会造成设备的腐蚀，且温度过高也会影响催化剂的使用寿命。因此，需选择最佳反应温度，不同催化剂的活性温度不同，反应温度取决于催化剂的活性温度。

表 3-1 不同温度下甲醇反应的标准平衡常数

反应温度/℃	标准平衡常数
0	667.30
100	12.92
200	1.909×10^{-2}
300	2.42×10^{-4}
400	1.079×10^{-5}

(2) 甲醇制烯烃

生成的甲醇除了作为燃料使用，还可以进一步制备烯烃。乙烯、丙烯等低碳烯烃是重要的基本化工原料，随着我国国民经济的发展，特别是现代化学工业的发展，对低碳烯烃的需求日渐攀升，供需矛盾也将日益突出。甲醇制烯烃是将甲醇催化转化为乙烯、丙烯的工艺，是实现非石油资源转化制取低碳烯烃的关键技术，也是煤制烯烃工艺路线的枢纽技术。它实现了由煤炭或天然气经甲醇生产基本有机化工原料的目标，是对传统的以石油为原料制取烯烃路线的重要补充，也是实现煤化工向石油化工延伸发展的有效途径。

甲醇制烯烃技术在我国越来越受到关注，目前甲醇制烯烃主要有 MTO 技术和 MTP 技术两种。MTO 技术是将甲醇转化为乙烯和丙烯混合物的工艺，除了生成乙烯、丙烯外，还有丁烯等副产物；MTP 技术是将甲醇主要转化为丙烯的工艺，除了生成丙烯外，还有乙烯、液化石油气（LPG）、石脑油等产物。几种典型甲醇制烯烃技术介绍如下。

① 中国科学院大连化学物理研究所 DMTO 工艺

中国科学院大连化学物理研究所（大连化物所）在 20 世纪 80 年代开始进行 MTO 研究工作，90 年代初在国际上首创“合成气经二甲醚制取低碳烯烃新工艺方法（简称 SDTO 法）”。该工艺由两段反应构成，第一段反应是合成气在金属沸石双功能催化剂上高选择性地转化为二甲醚，第二段反应是二甲醚在 SAPO-34 分子筛催化剂上高选择性地转化为乙烯、丙烯等低碳烯烃。之后通过技术攻关简化为合成气经甲醇直接制取烯烃（DMTO），采用 SAPO-34 分子筛催化剂，在密相床循环流化床反应器上实现甲醇到烯烃的催化转化，其催化剂牌号包括 DO123 系列（主产乙烯）和 DO300 系列（主产丙烯）。

2004 年，大连化物所、陕西新兴煤化工科技发展有限公司和中国石化洛阳石化工程公司合作，进行了 DMTO 成套工业技术的开发，建成万吨级甲醇制烯烃工业化装置（图 3-15），于 2006 年完成工业试验，甲醇转化率近 100%，C_2～C_4 选择性在 90%以上。2010 年 8 月，采用 DMTO 工艺的全球首套百万吨级工业化装置——中国神华内蒙古包头煤制烯烃项目建成投运。该项目包括 180 万 t/a 煤基甲醇装置、60 万 t/a 聚烯烃（聚乙烯、聚丙烯）联合石化装置，甲醇转化率达到 99.9%以上，乙烯+丙烯选择性达到 80%以上，产品符合聚合级烯烃产品规格要求。

图 3-15 世界首套甲醇制烯烃工业化装置

MTO 的反应历程主反应为：

$$2CH_3OH \xlongequal{} C_2H_4 + 2H_2O \tag{3-21}$$

$$3CH_3OH \xlongequal{} C_3H_6 + 3H_2O \tag{3-22}$$

在 DMTO 工艺基础上，大连化物所进一步开发了 DMTO-Ⅱ工艺。该工艺增加了 C_4 以上重组分裂解单元，即将烯烃分离单元产出的 C_4 及 C_4 以上组分加入裂解反应器，在反应器内实现 C_{4+} 组分的催化裂解，生成以乙烯、丙烯为主的混合烃产品。所得混合烃与甲醇转化产品气混合，进入分离系统进行分离。通过增加裂解单元，可将乙烯、丙烯收率由 80%提高到 85%左右，使 1t 轻质烯烃的甲醇单耗由 3t/t 降低到 2.6～2.7t/t，双烯收率较 DMTO 工艺提高 10%。该工艺 C_{4+} 转化反应和甲醇转化反应使用同一催化剂，甲醇转化和 C_{4+} 转化系统均采用流化床反应器，实现了甲醇转化和 C_{4+} 转化系统的相互耦合。2014 年 12 月，DMTO-Ⅱ工业示范装置在陕西蒲城清洁能源化工有限公司开车成功，生产出聚合级丙烯和乙烯。此外，甘肃平凉华泓汇金煤化工有限公司也在其 70 万 t/a 烯烃项目中采用 DMTO-Ⅱ技术。近年来，DMTO 技术已在国内二十多套装置得到工业应用和技术许可，合计烯烃产能超过 1000 万 t/a。

在 DMTO-Ⅱ技术基础上，大连化物所正积极研究 DMTO-Ⅲ技术，以便将 DMTO 单套装置处理能力从现有的 180 万 t/a 提高到 300 万 t/a 以上，并且单程甲醇转化率和烯烃选择性不低于 DMTO-Ⅱ技术。该所已于 2019 年完成 DMTO-Ⅲ技术的催化剂研制工作、反应工艺的实验室中试放大工作，目前已顺利投产。

②中国石化甲醇制烯烃全流程技术（SMTO）

中国石化上海石油化工研究院于 2000 年开始 MTO 技术研发。2007 年，该院与中国石化工程建设公司合作开发出 SMTO 成套技术，并在北京燕山石化建成 100t/d 的 SMTO 工业试验装置。该技术采用自主研发的 SMTO-1 催化剂，甲醇转化率大于 99.5%，乙烯+丙烯的选择性大于 81%，乙烯+丙烯+丁烯的选择性大于 91%。2008 年该院完成了甲醇年进料 180 万 t 的 SMTO 工艺包开发。2011 年 10 月，采用 SMTO 工艺的中原石化甲醇制烯烃示范项目一次开车成功，装置规模为年加工甲醇 60 万 t，生产 10 万 t 聚乙烯和 10 万 t 聚丙烯（图 3-16）。2011 年 10 月，中天合创煤制烯烃煤炭深加工示范项目打通全流程，产出合格聚乙烯、聚丙烯，该项目位于内蒙古鄂尔多斯，采用 GE 水煤浆气化技术及 SMTO 技术，主要包括 360 万 t/a 甲醇、2×180 万 t/a 甲醇制烯烃、67 万 t/a 聚乙烯、70 万 t/a 聚丙烯，是当时世界最大的煤制烯烃项目。2017 年 1 月，位于安徽淮南的中安联合煤化一体化项目复工，该项目采用中国石化单喷嘴干粉煤气化炉（SE 炉）及 SMTO 技术，分两期进行，一期工程建设 170 万 t/a 煤制甲醇及转化烯烃和衍生产品。SMTO 技术的工业化应用结果表明，其乙烯选择性为 42.10%，丙烯选择性为 37.93%，C_2～C_4 选择性 89.87%，甲醇转化率 99.91%，甲醇单耗 2.92t/t，生焦率 1.74%。

③ 中国神华甲醇制烯烃工艺（SHMTO）

2010 年，世界首套大型工业化甲醇制烯烃装置（采用 DMTO 技术）在包头一次投料试车成功后，中国神华通过该示范装置的工业化运营过程中积累的丰富经验，进行了大量新工艺与技术的开发，包括 MTO 新型催化剂的开发、MTO 新工艺的开发，于 2012 年成功研发了新型甲醇制烯烃催化剂 SMC-1，并将其用于包头 MTO 装置。

同年，中国神华申请了甲醇转化为低碳烯烃的装置及方法的专利，并完成了 180 万 t/a 新型甲醇制烯烃（SHMTO）工艺包的开发（图 3-17）。2012 年 9 月，采用 SHMTO 工艺的

图 3-16　中原石化甲醇制烯烃装置

神华新疆甘泉堡 180 万 t/a 甲醇制 68 万 t/a 烯烃项目投料试车成功，该装置工业化运行效果表明，其乙烯选择性为 40.98%，丙烯选择性为 39.38%，C_2～C_4 选择性 90.58%，甲醇转化率 99.70%，生焦率 2.15%。

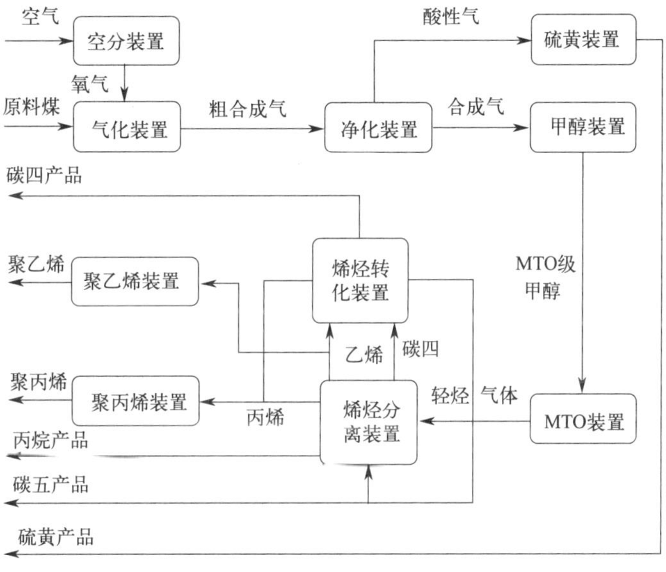

图 3-17　中国神华甲醇制烯烃工艺流程（SHMTO）

④ 清华大学 FMTP 工艺

由清华大学、中国化学工程集团公司、淮化集团联合开发的循环流化床甲醇制丙烯工艺（简称 FMTP 工艺），2009 年 10 月在安徽淮化集团完成工业试验，其甲醇进料量 4250kg/h，甲醇转化率 99.9%，产物中丙烯/乙烯比例 1.18∶1，乙烯＋丙烯选择性达到 70.6%。FMTP 以 SAPO-34 分子筛为催化剂，采用流化床反应器与下行床分区反应器相结合的工艺，反应温度易于控制。原料与催化剂在反应器中逆流接触，反应产物及催化剂在出反应器后进入气固快速分离器，有效抑制了二次反应的发生，减少了副产物的产生量，同时增加了低碳烯烃的产量。

FMTP 工艺总体而言是对 MTP 工艺的改进，可将丙烯/乙烯比例从 1.2∶1 调节到 1∶0（全丙烯产出）。利用该技术生产以丙烯为主的烯烃产品，双烯（乙烯+丙烯）总收率可达 88%，原料甲醇消耗为 2.62t/t 双烯。

采用 FMTP 技术，甘肃平凉华亭煤业集团建设了我国第一套流化床甲醇制丙烯装置，该项目年消耗甲醇 60 万 t，年产聚丙烯 20 万 t，液化气 1.9 万 t，丙烷 2.1 万 t，汽油 1.4 万 t，燃料气 0.8 万 t，甲基叔丁基醚（MTBE）2.8 万 t。

⑤ UOP/Hydro MTO 工艺

由美国 UOP 公司和挪威 Hydro 公司共同开发的 UOP/Hydro MTO 工艺，以粗甲醇或产品级甲醇为原料生产聚合级乙烯/丙烯，反应采用流化床反应器，反应温度为 400～500℃，压力为 0.1～0.3MPa，乙烯+丙烯选择性可达 80%，乙烯和丙烯的物质的量的比可为 0.75～1.50；其催化剂型号为 MTO-100，主要成分是 SAPO-34（硅、铝、磷）。

为提高产品气中乙烯和丙烯的收率，UOP 公司开发了将甲醇制烯烃工艺与 C_4、C_5 烯烃裂解工艺（olefins cracking process，OCP）进行耦合的技术，其双烯（乙烯+丙烯）选择性可高达 85%～90%，并可在较大范围内调节乙烯/丙烯比。

2008 年，UOP 与 Total 公司合作，在比利时费鲁建立了 MTO 和 OCP 工艺联用的甲醇制烯烃一体化示范工程项目，项目甲醇处理量为 10t/d，验证了其一体化工艺流程和放大到百万吨级工业化规模的可靠性。2011 年，惠生（南京）清洁能源股份有限公司取得 UOP 公司授权，建设产能 29.5 万 t/a 烯烃的甲醇制烯烃工业化装置，于 2013 年 9 月首次成功开车，并产出合格产品。继之，UOP 公司相继授权建设山东阳煤恒通化工股份有限公司（30 万 t/a）、久泰能源公司（60 万 t/a）、江苏斯尔邦石化有限公司（82 万 t/a）和吉林康乃尔公司（60 万 t/a）4 个甲醇制烯烃项目，均已成功投产。2018 年 1 月，UOP 公司在江苏省张家港市的 MTO 催化剂生产厂建成投产，进一步满足了中国市场煤制烯烃装置对 MTO 催化剂的需求。

⑥ Lurgi MTP 工艺

德国鲁奇（Lurgi）公司从 1996 年开始研发 MTP 工艺，使用德国南方化学公司（Sud-chemie）的沸石基改性 ZSM-5 催化剂，该催化剂具有较高的低碳烯烃选择性。2004 年 5 月，其甲醇处理能力 360kg/d 的工业示范试验取得成功。该工艺由 3 台固定床反应器组成（2 台运行、1 台备用），每台反应器有 6 个催化剂床层，但实质上其反应器有两种形式可供选择，即固定床反应器（只生产丙烯）和流化床反应器（可联产乙烯/丙烯）。

通常生产过程中，Lurgi MTP 工艺的目的产品是丙烯，首先甲醇脱水转化为二甲醚，然后二甲醚、甲醇和水进入第一台 MTP 反应器，反应在 400～450℃、0.13～0.16MPa 下进行，甲醇和二甲醚的转化率在 98.99%以上，丙烯为主要产品，也副产部分乙烯、液化石油气（LPG）和汽油产品；同时，设置第 2 台和第 3 台 MTP 反应器，以获得更高的丙烯收率（达到 71%）。2010 年 12 月，采用鲁奇 MTP 技术的神华宁煤 50 万 t/a 煤基聚丙烯项目打通全流程，并于 2011 年 4 月产出合格聚丙烯产品，首次实现 MTP 技术在我国的推广应用。2011 年 9 月，采用鲁奇 MTP 技术的大唐多伦 46 万 t/a 煤基甲醇制丙烯项目建成投产，2012 年 3 月首批优级聚丙烯产品成功下线。2014 年 8 月，采用鲁奇 MTP 技术的神华宁煤 50 万 t/a MTP 二期项目打通全流程。神华宁煤在全球享有鲁奇 MTP 技术 15%的专利许可权益，通过技术自主创新实现了 MTP 催化剂的国产化开发与工业应用，现已开发出 MTP 工艺第二代低成本高性能多级孔道 ZSM-5 分子筛催化剂。

几种典型甲醇制烯烃工艺主要技术指标对比见表 3-2。从表 3-2 可以看出，除了 Lurgi 公司 MTP 工艺采用固定床反应器、ZSM-5 分子筛催化剂外，其他几种技术均采用流化床反应器、SAPO-34 催化剂。从技术指标看，大连化物所 DMTO-Ⅱ技术双烯收率最高（95%），DMTO 技术次之（86%）；甲醇消耗 DMTO-Ⅱ技术最低（2.67t/t），中国石化 SMTO 技术次之（2.82t/t）；几种技术的甲醇转化率均超过 99%。

表 3-2　几种典型技术主要指标对比

工艺名称	所属单位	双烯单耗（甲醇）/(t/t)	双烯收率/%	甲醇转化率/%	反应器类型	催化剂
MTO	UOP/Hydro	3	80	>99	流化床	SAPO-34
DMTO	大连化物所	2.89	86	>99	流化床	SAPO-34
DMTO-Ⅱ	大连化物所	2.67	95	99.97	流化床	SAPO-34
SMTO	中国石化集团公司	2.82	81	99.8	流化床	SAPO-34
SHMTO	中国神华	2.89	81	>99	流化床	SAPO-34
MTP	Lurgi 公司	3.22～3.52	65～71	>99	固定床	ZSM-5
FMTP	清华大学	3.36	68	99.5	流化床	SAPO-18/34

(3) 合成氨

合成氨指由氮和氢在高温高压和催化剂存在下直接合成的氨，为一种基本无机化工流程。德国化学家哈伯（Fritz Haber）从 1902 年开始研究由氮气和氢气直接合成氨。1908 年哈伯申请专利，即“循环法”，在此基础上，他继续研究，于 1909 年改进了合成工艺，氨的含量达到 6%以上。反应过程中为解决 H_2 和 N_2 合成转化率低的问题，将氨产品从合成反应后的气体中分离出来，未反应气和新鲜氢氮气混合重新参与合成反应。合成氨反应式如下：

$$N_2 + 3H_2 = 2NH_3, \Delta H_{298K} = -92.4\text{kJ/mol} \tag{3-23}$$

热力学计算表明，低温、高压对合成氨反应是有利的，但无催化剂时，反应的活化能很高，反应几乎不发生。当有催化剂时，由于改变了反应历程，降低了反应的活化能，使反应以显著的速率进行。氮分子在催化剂表面上进行化学吸附，使氮原子间的化学键减弱。接着是化学吸附的氢原子不断地与表面上的氮分子作用，在催化剂表面上逐步生成—NH、—NH_2 和 NH_3，最后氨分子在表面上脱附而生成气态的氨。

合成氨的原料包括固体、液体和气体多种形态，经过长期的技术发展与优化，现已形成多种特色工艺流程。尽管这些流程各具特色，但它们都共享三个核心环节：原料气的制备、净化处理以及最终的氨合成。合成氨的工艺流程如图 3-18 所示。

① 原料气制备

将煤、天然气等原料转化为含氢、氮的粗原料气。对于固态原料如煤和焦炭，气化法是常用的制取合成气的方法；对于渣油，非催化部分氧化法可得到所需合成气；而气态烃类和石脑油则通过二段蒸汽转化法进行合成气的制取。

② 净化处理

将粗原料气进行深度净化，以去除氢气和氮气以外的杂质。这一过程涉及多个环节，如变换过程、脱硫脱碳过程以及气体精制过程，旨在确保原料气的纯净度符合后续反应的需求。

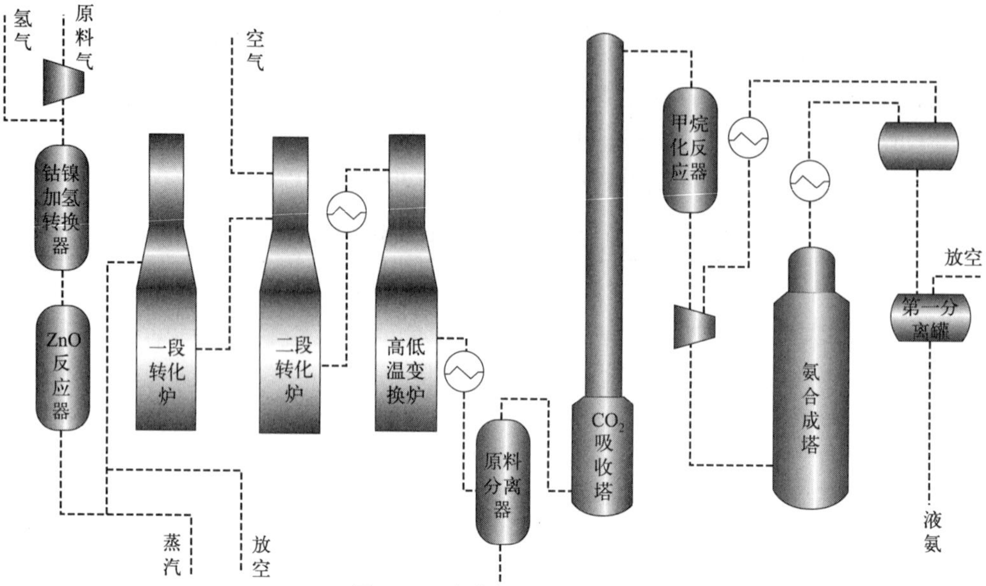

图 3-18 合成氨工艺流程图

③ 氨合成

将经过精制的高纯度氢、氮混合气压缩至高压状态，在催化剂的作用下进行氨的合成反应。这是整个合成氨生产过程中的核心步骤，提供液氨产品。由于反应后气体中的氨含量较低，通常仅为10%～20%，因此需要采用未反应氢氮气循环的流程来提高氨的产量。

1949 年，全国氮肥产量仅 0.6 万 t，而 1982 年达到 1021.9 万 t，我国成为世界上产量最高的国家之一。期间，我国引进了一批年产 30 万 t 合成氨的大型化肥厂设备。我国自行设计和建造的上海吴泾化工厂也是年产 30 万 t 合成氨的大型化肥厂。这些化肥厂以天然气、石油、炼油气等为原料，生产中能量损耗低、产量高，技术和设备都很先进。2023 年全国合成氨累计产量约为 6200 万 t，呈现稳步增长态势；在合成氨领域，晋开化工、云天化、宜化化工等规模较大的企业因市场占比高，已成为行业领军。

2024 年 6 月 7 日，国家发展改革委、工业和信息化部、生态环境部、市场监管总局、国家能源局等部门印发《合成氨行业节能降碳专项行动计划》（以下简称《计划》）。《计划》提到，到 2025 年底，合成氨行业能效标杆水平以上产能占比提升至 30%，能效基准水平以下产能完成技术改造或淘汰退出。2024—2025 年，通过实施合成氨行业节能降碳改造和用能设备更新形成节能量约 500 万 t 标准煤、减排二氧化碳约 1300 万 t。到 2030 年底，合成氨行业能效标杆水平以上产能占比进一步提高，能源资源利用效率达到国际先进水平，生产过程绿电、绿氢消费占比明显提升，合成氨行业绿色低碳发展取得显著成效。2023 年 1 月 10 日，宁夏宝丰能源集团股份有限公司的绿氢制绿氨及氨水制备项目获得备案。该项目将充分利用宝丰集团的太阳能电解制氢储能及应用示范项目的氢气，以及 50 万 t/a 煤制烯烃项目空分装置的氮气，来建设年产 10 万 t/a 合成氨和 50 万 t 氨水的生产线。此外，还将依托宝丰集团现有的公用工程设施，如给水、脱盐水、循环水以及仪表空气等，来支持这一生产线的运行。目前，宁夏宝丰能源集团绿氢制合成氨项目已顺利开工。

3.3.3 煤炭液化

长期以来，全世界液体燃料和基本化工原料的供应主要基于石油资源。对于我国而言，化石资源格局为富煤、有气（天然气、页岩气、煤层气）而相对少油。随着经济和社会持续快速发展，我国进口的石油量呈逐年上升趋势，据最新的统计数据，自 2013 年至 2024 年，中国的年进口石油总量从 2.82 亿 t 增至 5.53 亿 t，对外依存度已超过 70%。此外，飞机、坦克、火箭、汽车等都使用液体燃料。其他能源如水能、核能又不能代替液体燃料。因此，发展煤、天然气、废弃生物质等非石油基含碳资源制液体燃料对缓解我国能源供应紧张局面和保障能源安全具有重要的战略意义。

煤炭液化是把固态的煤炭通过化学加工，使其转化为液体产品（液态烃类燃料，如汽油、柴油等产品或化工原料）的技术。煤的液化是当前煤化工的热点。煤炭液化可将硫等有害元素以及灰分脱除，得到洁净的二次能源，对优化终端能源结构、解决石油短缺、减少环境污染具有重要的战略意义。煤的液化方法主要分为煤炭直接液化和煤炭间接液化两大类。

(1) 煤炭直接液化

煤炭直接液化是将煤在氢气和催化剂作用下通过加氢裂化转变为液体燃料的过程。因为主要采用加氢手段，故又称为煤的加氢液化法。煤炭直接液化的工艺流程主要包括原料煤破碎与干燥、煤浆制备、加氢液化、固液分离、气体净化、液体产物分馏和精制以及液化残渣气化制取氢气等部分（图 3-19）。煤直接液化的主要产品是优质汽油、喷气燃料油、柴油和芳烃以及碳素化工原料，并副产燃料气、液化石油气、硫黄和氨等。工艺过程热效率高达 70%。

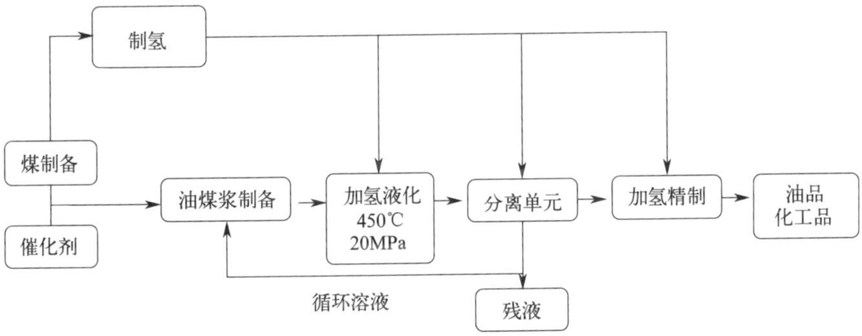

图 3-19　煤炭直接液化工艺

煤炭直接液化产物的性质和产率受煤的性质、溶剂、催化剂、反应压力和温度等条件影响。

① 煤的性质影响。煤的液化性能取决于煤的分子结构、组成和煤岩组分。活性组分大于 80%、挥发分大于 38%、芳香度小于 0.7、碳含量 82%～85%、灰分小于 10%的煤具有较高液化转化率和油收率。低阶烟煤和高阶褐煤是适宜的液化煤种。褐煤活性大，氧含量高，液化过程中用氢量比烟煤多。

② 溶剂影响。溶剂在煤液化过程中起着溶解煤、向煤或催化剂表面供氢和传递氢、防止煤热分解的自由基碎片缩聚等作用。结构与煤分子相似的多环芳烃，对煤有较大的溶解能力。在煤液化过程中，用煤直接液化油的中质和重质油的混合油作为溶剂，称作循环溶剂，其主要组成是 2～4 环的芳烃和氢化芳烃。中质油经过预先加氢，具有更好的供氢能力。

③ 催化剂的影响。催化剂的活性和选择性影响煤液化反应速率、转化率、油收率、气体产率和氢消耗量。煤直接液化工艺所用的催化剂是铁系或镍钼等催化剂。$Co\text{-}Mo/Al_2O_3$、$Ni\text{-}Mo/Al_2O_3$ 和 $(NH_4)_2MoO_4$ 等催化剂活性高、用量少，但须再生反复使用。Fe_2O_3、

Fe_3O_4、FeS_2 和 $FeSO_4$ 等铁系催化剂活性低，用量较多，价格便宜，不用再生。氧化铁和硫或硫化钠组成的铁硫系催化剂具有较高的活性，在煤加氢液化反应条件下转变成 H_2S，使氧化铁转变成活性较高的硫化铁，并有供氢和传递氢的作用。

④ 反应温度的影响。反应温度是加氢液化的先决条件。煤加氢的起始温度与煤热分解起始温度大致相同，最高温度低于煤胶质体结焦温度，一般在 400～470℃范围内。提高液化反应温度，有利于提高煤液化反应速度和转化率，但也增加了气体产率和结焦的可能性。

⑤ 反应压力的影响。压力在煤加氢液化过程中有助于氢在溶剂中溶解，抑制煤分解生成气体，但提高反应压力将增加设备投资和操作困难。

煤直接液化的操作条件苛刻，对煤种的依赖性强。典型的煤直接液化技术是在 400℃、15MPa 左右将合适的煤催化加氢液化，产出的油品芳烃含量高，硫、氮等杂质需要经过后续深度加氢精制才能达到石油产品的等级。世界上有代表性的煤直接液化工艺是德国的新液化（IGOR）工艺、美国的 HTI 工艺和日本的 NEDOL 工艺。这些新液化工艺的共同特点是煤炭液化的反应条件比老液化工艺大为缓和，生产成本有所降低，中间放大试验已经完成。还未出现工业化生产厂的主要原因是生产成本仍竞争不过廉价石油。今后的发展趋势是通过开发活性更高的催化剂和对煤进行预处理以降低煤的灰分和惰性组分含量，进一步降低生产成本。

我国从 20 世纪 70 年代末开始研究煤炭直接液化技术，已建成具有国际先进水平的煤炭直接液化、液化油提质加工和分析检验实验室，开展了基础研究和工艺开发，取得了一批科研成果。目前具有自主知识产权的神华煤直接液化工艺及成套技术已在神华鄂尔多斯百万 t 直接液化项目上成功应用。我国自主研发的煤直接液化二代技术项目于 2024 年 10 月 8 日在新疆哈密正式开工。该项目标志着我国在煤液化技术领域取得重大突破，建成后将成为目前技术最先进、规模最大的煤直接液化项目。项目投产后，预计每年可生产 400 万 t 煤液化产品，其中煤直接液化生产线 320 万 t/a，煤间接液化生产线 80 万 t/a。第一阶段预计于 2027 年底建成投产，年工业增加值 314 亿元，对周边地区的产业孵化能力将显著提升。

(2) 煤炭间接液化

煤炭间接液化是指先使煤转化为合成气（CO 和 H_2 的混合气体），然后在高温、高压及催化剂作用下生成液态烃、甲醇等有机物。将合成气在催化剂和适当条件下转化为液态烃或碳氢化合物的工艺过程也叫作费托合成。费托合成反应作为煤炭间接液化过程中的重要反应，半个世纪来受到各国学者的广泛重视，目前已成为煤间接液化制取各种烃类及含氧化合物的重要方法之一。它包括一系列化学反应，生成多种烃类，包括烷烃和烯烃（图 3-20）。其中，烷烃主要以直链形式生成，适合作为柴油燃料。费托合成的反应条件复杂，可以通过控制反应条件和使用不同的催化剂来调整产物的种类和分布。例如，可以生产 CH_4、H_2（燃料气）、C_5～C_{12} 烃（汽油）、C_{13}～C_{19} 烃（柴油）、C_{20}～C_{30} 烃（石蜡及重油）等多种产品。工业上，费托合成主要用于煤制油（CTL）和气制油（GTL）过程，是间接液化法的重要组成部分。

随着我国费托合成工艺的不断发展，油化学品产量不断提高，各种浆态床、固定床反应器，钴基、铁基费托合成催化剂逐渐应用，为我国煤炭液化的发展奠定了基础，21 世纪以来，中国科学院山西煤化所、内蒙古、上海等研究所之间的合作不断加深，我国费托合成技术得到飞速发展，逐渐走向世界前列，并且合成油产量位居世界第一。通过费托合成技术可以将我国较为丰富的煤和煤层气、中西部地区分散的中小规模天然气和页岩气、焦化厂废气

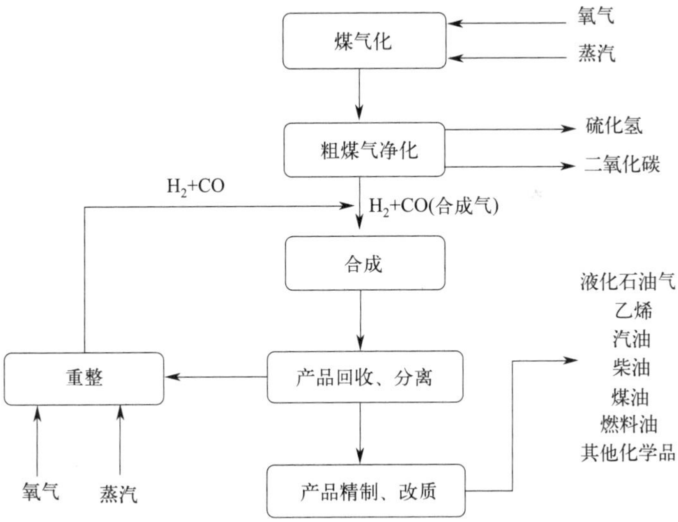

图 3-20　费托合成工艺路线

和炼厂废气、经济欠发达地区大量的废弃生物质资源等各种非石油基含碳资源经合成气转化为清洁液体燃料和高附加值化学品，是替代石油路线的最佳途径和发展方向之一。而且费托合成产品因低硫，不含氮化物、芳烃和重金属等污染物，是真正的洁净和环境友好产品，可满足日益苛刻的环保要求。因此，发展该技术可连接非石油基资源与传统石化工业，符合国家能源、资源、环境以及产业可持续发展的重大需求，具有重要的科学意义和现实意义。通过费托合成技术，有效地利用 CO 等碳资源，将温室气体再利用，转化为优质化学品，为世界发展做出了不可替代的贡献。

费托合成分为低温（200～240℃）和高温（300～350℃）两种操作模式。低温工艺通常使用铁基或钴基催化剂以制备高分子量碳氢化合物产品，铁基催化剂广泛应用于高温工艺，在生产汽油或线性低分子量烯烃方面有卓越的性能。作为一种放热反应，费托合成反应一般在固定床、浆态床或流化床反应器中进行，这对反应器的传质和传热有很高的要求。费托合成催化剂的主催化剂主要是Ⅷ族 Fe、Co、Ni、Ru 等过渡金属元素，主要是因其具有空位 d 轨道，可接受电子，与碳原子、氢原子能形成较强的吸附键（图 3-21）。其中 Ru 的催化活性最高，适合制备高碳烯烃，但是价格高、自然界含量低，很难实现工业化。Ni 的催化活性次之，但是使用 Ni 基催化剂时产物中甲烷选择性很高，不利于烃类的生成。Fe 基和 Co 基是目前研究最多的费托合成催化剂。Fe 基催化剂具有价格低廉、操作温度范围广、产物分布可调等优点，Co 基催化剂具有储量较高、不易失活、产物主要为长链烷烃等特点。不同的催化剂对产物分布有着较大的影响，如何制备高低碳烯烃选择性的催化剂是提高费托合成制备低碳烯烃的有效手段之一。费托合成通常还需助催化剂，助催化剂多为难还原的金属氧化物，增加催化剂的结构稳定性。费托合成催化剂载体为高比表面积的氧化铝等，用于提高催化剂的分散性。

费托合成反应是一种表面聚合反应，主要会经历以下几个步骤：①反应物吸附（reactant adsorption）；②链引发（chain initiation）；③链增长（chain growth）；④链终止（chain termination）；⑤产物脱附（product desorption）；⑥产物再吸附和进一步反应（readsorption and further reaction）。费托合成是一个多相的催化反应，存在多种类型反应（表 3-3），

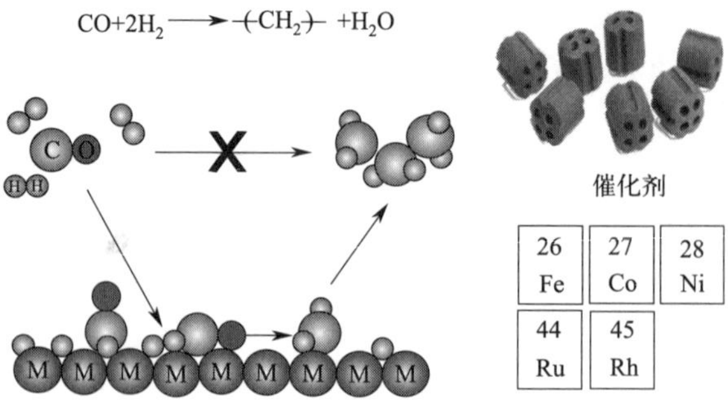

图 3-21 费托合成反应过程

上述反应步骤中可能会发生不同组合的反应，从而致使许多物种在催化剂表面共存，如反应物、含氧中间体和烃类中间体。反应机理的研究可以为催化剂的设计提供一定的理论基础，对调控产物分布具有重大的意义。因此费托合成机理一直是人们探索的难点。

表 3-3 费托合成反应

反应类型		反应方程式
主反应	生成甲烷	$CO+3H_2 \longrightarrow CH_4+H_2O$
	生成石蜡油	$nCO+(2n+1)H_2 \longrightarrow C_nH_{2n+2}+nH_2O$
	生成烯烃	$nCO+2nH_2 \longrightarrow C_nH_{2n}+nH_2O$
	水煤气变换反应(WGS)	$CO+H_2O \longrightarrow CO_2+H_2$
副反应	生成醇	$2nH_2+nCO \longrightarrow C_nH_{2n+1}OH+(n-1)H_2O$
	碳的气化反应	$2CO \longrightarrow C+CO_2$
催化剂改性	催化剂氧化还原	$M_xO_y+yH_2 \longrightarrow yH_2O+xM$ $M_xO_y+yCO \longrightarrow yCO_2+xM$
	碳化物形成	$yC+xM \longrightarrow M_xC_y$

费托合成反应机理于 1926 被初次提出。Fischer 和 Tropsch 认为：CO 分子首先在催化剂表面进行吸附解离，和活性金属生成金属碳化物物种，紧接着与 H_2 反应生成亚甲基中间体，随后亚甲基中间体加氢聚合，生成直链烃。但是这一机理存在局限性，无法解释醇、醛等含氧化合物的生成过程。而在 1951 年，Storch 和 Anderson 提出了烯醇机理，这种机理比碳化物机理解释得更全面，更能解释费托合成产物分布。合成气首先吸附在催化剂活性金属表面，并生成 $H_2C=CHOH$ 中间体（烯醇络合物），接着两个 $H_2C=CHOH$ 中间体脱水生成 C—C 键，再进一步加氢进行链增长，并通过后续的加氢和脱水生成烃和醇类产物。但是，这种机理的 $H_2C=CHOH$ 中间体缺乏实际检测的证明，因此在科学性上饱受质疑。

CO 插入机理在 20 世纪中期被提出。根据 Pichler 和 Schulz 的报道，一氧化碳和氢气首先反应生成甲酰基，随后进一步氢化并形成桥式亚甲基物种，并经过脱水和生成 $C_{n+1}H_{y+1}$，一部分加氢和脱氢生成烷烃和烯烃物种，一部分继续进行过 CO 插入的过程，进行链增长（图 3-22）。但是这种机理的解释依然不完整，因为其并没有明确说明支链产物的生成机理。从费托合成发展至今，研究人员提出了各种机理，除了上述机理之外，还有碳烯插入机理等，对于反应复杂的费托合成，所提出的机理均有合理性但又有不足。迄今为止，研究人员对于费托合成的机理仍然争论不止，随着科技的进步，研究人员也在不断加强对费托合成机理的补充和探寻。

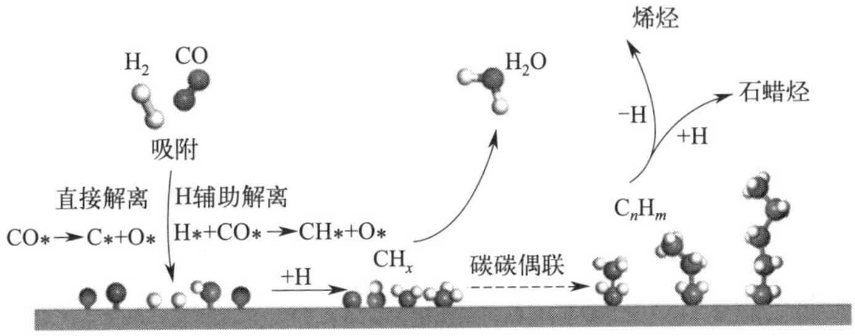

图 3-22　费托合成反应机理

由于费托合成反应的复杂性，如何能提高目标产物的选择性，是人们一直研究的重难点，针对费托合成反应产物分布人们提出了许多分布模型，如“ASF 分布模型”“双一分布模型”和“T-W 分布模型”，其中 ASF 分布模型普遍被人们接受。若将费托合成反应看作是一个简单的聚合反应，其单体可以认为是 CO 形成的表面活性碳物种，产物烃通过逐步聚合亚甲基单体而实现碳链增长，其产物分布可以用 Anderson-Schulz-Flory（ASF）来描述，其数学表达式如下所示：

$$M_n=\alpha^{n-1}(1-\alpha)$$

$$\frac{W_n}{n}=\alpha^{n-1}(1-\alpha)$$

$$\ln\frac{W_n}{n}=n\ln\alpha+\ln\frac{(1-\alpha)^2}{\alpha}$$

式中，M_n 是碳原子数为 n 的烃类摩尔分数；W_n 是碳原子数为 n 的烃类质量分数；n 是碳原子数；α 是链增长概率，$\alpha=\frac{r_p}{r_p+r_t}$，$r_p$、$r_t$ 分别为链增长速率和链终止速率。

许多研究结果表明，在整个 n 值范围内，$\ln(W_n/n)$ 对 n 并非一条直线，因此计算所得的值只是近似的平均值。如 Fe 基催化剂的合成产物一般在 C_4～C_{12} 范围内线性关系较好。但 C_1 值往往偏高，而 C_2、C_3 值偏低，C_{12} 以上则出现 α 值的正负增长情况，这种现象的出现是在催化剂表面上发生的二次反应所引起的。根据 ASF 分布，α 值影响着产物分布，其取决于催化剂的组成、粒度以及反应条件，如果 $r_p \ll r_t$，则产物为低烃类；若 $r_p \approx r_t$，则产物分布较为广泛；若 $r_p \gg r_t$，则生成高分子量产物。由图 3-23 可知，当 α 值在 0.4～0.6 之间时，C_2～C_4 产物质量分数最高可达约 60%，此时甲烷的质量分数仍有约 30%。所以如何抑制甲烷和高碳烃类的生成是提高 CO 催化加氢制低碳烯烃的有效手段之一。打破 ASF 产物分布的限制也是研究人员努力突破的一个重点。影响 ASF 产物分布的因素众多，从反应条件来看，反应的空速、温度、压力和氢碳比会影响费托合成反应的产物；从催化剂的组成来看，金属纳米颗粒的大小和晶相、载体和助剂也是影响产物的关键因素。除此之外，不同类型的反应器也会对产物分布产生影响，因为不同反应器的传质和传热不同。

根据 ASF 分布，低碳烯烃的选择性极限值为 58%。如何突破低碳烯烃产物选择性的理论极限，中国科学院大连化物所的包信和院士及潘秀莲研究员团队想到了一个巧妙的办法：把催化剂中的活性组分从传统的金属或金属碳化物变为金属氧化物和分子筛的复合催化剂——OXZEO。其中分子筛是一种特殊的沸石，具有微观孔径均匀的孔道和排列整齐的孔

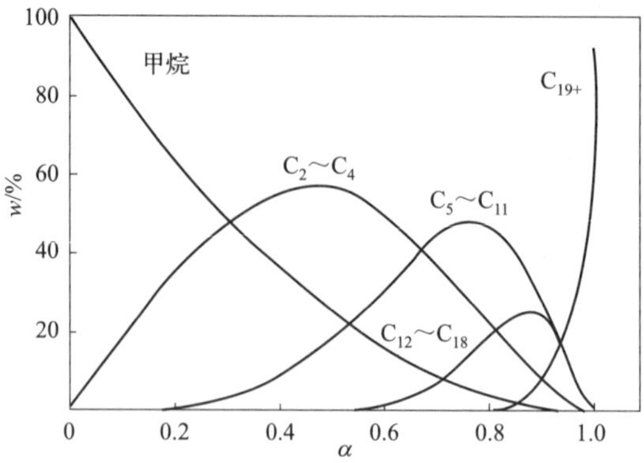

图 3-23 ASF 产物分布

穴，它如同分子级别的筛子，能筛选不同大小和形状的分子。在 OXZEO 体系中，一氧化碳分子被吸附到金属氧化物的表面，然后 C—O 键被“剪断”，在表面形成氧原子和碳原子；气相中的氢气与表面碳原子发生反应，形成烃类中间体，之后这个中间体进入能“筛分子”的分子筛的孔道中，开始进行碳原子的链式增长。这一过程巧妙地利用了分子筛孔道的限制性，通过调控分子筛的孔径大小，精准调控了反应产物的种类，使得当一氧化碳转化率达到 17%时，低碳烯烃的选择性能够高达 80%，成功突破了 58%的理论极限（图 3-24）。同时，

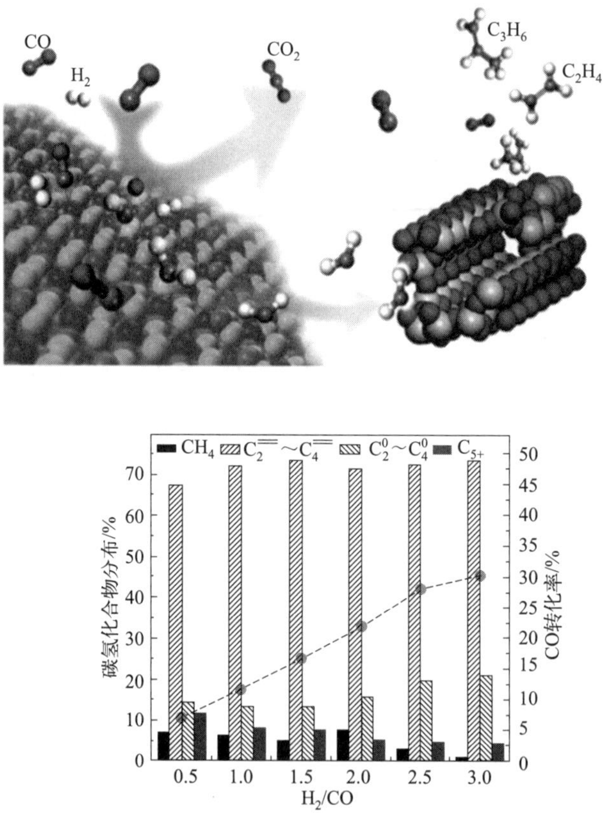

图 3-24 包信和院士 2016 年 *Science* 煤制低碳烯烃煤气化生成的合成气

这一催化体系摒弃了传统的高水耗和高能耗的路径，颠覆了煤化工一直沿袭的、由德国科学家于 20 世纪 20 年代发明的费托合成路线，从原理上开创了一条低耗水（反应中没有水循环，不排放废水）进行煤经合成气一步转化的新途径。该研究成果于 2016 年发表在 *Science* 杂志上，到了 2020 年，该团队在工厂完成了年产低碳烯烃 1000t 的工业性试验，证实了该过程在科学原理和实际工艺上的可行性，进一步推动了低碳烯烃产物制备技术的发展，为绿色能源和化学品生产提供了更为可靠和高效的技术手段。

在技术开发和大规模工业化方面，日本早在 1937 年采用德国技术在我国锦州建设了一座以煤为原料的费托合成工厂（锦州石油六厂前身），但直到 1945 年一直未正式投产，1949 年后该厂被整修并于 1951 年成功投产，到 1967 年停产前，最高年产量曾达到 4.7 万 t/a。与此同时，中国科学院石油研究所（中国科学院大连化物所前身）也自主开发了氮化熔铁催化剂流化床费托合成技术，并于 1959 年在石油六厂完成了 4000t/a 的工业化试验。随着 1959 年大庆油田的发现，费托合成技术的研发在我国暂时步入沉寂。直到 20 世纪 70 年代末期，费托合成技术的研发工作在我国重新步入正轨，中国科学院山西煤化所最早开发了费托合成与沸石分子筛相结合的固定床两段法工艺（MFT）并完成了 2000t/a 的工业试验，2000 年后又进一步开发了铁基催化剂浆态床费托合成技术并完成了千吨级工业试验。在此基础上和伊泰、潞安、神华等企业合作于 2009 年建成投产了 3 套 16 万～18 万 t/a 规模的工业示范装置，后又建成投产了多套百万 t/a 铁基浆态床费托合成工业项目，关键技术指标达到了世界领先水平。与此同时，该所也开发了钴基催化剂固定床费托合成技术并完成了万吨级工业试验和 10 万 t/a 钴基固定床费托合成工业项目；中国科学院大连化物所开发了活性炭负载钴基/铁基催化剂一段法合成柴油等中间馏分油品的工艺技术并与企业合作完成了 10t/d 规模的工业试验和 15 万 t/a 钴基浆态床费托合成制油及高碳醇技术的开发及工业示范；此外，兖矿、金巢国际、凯迪电力、亚申科技等公司也开发了各具特色的费托合成成套技术并相应完成了千吨级的工业试验。

新型煤化工以生产洁净能源和可替代石油化工的产品为主，如柴油、汽油、航空煤油、液化石油气、乙烯原料、聚丙烯原料、替代燃料（甲醇、二甲醚）等，它与能源、化工技术结合，可形成煤炭-能源化工一体化的新兴产业（图 3-25）。煤炭能源化工产业将在中国能源的可持续利用中扮演重要的角色，这对于减轻燃煤造成的环境污染、降低对进口石油的依赖均有着重大意义。可以说，煤化工行业在中国面临着新的市场需求和发展机遇。

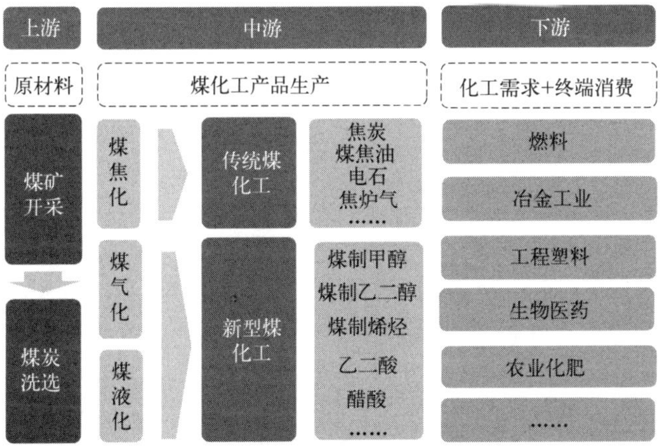

图 3-25　新型煤化工的蓝图

思考题

1. 新一代洁净煤技术主要包含哪些技术?
2. 煤炭燃烧前的洁净加工技术有哪些?
3. 煤炭气化和焦化的区别是什么?写出各自的主要产物。
4. 费托合成的基本原理和主要反应方程是什么?
5. 煤炭燃烧后的烟气净化技术有哪些?

参考文献

[1] 国家自然科学基金委委员会. 中国学科发展战略·能源化学 [M]. 北京:科学出版社,2018.

[2] Liu Y T, Deng D H, Bao X H. Catalysis for selected C1 chemistry [J]. Chem 2020, 6 (10): 2497-2514.

[3] Wang M, Zhang G, Wang H, et al. Understanding and tuning the effects of H_2O on catalytic CO and CO_2 hydrogenation [J]. Chemical Review, 2024, 124 (21): 12006-12085.

[4] Jiao F, Bai B, Li G, et al. Disentangling the activity-selectivity trade-off in catalytic conversion of syngas to light olefins [J]. Science, 2023, 380 (6646): 727-730.

[5] Jiao F, Li J, Pan X, et al. Selective conversion of syngas to light olefins [J]. Science, 2016, 351 (6277): 1065-1068.

[6] 黄鑫,潘秀莲,包信和. 甲烷直接转化制高值化学品的研究进展 [J]. 低碳化学与化工,2023, 48 (1): 1-8.

[7] 包信和,丁奎岭,何鸣元,等. 前言:聚焦精准催化的烃科学与技术前沿论坛专刊 [J]. 中国科学:化学,2020, 50 (07): 729-731.

[8] Yang M, Fan D, Wei Y, et al. Recent progress in methanol-to-olefins (MTO) catalysts [J]. Advanced Materials, 2019, 31 (50): 1902181.

[9] Li J, He Y, Tan L, et al. Integrated tuneable synthesis of liquid fuels via Fischer-Tropsch technology [J]. Nature Catalysis, 2018, 1 (10): 783-797.

第4章
石油、天然气的高效利用

4.1 石油

4.1.1 石油的形成与性质

石油是由远古海洋或湖泊中的生物遗体在地下经过漫长的复杂变化而形成的棕黑色黏稠液态混合物，被称为“工业的血液”。石油的性质因产地而异：密度为0.8～1.0g/cm^3，黏度范围很宽，凝固点差别很大（－60～30℃），沸点范围为常温到500℃以上，可溶于多种有机溶剂，不溶于水，但可与水形成乳状液。石油是气态、液态和固态的烃类混合物，有天然的性状。其主要组成元素为碳和氢元素，还有其他元素。石油不是单一化合物，而是由几百甚至上千种化合物组成的混合物，故蒸馏时馏出物一般都是连续的，主要成分是：①烃类有机物（烷烃、环烷烃和芳香烃）。②含有相当数量的非烃类有机物即烃的衍生物，这类化合物的分子中除含有碳氢元素外，还含有氧、硫、氮等，其含量（元素含量）虽然很少（组成化合物的量一般占石油总量的10％～15％），但它对石油加工和油品质量的影响是不可忽视的，大部分需要在加工过程中脱除，如果将它们适当处理，也可生产一些有用的化工产品。③除含有烃类有机物及其衍生物外，还夹杂少量的无机物。主要是水、氯化物（如钠、钙、镁盐）、硫酸盐和碳酸盐以及少量泥污、铁锈等，它们的危害主要是增加原油的黏度，增加储运能量的消耗，加速设备的腐蚀和磨损，促进结垢和生焦，影响深度加工催化剂的活性等。因此，原油在运输前和加工前必须进行物理和化学处理，以便尽可能脱除这些有害无机物。原油经炼制加工可以获得各种燃料油、溶剂油、润滑油、润滑脂、石蜡、沥青以及液化气、芳烃等产品，为国民经济各部门提供燃料、原料和化工产品。

石油产品的种类已超过几千种，但主要可以分为以下七类。①气体类产品：包括天然气，其主要成分为甲烷、乙烷、丙烷、丁烷等，碳数为C_1～C_4。家用的液化天然气就属于这一类。②燃料类产品：经过分馏得出的轻油，如汽油、煤油、柴油等，主要作为工业动力能源，供车、航空、海运等方面使用。这类产品属于烷类，碳数为C_5～C_7。③润滑油酯类产品：包括车辆及机械设备所使用的润滑油、机油，用于减少机械摩擦、保护元件。这一类产品的碳链比较长，十几个C以上，属于重油。④柏油类产品：柏油也叫沥青，是一种碳链长、碳多氢少的黑色固体或半固体的石油产品。⑤溶剂类产品：石油化工业的溶剂类产品是商业上各行各业的重要溶剂，同时有些溶剂也是化工的重要原料。⑥石油化学类产品：在化学品市场上，以石油产品加工得到的产品，都可以称为石油化学品，包括乙烯、丙烯、苯、甲苯、一氧化碳及各种合成气等。⑦其他产品：不属于以上6项的石油产品，例如石蜡、硫黄、碳烟、石油焦等。

4.1.2 石油资源与石油经济

自20世纪50年代开始，在世界能源消费结构中，石油跃居首位。石油是国家现代化建设的战略物资，许多国际争端往往与石油资源有关。现代生活中的衣、食、住、行直接或间接地与石油产品有关。国际上在计算石油产供销时一般按两种方法：一种按容积计算，以桶或升表示；另一种按重量计算，以吨表示。国际上计算石油的年产量、销售量习惯用吨，而计算石油的日产量、销售量和出口量习惯用桶。石油因相对密度不同，不同地区的石油重量也略有不同，1t 约等于 7 桶，如果油质较轻（稀）则 1t 约等于 7.2 桶或 7.3 桶。

2023 年，中国石油和化学工业联合会发布数据称，中国炼油产能已超过美国，成为世界第一炼油大国。当前，我国千万吨级以上炼厂已增加到 32 家，炼油总产能达到 9.2 亿 t/a，首次跃居世界第一。我国石油资源集中分布在渤海湾、松辽、塔里木、鄂尔多斯、准噶尔、珠江口、柴达木和东海陆架八大盆地。从资源深度分布看，我国石油可采资源有 80%集中分布在浅层（＜2000m）和中深层（2000～3500m），而深层（3500～4500m）和超深层（＞4500m）分布较少。2024 年，中国的石油储量已经达到 385120.65 万 t，探明可采储量 67.91 亿 t，还有 144 亿 t 的待探明资源。

目前在世界一次能源的消费中，石油仍处于第一位。石油消费集中在经济发达地区，经济越发展，越需要更多的石油。美国是世界第一大石油消费国。20 世纪 80 年代以来，我国石油总产量从 1988 年的 1.0122 亿 t 增加到 1999 年的 1.56874 亿 t，成为世界第五大产油国。1994 年以后，我国已从石油净出口国变成石油净进口国。图 4-1 所示为我国 2014—2024 年原油进口情况，主要进口国包括俄罗斯、沙特阿拉伯、伊拉克等。

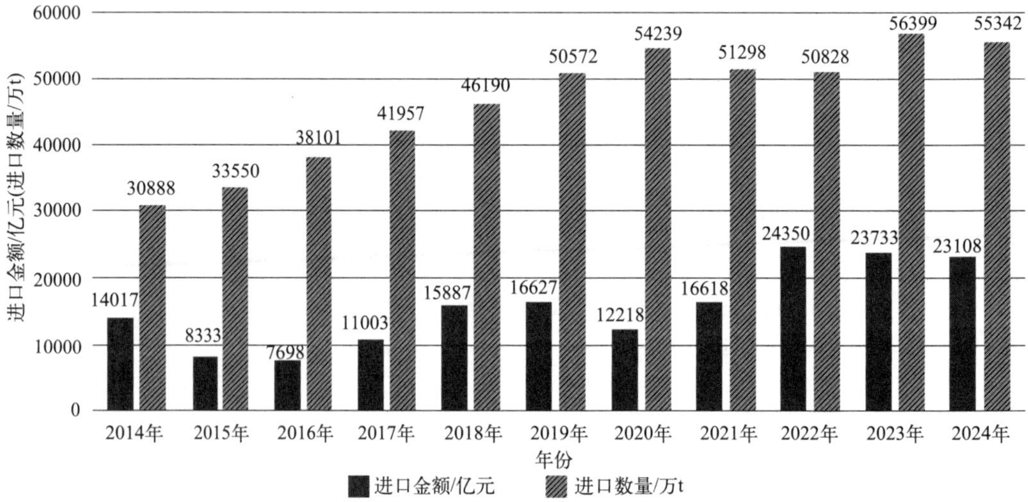

图 4-1　2014—2024 年中国原油进口量情况

4.1.3 石油的炼制

石油炼制方法是将原油加工精制成燃料油和润滑油等产品的工艺方法。原油加工处理前需要脱盐和脱水，该过程又称为预处理。从油田送往炼油厂的原油往往含盐（主要是氯化物）、带水（溶于油或呈乳化状态），可导致设备的腐蚀，在设备内壁结垢和影响成品油的组成，需在加工前脱除。

(1) 原油一次加工

原料油在蒸馏塔里按蒸发能力分成沸点范围不同的油品（称为馏分），这些油有的经调合、加添加剂后以产品形式出厂，相当大的部分是后续加工装置的原料，因此常减压蒸馏又被称为原油的一次加工（图 4-2）。原油经脱盐、脱水预处理后，加热至 360～370℃，在常压塔中蒸馏，得常压汽油、煤油、柴油、重油。再把重油加热到 380～400℃，在减压塔中蒸馏，得减压柴油和渣油等。

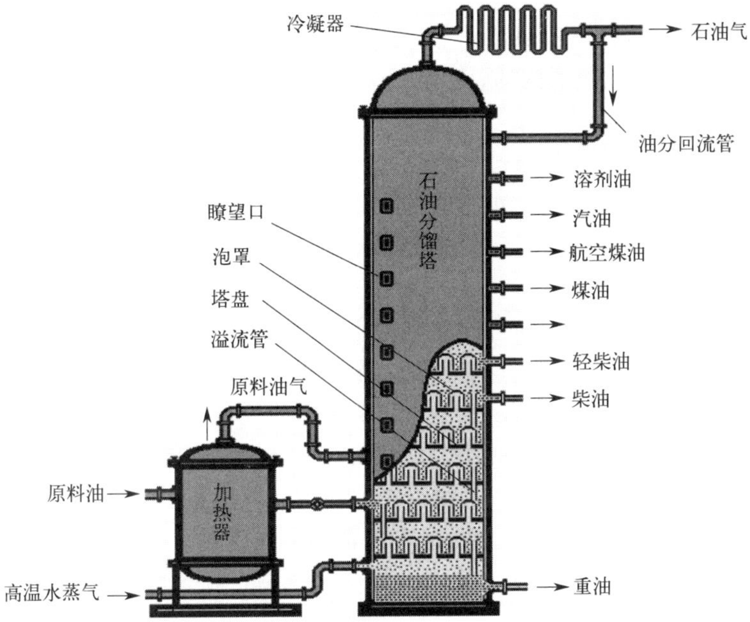

图 4-2　原油的一次加工

（2）原油二次加工

二次加工是利用化学方法对分馏的油品进行深加工，以增加炼油厂轻油收率或提高产品的质量、增加油品品种的过程。常用的转化法有热裂化、催化裂化、加氢裂化和焦化等。石油裂化是在一定的条件下，将分子量较大、沸点较高的烃断裂为分子量较小、沸点较低的烃的过程。单靠热的作用发生的裂化反应称为热裂化；在催化作用下进行的裂化，称为催化裂化。

① 热裂化

热裂化是在热的作用下使重质油发生裂化反应，转变为裂化气（炼厂气的一种）、汽油、柴油的过程。热裂化原料通常为原油蒸馏过程得到的重质馏分油或渣油，或其他石油炼制过程副产的重质油。在 400～600℃下，大分子烷烃分裂为小分子的烷烃和烯烃；环烷烃分裂为小分子或脱氢转化成芳烃，其侧链较易断裂；芳烃的环很难分裂，主要发生侧链断裂。热裂化气体的特点是甲烷、乙烷-乙烯组分较多；而催化裂化气体中丙烷-丙烯组分、丁烷-丁烯组分较多。热裂化目的是提高汽油产量，缺点是温度过高，容易发生结焦现象。反应方程如下所示：

$$C_{16}H_{34} = C_8H_{18} + C_8H_{16} \tag{4-1}$$

$$C_8H_{18} = C_4H_{10} + C_4H_8 \tag{4-2}$$

$$C_4H_{10} = CH_4 + C_3H_6 \tag{4-3}$$

$$C_4H_{10} = C_2H_4 + C_2H_6 \tag{4-4}$$

② 催化裂化

催化裂化是指在热和催化剂的作用下使重质油发生裂化反应，转变为裂化气、汽油和柴油等的过程。催化裂化的目的是提高汽油的产量和质量。催化裂化的原料包括原油分馏（或其他石油炼制过程）所得的重质馏分油、重质馏分油中混入的少量渣油、经溶剂脱沥青后的脱沥青渣油、常压渣油、减压渣油。在反应过程中由于不挥发的类碳物质沉积在催化剂上，缩合为焦炭，使催化剂活性下降，需要用空气烧去，以恢复催化活性，并提供裂化反应所需热量。催化裂化是石油炼厂从重质油生产汽油的主要过程之一。所产汽油辛烷值高（马达法80左右），安定性好，裂化气含丙烯、丁烯、异构烃多。

③ 加氢裂化

加氢裂化是催化裂化技术的改进。它是一种石化工业中的工艺，即石油炼制过程中在较高的压力和温度下，氢气经催化剂作用使重质油发生加氢、裂化和异构化反应，转化为轻质油（汽油、煤油、柴油或催化裂化、裂解制烯烃的原料）的加工过程（图4-3）。与催化裂化不同的是在进行催化裂化反应时，同时伴随有烃类加氢反应，实质上是加氢和催化裂化过程的有机结合，能够使重质油品通过催化裂化反应生成汽油、煤油和柴油等轻质油品。加氢裂化的液体产品收率达98%以上，其质量也远较催化裂化高。

加氢裂化的原料通常为原油蒸馏所得到的重质馏分油，包括减压渣油经溶剂脱沥青后的轻脱沥青油。其主要特点是生产灵活性大，产品产率可以用不同操作条件控制，或以生产汽油为主，或以生产低冰点喷气燃料、低凝点柴油为主，或用于生产润滑油原料。产品质量稳定性好（含硫、氧、氮等杂质少）。汽油通常需再经催化重整才能成为高辛烷值汽油。但由于它是在高压下操作，条件较苛刻，需较多的合金钢材，耗氢较多，设备投资和加工费用高，应用不如催化裂化广泛，后者常用于处理含硫等杂质和含芳烃较多的原料，如催化裂化重质馏分油或页岩油等。

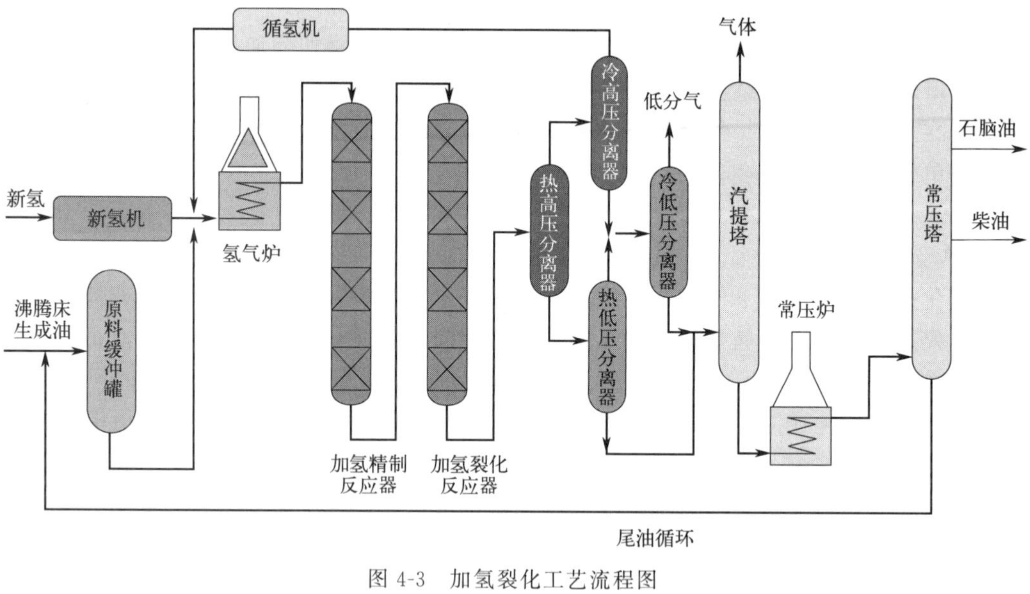

图 4-3 加氢裂化工艺流程图

④ 石油裂解

在石油化工生产过程中，常用石油分馏产品（包括石油气）作原料，采用比裂化更高的温度（700～800℃，有时甚至高达1000℃），使具有长链分子的烃断裂成各种短链的气态烃和少量液态烃，以提供有机化工原料。工业上把这种方法叫作石油裂解。石油裂解化学过程比较复杂，生成的裂解气是一种复杂的混合气体，主要含有乙烯、丙烯、丁二烯等不饱和烃，还含有甲烷、乙烷、氢气、硫化氢等。裂解气里烯烃含量比较高。因此，常把乙烯的产量作为衡量石油化工发展水平的标志。把裂解产物进行分离，就可以得到所需的多种原料。这些原料在合成纤维工业、塑料工业、橡胶工业等方面得到广泛应用。

⑤ 催化重整

在有催化剂的条件下，使汽油馏分中的烃类分子结构重新排列成新的分子结构的过程叫催化重整。具体是指在加热、氢压和催化剂存在的条件下，使原油蒸馏所得的轻汽油馏分（或石脑油）转变成富含芳烃的高辛烷值汽油（重整汽油），并副产液化石油气和氢气的过程。重整汽油可直接用作汽油的调和组分，也可经芳烃抽提制取苯、甲苯和二甲苯。副产的氢气是石油炼厂加氢装置（如加氢精制、加氢裂化）用氢的重要来源。

催化重整包括以下四种主要反应（图 4-4）：a. 环烷烃脱氢；b. 烷烃脱氢环化；c. 异构化；d. 加氢裂化。反应 a 和反应 b 生成芳烃，同时产生氢气，反应是吸热的；反应 c 将烃分子结构重排，为放热反应（热效应不大）；反应 d 使大分子烷烃断裂成较轻的烷烃和低分子气体，会减少液体收率，并消耗氢，反应是放热的。除以上反应外，还有烯烃的饱和及生焦等反应，各类反应进行的程度取决于操作条件、原料性质以及所用催化剂的类型。

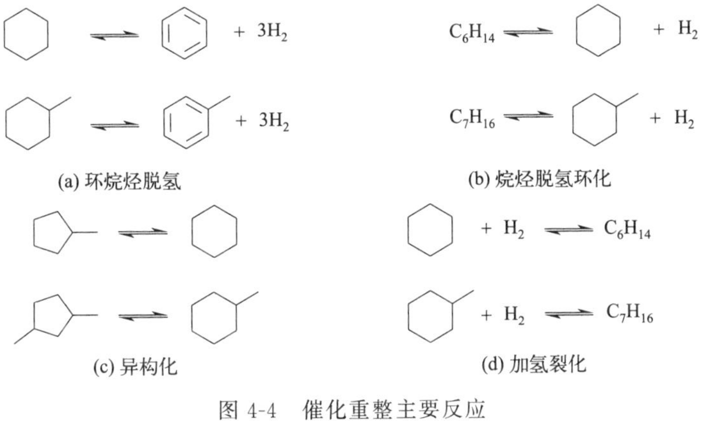

图 4-4　催化重整主要反应

⑥ 延迟焦化裂化

延迟焦化裂化是指在较长反应时间下，使原料深度裂化，以生产固体石油焦炭为主要目的，同时获得气体和液体产物的过程。延迟焦化用的原料主要是高沸点的渣油。延迟焦化的主要操作条件是：原料加热后温度约 500℃，焦炭塔在稍许正压下操作。改变原料和操作条件可以调整汽油、柴油、裂化原料油、焦炭的比例。

(3) 原油三次加工

原油的三次加工即炼厂气加工。原油一次加工和二次加工的各生产装置都有气体产出，总称为炼厂气。就组成而言，炼厂气主要有氢、甲烷、由 2 个碳原子组成的乙烷和乙烯、由 3 个碳原子组成的丙烷和丙烯、由 4 个碳原子组成的丁烷和丁烯等。它们的主要用途是作为生产汽油的原料和石油化工原料以及生产氢气和氨。炼厂气加工是石油炼厂的重要任务之一。加工流程的选择取决于炼厂气的产量、组成和产品要求。一般炼厂气首先经过气体分离装置，利用吸收和解吸的方法（见裂解气油吸收分离），使 C_2 以下气体与大于 C_3 的气体分离，主要过程包括以下几个方面：

① C_2 以下气体经乙醇胺脱硫和硫回收（克劳斯法）后，可作为制氢和乙烯的原料或作

为燃料气。如果炼厂附近有大型乙烯装置，则脱硫气体经干燥、压缩可直接送去深冷分离（裂解气深冷分离），以获得聚合级乙烯和纯度大于95%的氢气；或采用分子筛或活性炭作吸附剂，在温度为5～40℃、压力为1～4.2MPa的条件下，采用多床变压吸附的方法（在高压下使氢在吸附剂上浓集，再在低压下回收富氢气体）提纯氢气，氢回收率在60%～85%，纯度可超过99.999%；或利用膜渗透法提纯氢气。上述方法在经济上都比较有利。

② 由气体分馏装置来的C_3、C_4馏分经分馏得到C_3和C_4两种组分。C_3组分主要生产叠合汽油。

③ C_4组分去烷基化装置，利用硫酸或氢氟酸作催化剂，使异丁烷和丁烯转化成以C_8异构烷烃为主的烷基化汽油。烷基化反应要求异丁烷与烯烃体积比为（1.15～1.35）∶1，现有原料中的异丁烷含量较低不能适应，可通过丁烷异构化过程将炼厂气中的正丁烷转化成异丁烷，作为烷基化的补充进料。上述流程副产的丙烷、丁烷馏分，必要时也可通过脱氢生产相应的烯烃，或通过脱氢芳构化过程制取芳烃。

中国炼油工业发展有三个阶段：第一阶段，从1863年第一次进口煤油，到1963年油品基本自给，实现这个跨越整整用了100年；第二阶段，从20世纪60年代初到90年代末，中国炼油行业在产能规模和技术上都实现了巨大飞跃，进入世界炼油大国行列；第三阶段，即从21世纪初开始到现在，实现从炼油大国到炼油强国的跨越。

在改革开放前，我国炼化工业尚处于初步发展阶段，无论是规模、实力、装备，还是技术、人才、经验，都处在相对落后的状态。1978年，党的十一届三中全会开启了中国改革开放的新纪元，吹响了振兴我国炼化产业的进军号角。改革开放之后，中国炼化工业发展历程大致可分为三个阶段：第一阶段（1978—1997年）：持续推进改革开放、向市场经济体制转型，炼化工业快速发展；第二阶段（1998—2012年）：战略重组、改制上市、扩大开放、推进市场化改革，炼化工业高速发展；第三阶段（2013年至今）：全面深化改革，炼化行业由大而强、高质量发展。

随着我国炼化工业规模实力和技术水平的提高，我国炼化企业“走出去”开展国际化经营也取得长足进步。目前，我国炼化企业“走出去”涵盖的区域已包括中亚、中东、非洲、东南亚、俄罗斯等国家和地区，与数十个国家开展了包括工程承包、劳务输出、合资建厂、炼油工程输出、技术改造、出口转让技术、出口催化剂等在内的合作。“一带一路”倡议提出以来，我国炼化企业“走出去”“请进来”的步伐加快，力度加大，呈现积极向好的态势。

4.1.4 石油产品

石油由许多组分组成，每一组分各有其沸点。通过炼制加工，可以把石油分成几种不同沸点范围的组分：30～180℃的组分作为汽油；180～280℃的组分作为煤油；280～350℃的组分作为柴油；350～520℃的组分作为润滑油（或重柴油）；高于520℃的渣油作为重质燃料油。

按用途和特性，石油产品可分为13大类（表4-1），具体如下：①汽油。汽油是石油的主要产物之一，主要用作机动车辆的燃料。②柴油。柴油也是石油的重要产物，主要用作柴油发动机的燃料。相较于汽油，柴油虽然能量密度较低，但是热效率更高，这也是为什么柴油车比汽油车感觉更有力的原因。柴油广泛用于大型车辆、船舰。由于高速柴油机（汽车用）比汽油机省油，柴油需求量增长速度大于汽油，一些小型汽车也改用柴油。对柴油质量要求是燃烧性能和流动性好。③煤油。煤油是一种轻质石油产品，主要用作航空燃料和灯用煤油。④润滑油。润滑油是从石油中提取的一种天然矿物油，具有润滑、冷却、防锈、清洁等作用。它广泛应用于机械设备的润滑系统，能够减少摩擦、降低磨损，提高设备的使用寿命。⑤沥青。沥青是在提取这些油类产品时产生的副产品，主要用于道路建设和防水材料。它具有很好的黏结性、耐磨性和耐水性，能够为道路提供良好的保护层，同时还可以用于制作防水卷材、防水涂料等。⑥石蜡。石蜡是从石油中提取的一种高级烷烃，具有高熔点、低挥发性等特点。它在日常生活中应用广泛，如制作蜡烛、生产润滑脂、作为食品添加剂等。此外，石蜡还可用于制作防水材料、纸张涂层等。⑦橡胶制品。橡胶主材料为橡胶烃，这种材料既可以通过橡胶树提取，也可以通过石油制取。通过加工和改性，橡胶制品具有优异的弹性、耐腐蚀性和电绝缘性能，被广泛应用于工业制造、交通运输和日常生活等领域，例如，汽车轮胎、电线电缆、医疗器械等都离不开橡胶制品。⑧塑料。塑料是大家比较熟悉的一种石油制品，但要把石油合成为塑料并不容易。首先要从石油中提取出石脑油，然后将其分解为乙烷和丙烯，进行一系列分解聚合得到聚乙烯和聚丙烯这两种常见的塑料材料。⑨清洁用品。石油可以作为肥皂和洗衣粉的生产原料，洗衣粉中的清洁成分主要来源于石油。同时，石油还可用于生产溶剂、洗涤剂等化工产品，比如生活中常用的石油溶剂清洗剂，去污效果非常好。⑩食品添加剂。石油精炼或合成出的油、香精等物质可用作食品添加剂，许多食物的保鲜和染色环节也有石油参与。⑪衣服。衣服材质中的涤纶、腈纶、锦纶都是由石油生产而来，防弹衣、消防服、防静电工服的核心材料——对位芳纶（聚对苯二甲酰对苯二胺）同样通过石油合成，具有强度高、耐高温、重量轻等优点，被誉为“黄金丝”。⑫制药。石油可以生产出丙酸，它是常见药——布洛芬的原料之一。同时，许多药物中都含有苯，而苯是从石油中提取出来的，因此现代医学与石油同样密不可分。⑬液化石油气（LPG）。如丙烷和丁烷，通常用于家庭和工业供热。

表 4-1　石油产品及用途

温度范围/℃		分馏产品名称	烃分子中含碳原子数	主要用途
气体	−42～0	石油气	C_1～C_4	化工原料、气体燃料
轻油	30～180	溶剂油	C_5～C_6	溶剂、汽车、飞机用液体燃料
		汽油	C_6～C_{10}	
	180～280	煤油	C_{10}～C_{16}	液体燃料、溶剂
	280～350	柴油	C_{17}～C_{20}	重型卡车、拖拉机、轮船以及各种柴油机燃料
重油	300～500	润滑油	C_{18}～C_{30}	机械、纺织等工业用的各种润滑油
		凡士林		化妆品、医药行业用的凡士林
		石蜡	C_{20}～C_{30}	蜡烛、肥皂
		沥青	C_{30}～C_{40}	建筑业、铺路
	>500	渣油	>C_{40}	做电极、金属铸造燃料

4.1.5　非常规石油资源

非常规石油一般是指超重原油、油砂油、致密油、页岩油等。这类石油的特点是：相对密度大、杂质多、黏度高、轻质烃类成分少、生产成本高。随着常规石油资源的减少和生产成本上升，非常规石油将得到开发利用。

重油又称为稠油，具有相对密度大、黏度高、轻馏分低、含蜡量少（低于 5%）和凝固点不高等特点。我国对稠油油藏的研究、开发和加工已日趋成熟，并形成相当大的开采规模。全国各大油田针对其自身的特点，通过引进、消化、吸收和技术创新，形成了各具特色的开采技术，取得了新的进展和突破。我国的稠油资源十分丰富，占已探明石油储量的五分之一，胜利油田、辽河油田、大港油田、新疆油田均有稠油油藏。

页岩油的碳氢比类似天然石油，含有较多的不饱和烃类及含有氮、硫、氧等的非有机化合物，因此也是石油加工和化工生产的原料。油页岩在我国的蕴藏量十分丰富。储量大约为2万亿t，相当于800亿t页岩油，仅次于美国、巴西、俄罗斯，居世界第四位。在新一轮全国油气资源调查评价中，吉林省的油页岩资源探明储量居全国首位，占全国总量的一半以上。吉林省已探明油页岩储量174亿t，约占全国油页岩探明总量的55.5%。预测资源总量接近3000亿t。其含油率最高可达21%～22%，平均为5%～6%。按平均含油率5%计算，可开采石油8.7亿t。

我国油砂资源也十分丰富，分布非常广泛，在准噶尔、柴达木、鄂尔多斯、松辽、四川、二连、塔里木、吐哈等盆地都发现了油砂。我国油砂点多面广，且含油率高，有的地区油砂含油率超过12%，勘探前景十分喜人。致密砂岩油又称致密油，一般是指夹于生油岩系中的粉-细砂岩等致密储层中的石油。在我国比较通用的概念是低渗透油藏，指油层孔隙度低、喉道小、流体渗透能力差、产能低，通常需要进行油藏改造才能维持正常生产的油田。致密砂岩油成为全球非常规石油勘探的重要领域，北美发现致密砂岩油盆地19个，致密砂岩油主力产层4套，已探明可采储量6.4×10^{8}t。我国也具有形成大规模致密砂岩油的地质条件，如四川盆地川中侏罗系、鄂尔多斯盆地长7段致密砂岩等。

4.1.6 炼油行业节能降碳

中国是全球第一炼油大国，经多年发展，已形成本地化、大型化和一体化的发展格局，千万吨级以上炼油厂占总产能比重超过了50%，炼油技术自主创新能力和市场竞争力不断提升，总体达到世界先进水平。近年来，我国积极推进能源清洁低碳转型和交通运输绿色低碳发展，炼油行业面临产品结构转型和绿色低碳高质量发展的双重挑战。总的来看，我国炼油装置利用效率偏低、技术水平差异较大，具有较大的节能降碳潜力。一是炼油装置建成时间参差、跨度达数十年，早期建成的装置工艺、设计及装备水平不高，强化反应、分离催化、用能装备等方面节能空间巨大。二是受原油质量下滑、减油增化等因素影响，炼油工序复杂性的日益提升导致能耗不断增加，需要采用节能新工艺优化加工流程。三是炼油企业自行开展节能改造以单一装置改造为主，全局性系统节能意识不强，过程强化和集成优化仍有提升空间。尽管我国装备制造业整体规模已经可观，在重大项目研究上也取得了不少成果，但达到国际先进水平的石油石化技术装备仅占1/3，国产装备的国内市场满足率不到60%，在重大技术装备领域中比例较低，行业高端装备和制造技术大都依靠进口。中国炼油和化工专用设备市场竞争激烈，民营企业具备较强的竞争实力，占据市场较大的份额。随着原油供应日益重质化和劣质化，以及环保法规对油品质量要求的日益严格，未来炼油产业的常规技术将不断提升，高端炼油技术将加紧与高科技和高科技产业的融合。2024年6月7日，国家发展改革委等5个部门联合发布钢铁、炼油、合成氨、水泥4个行业节能降碳专项行动计划，部署系列重点任务。炼油行业是石化产业的基础和龙头，也是能源消耗和CO_2排放的重点行业。推动炼油行业节能和提高能效，从源头减少化石能源消耗和CO_2排放，是提升行业竞争力、助推绿色低碳转型的有效途径。目前，炼油行业有15%的产能能效达不到基准水平，节能降碳潜力巨大。

4.2 天然气

4.2.1 天然气性质与应用

天然气是指自然界中天然存在的一切气体，包括大气圈、水圈和岩石圈中各种自然过程形成的气体（包括油田气、气田气、泥火山气、煤层气和生物生成气等）。而人们长期以来通用的“天然气”的定义是从能量角度出发的狭义定义，是指天然蕴藏于地层中的烃类和非烃类气体的混合物。在石油地质学中，通常指油田气和气田气，其组成以烃类为主，并含有非烃气体。天然气是除煤和石油之外的另一种重要的一次能源。燃烧时热值很高，对环境的污染较小，而且还是一种重要的化工原料。天然气的生成过程同石油类似，但比石油更容易生成。天然气主要由甲烷（85%）和少量乙烷（9%）、丙烷（3%）、氮（2%）和丁烷（1%）组成。主要用作燃料，也用于制造乙醛、乙炔、氨、炭黑、乙醇、甲醛、烃类燃料、氢化油、甲醇、硝酸、合成气和氯乙烯等化学物的原料。

天然气蕴藏在地下多孔隙岩层中，也有少量存在于煤层。天然气不溶于水，密度为 $0.7174kg/m^3$，液化天然气的相对密度（水）为 0.45，燃点为 650℃，爆炸极限为 5%～15%（体积分数）。有机硫化物和硫化氢是常见的杂质，在大多数利用天然气的情况下都必须预先除去。天然气燃烧热值为 $33494.4～35587.8kJ/m^3$，每公斤液化天然气燃烧热值为 46054.8kJ。

世界上天然气资源丰富，据俄罗斯学者预测，世界常规天然气的总资源量达 400×10^{12}～$600\times10^{12}m^3$，此外还有大量非常规天然气资源。与石油一样，世界天然气资源分布也很不均匀，世界天然气探明储量主要分布在中东、欧洲及欧亚大陆地区，占世界总量的 74.8%。我国能源资源的基本特点是富煤、贫油、少气，根据 BP 发布的《世界能源统计年鉴（2024）》，2011—2023 年，我国天然气探明储量一直保持稳步增长，2011 年为 29289.97 亿 m^3，2023 年增长至 66834.7 亿 m^3，尽管如此，我国天然气探明储量占全球比例较低，仅为 4.5%。我国天然气储量的增加主要源于一大批大中型气田的探明，其分布具有集中性和区域性特点，主要位于西部的塔里木盆地、鄂尔多斯盆地、四川盆地、柴达木盆地、准噶尔盆地、东部的松辽盆地及东部近海海域的东海、渤海。此外，我国页岩气和煤层气的勘查开发也取得重大进展，根据国家能源局发布《中国天然气发展报告（2024）》，在勘探开发方面，2023 年，全国天然气新增探明地质储量 1.2 万亿 m^3；全国天然气产量 2324 亿 m^3，同比增长 5.6%，增量 123 亿 m^3，连续 7 年增产超百亿立方米。天然气在城市燃气消费占比增加至 33%，而工业燃料、发电、化工行业用气规模均有所下降，占比分别为 42%、17%和 8%（图 4-5）。

天然气的应用场景非常广泛，涉及能源、化工、交通、农业等多个领域。除了常见的用于生活烹饪、供暖取暖、工业生产等领域外，还有许多其他应用场景。①汽车燃料：天然气可以用作汽车燃料，特别是城市公交、出租车等公共交通工具。使用天然气作为汽车燃料，可以降低尾气排放，提高能源利用效率。②化工原料：天然气是重要的化工原料，可以用于生产合成氨、甲醇、甲醛、乙酸等化学品，以及各种高分子材料。③分布式能源：天然气可以用于分布式能源系统，与电力、热力等能源形式相互配合，实现能源的梯级利用和高效利用。④工业窑炉和工业锅炉：天然气可以用作工业窑炉和工业锅炉的燃料，如陶瓷、冶金、

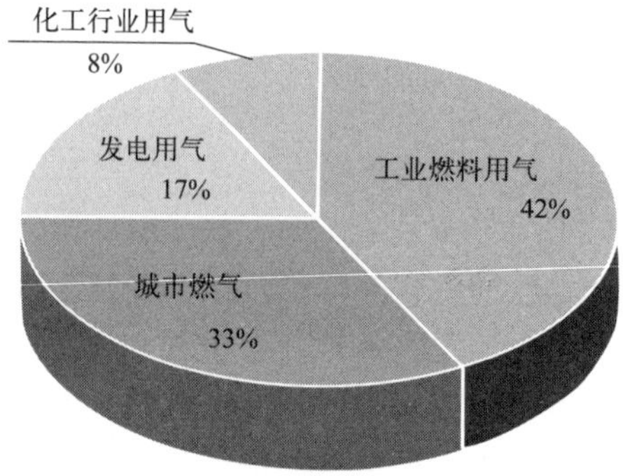

图 4-5 2023 年中国天然气消费结构

玻璃等行业。⑤发电：天然气可以用于发电，包括燃气轮机发电、燃气内燃机发电等。⑥制冷和空调：天然气可以用于制冷和空调领域，如天然气制冷、压缩式制冷等。⑦交通运输：天然气可以用于交通运输领域，如天然气汽车、天然气船舶等。⑧农业领域：天然气可以用于农业领域，如温室供暖、农产品烘干等。

4.2.2 天然气利用工艺

天然气是一种优质的能源，用途广泛。然而，从地层中开采出的天然气或油田的伴生气，往往含有砂和混入的铁锈等固体杂质以及水、硫化物和二氧化碳等有害物质。通常固体杂质较容易除去，而气体杂质产生较大危害。酸性气体（H_2S 和 CO_2）不仅腐蚀管线、设备，而且影响产品和中间产品的质量，污染环境。此外，杂质气体还会影响天然气热值。天然气作为化工原料时，所含硫组分会造成催化剂中毒而失活。此外，开采出的天然气中常含有一定量饱和水，其在加工、运输、储存过程中会随着温度的降低或压力的增加而冷凝为游离水或形成水合物。游离水与酸性组分混合形成酸液腐蚀管道，水合物会造成阀门堵塞与管道设备的腐蚀，降低管道输送能力。因此酸性天然气气田开采出的天然气须经过脱硫、脱碳、脱水工艺达到商品天然气质量标准后方能进入后续的加工、运输、利用。

(1) 甲烷水蒸气重整 (SMR)

甲烷水蒸气重整制氢是全世界工业应用最广泛的天然气制氢技术，其制氢工艺流程简单、成本低、不易积炭。目前，全球超过 95%的氢气是由煤、石油和天然气等化石资源制取的，其中超过一半是用天然气制取。基于相对低廉的成本和更为成熟的技术，天然气制氢已经成为一种主流的制氢工艺，甲烷的转化率可达 85%。采用天然气作为原料，将天然气脱硫后与水蒸气在高温与催化剂的作用下发生重整反应，产生的合成气经过中低温水煤气变换反应，将大部分 CO 转化为 CO_2，最后通过变压吸附（PSA）将 CO_2 分离，得到高浓度 H_2（图 4-6）。该方法的缺点是 CH_4 与 H_2O 的重整反应是强吸热反应，反应器温度需要达到 750～900℃重整反应才能顺利进行，单是加热反应器产生的能耗占整个生产成本的 50%，重整反应中的氢气浓度受化学平衡所限制低于 80%，产生的 CO_2 最终直接排放不利于全球气候与生态环境。温度是影响甲烷重整反应的重要因素之一。随着温度的升高，反应速率会加快，有助于提高氢气的产率。然而，过高的温度也可能导致催化剂失活或设备损坏，因此需要在操作过程中仔细控制温度。

(2) 甲烷部分氧化 (POR)

甲烷部分氧化是指甲烷在不完全燃烧的条件下与氧气反应，生成合成气（H_2 和 CO）

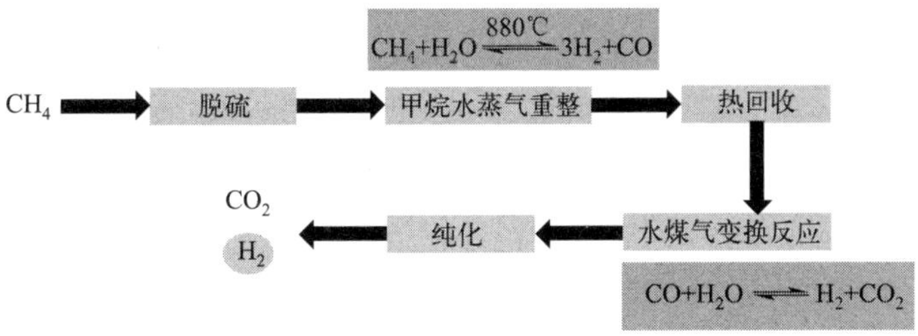

图 4-6 甲烷水蒸气重整反应流程图

以及少量 CO_2 和 H_2O。这一过程在热力学上是有利的，因为部分氧化反应的吉布斯自由能变化较小，使得反应在较低温度下就能进行。甲烷部分氧化生成的合成气适合后续甲醇、甲醛和甲酸等高附加值化学品的制备。甲烷部分氧化分为非催化部分氧化和催化部分氧化两种形式。非催化部分氧化是一种较早的技术，主要应用于工业生产中，以渣油或天然气为原料生产合成气。这种反应在无催化剂、高温高压的条件下进行，不需要考虑催化剂失活、成本等问题。然而，这种工艺需要大量的氧气和较高的反应温度，且成本高于水蒸气重整。催化部分氧化则是一个非均相催化过程，其中甲烷进料在固体催化剂上以高空速与氧气混合，生产合成气。这种工艺需要甲烷和纯氧的直接混合，严格控制气体混合比例，且需要进行昂贵的空气分离操作。甲烷部分氧化优点是反应空速大，反应速率快，整体能耗偏低，该工艺问题也比较突出，主要体现在以下几个方面：①需要大量纯氧或富氧作原料，大大增加了加工成本；②甲烷和氧气的配比难以控制，操作难度高；③反应温度高，不仅增加了能耗还使得催化剂床层易发生局部过热问题；④反应压力需要 4～8MPa，对设备要求高，而且生产过程中容易发生意外危险。与蒸汽重整相比，部分氧化反应速率更快，但甲烷的转化效率较低，其转化率为 55%～65%。此外，由于需要向反应中输入纯氧，所以需要为装置配备空分系统，因此，部分氧化制氢工艺的建设投资较大。目前，该技术还没有实现规模工业应用。

第4章

近年来，发展温和条件下的甲烷部分氧化引起了研究人员的广泛关注，其中光催化、电催化、等离子体辅助催化等新的催化转化技术不断涌现。甲烷氧化反应过程复杂，伴随着很多副反应，各种不同类型的甲烷部分氧化反应机制如图 4-7 所示。

(3) 甲烷二氧化碳干重整 (CRM)

甲烷二氧化碳干重整是指甲烷与 CO_2 两种温室气体在催化剂及高温条件下反应生成合成气（图 4-8），该过程几乎不消耗水，可以大量利用 CO_2，降低能耗的同时缓解温室气体减排压力；合成气中 $H_2:CO\approx1$，且可以进行灵活调整，适合羰基合成和费托合成制化学品。抗积炭催化剂和专用反应器是该技术实现工业化的核心。甲烷二氧化碳干重整主要决定于以下五个反应式，其中反应式(4-5) 为主反应，同时伴随着副反应逆水煤气变换，即反应式(4-6)，反应式(4-7)～式(4-9)为积炭和消炭反应。随着甲烷二氧化碳重整反应的进行，逆水煤气变换反应、积炭、消炭等副反应也同步发生。

$$CH_4+CO_2 \longrightarrow 2CO+2H_2 \qquad \Delta H_{298K}=247.3kJ/mol \tag{4-5}$$

$$CO_2+H_2 \longrightarrow CO+H_2O \qquad \Delta H_{298K}=40.96kJ/mol \tag{4-6}$$

$$CH_4 \longrightarrow C+2H_2 \qquad \Delta H_{298K}=74.9kJ/mol \tag{4-7}$$

$$2CO \longrightarrow CO_2+C \qquad \Delta H_{298K}=-172.4kJ/mol \tag{4-8}$$

$$CO+H_2 \longrightarrow H_2O+C \qquad \Delta H_{298K}=-175.3kJ/mol \tag{4-9}$$

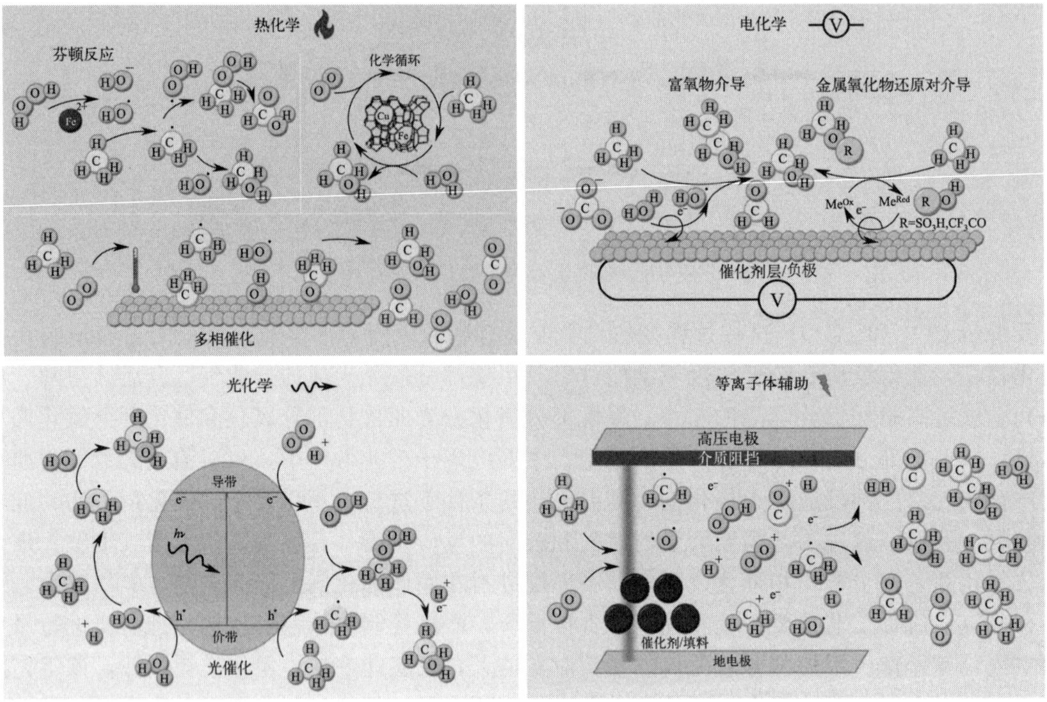

图 4-7　不同类型的甲烷部分氧化的反应机制

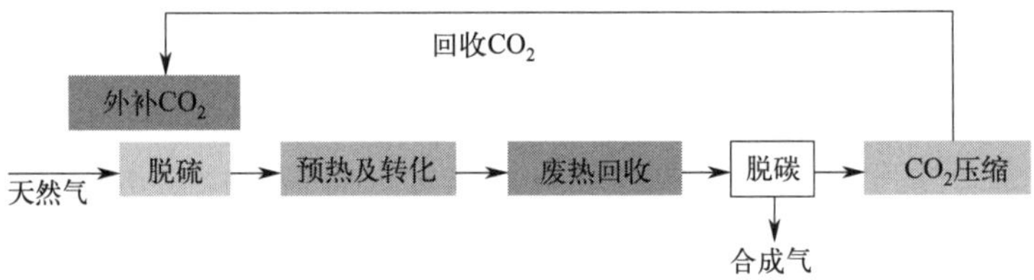

图 4-8　CRM 工艺流程

干重整是一个强吸热反应过程。高温对反应有利，且只有反应温度达到 645℃才是热力学上可行的反应。此外干重整催化剂的积炭问题能否成功解决是此技术能否工业化一个决定性因素，开发出具有很好抗积炭性能的催化剂也是此技术的关键。甲烷二氧化碳重整反应需要采用催化剂，这类催化剂主要由活性成分、载体、助剂等组成。其中，活性成分可以采用Ⅷ族过渡金属，包括非贵金属（例如镍 Ni、钴 Co）以及贵金属（例如铑 Rh、钌 Ru）。对比来看，贵金属活性更高、抗积炭性更好，但资源稀少、价格高昂，非贵金属中的镍活性好、成本低，因此镍基催化剂研究受到关注。

（4）甲烷自热重整制氢

自热重整制氢是在部分氧化反应中引入蒸汽，使放热的部分氧化反应和吸热的蒸汽重整反应结合，并控制放热和吸热使其达到热平衡的一种自热重整技术（图 4-9）。其化学反应式为：

$$3CH_4 + H_2O + O_2 \xlongequal{} 3CO + 7H_2 \tag{4-10}$$

自热重整技术不需要外界提供热源，简化了系统并减少了启动时间。与蒸汽重整相比，自热重整的启动和停止更迅速；与部分氧化相比，甲烷自热重整制氢的转化效率较高，其转化率为60%～75%，能产生更多的氢气。此外，自热重整制氢设备结构相对紧凑，使得这种方法制氢具有较好的市场潜力。另外，由于自热重整反应器中强放热反应和强吸热反应分步进行，因此反应器仍需耐高温的不锈钢管做反应器，这就使得天然气自热重整反应过程具有装置投资高、生产能力低等缺点。

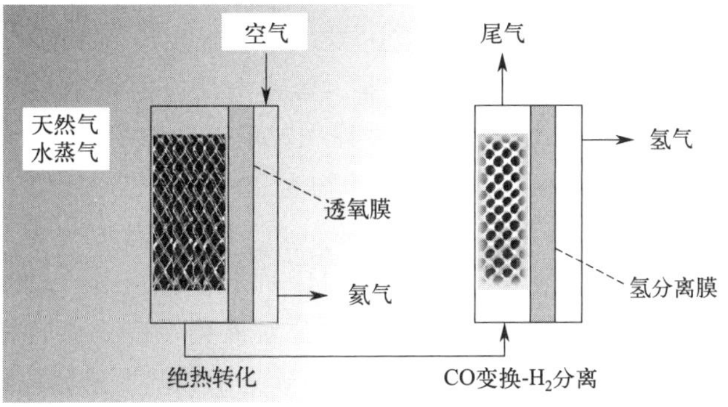

图4-9 甲烷自热重整制氢膜分离体系示意图

(5) 甲烷制烯烃

乙烯作为最重要的基础有机化工原料之一，长期以来生产一直依赖于石油裂解。目前，从甲烷出发制取乙烯的方法有直接法和间接法。间接法是先将甲烷转化为合成气，再由合成气制烯烃，包括改良费托法、甲醇裂解制烯烃等方法。该反应过程步骤繁多、技术路线长、综合效率低，不是最直接和最经济的技术途径。直接法目前研究较多的有甲烷无氧脱氢和氧化偶联制乙烯两种方法。

甲烷氧化偶联制乙烯（OCM）工艺是一种强放热过程，反应器和工艺过程的研究开发也是其商业应用的关键。固定床反应器由于结构简单、工业放大容易而首先被关注。Siluria公司采用轴向绝热式固定床反应器，甲烷转化为C_2的过程发生在第一反应器中，其释放的反应热可用于第二反应器中乙烷的裂解过程。由于OCM反应温度高、放热量大，在固定床反应器工艺中原料的高温加热、反应过程中的大量取热势必会造成投资大、操作费用高等问题。中国科学院兰州物化所进行了流化床OCM工艺研究，在反应温度为875℃、甲烷体积空速为7000h^{-1}、原料中O_2体积分数为15.1%时，C_2烃收率为19.4%，选择性为75.7%。在450h的运行过程中，C_2烃的收率和选择性均较稳定。流化床技术具有床内温度和浓度均匀、传热系数高、取热过程方便等特点，特别适用于强放热反应过程的等温操作，在OCM过程中有非常好的应用前景。

针对甲烷氧化偶联制乙烯体系研制的催化剂已超过2000多种，所使用的元素包含了除零族元素以外几乎所有的元素。但是，这些催化剂体系的乙烯收率均在30%以下，难以达到工业化要求。为克服热力学对甲烷氧化偶联制乙烯反应的限制，同时实现反应热的快速高效移出，消除反应床层热点，反应器开发同样是甲烷氧化偶联技术实现工业化应用的重要需求。当前用于甲烷氧化偶联合成乙烯有固定床、流化床或耦合膜反应器，不同反应器中甲烷氧化偶联反应的性能特征不同。直到2010年，美国锡卢里亚公司（Siluria）取得了重大进展，并公布了天然气直接氧化偶联一步转化为乙烯工艺，这个报道震动全世界。该公司在纳米氧化镧微粒催化剂研究方面已取得积极成果，展现了纳米粒子催化剂的优越性。2015年4月，Siluria公司投资1500万美元，与巴西Braskem公司、德国林德公司以及沙特阿拉伯国家石油公司旗下的 SAEV 公司合作在得克萨斯州建成投运 365t/a 的 OCM 试验装置，并建设乙烯产能 3.4 万～6.8 万 t/a 的示范工厂，终目标为单系列产能 100 万 t/a。美国麻省理工学院开发的生物模板制出新型的纳米线状催化剂，使催化剂的活性提高了 100 多倍。他们认为这种纳米级的催化剂材料对天然气制取乙烯将会是一个巨大的创新。在反应中甲烷在催化剂表面活化，形成甲基自由基，然后在气相耦合生成乙烷，脱氢和氧化后形成乙烯和水。这个反应的条件比较温和，反应温度为 500～700℃，较裂解反应温度低 200～300℃，反应压力 0.5～1.0MPa。工艺流程中采用两个反应器，第一个反应器将甲烷氧化偶联为乙烯和乙烷，第二个反应器将乙烷转化为乙烯。整个过程中，甲烷转化率 15%，乙烯选择性 60%～70%（乙烯＋乙烷，乙烷占 60%～70%），副产物为二氧化碳等。反应方程式如下：

$$8CH_4+3O_2 = 2C_2H_4+2C_2H_6+6H_2O \tag{4-11}$$

$$C_2H_6 = C_2H_4+H_2 \tag{4-12}$$

近年来中国科学院大连化学物理研究所等单位对催化甲烷无氧转化技术进行了深入研究。中国科学院大连化学物理研究所包信和院士团队基于“纳米限域催化”新概念，开发出硅化物（氧化硅或碳化硅）晶格限域的单中心铁催化剂，实现了甲烷在无氧条件下选择性活化，一步高效生产乙烯、芳烃和氢气等高附加值化学品。当反应温度为 1090℃，每克催化剂流过的甲烷为 21L/h 时，甲烷单程转化率高达 48.1%，生成产物乙烯、苯和萘的选择性大于 99%，其中生产乙烯的选择性为 48.4%。催化剂在测试的 60h 内，保持了很好的稳定性。与天然气转化的传统路线相比，该研究彻底摒弃了高耗能的合成气制备过程，大大缩短了工艺路线，反应过程本身实现了 CO_2 的零排放，碳原子利用效率达到 100%。相关反应方程式如下：

$$2CH_4 = 2CH_3\cdot+H_2 \tag{4-13}$$

$$2CH_3\cdot = C_2H_4+H_2 \tag{4-14}$$

研究人员瞄准该过程的基础科学问题和工业技术开发等进行了深入系统的研究，在催化剂稳定性提高、催化剂制备方法优化和新型反应器设计等方面取得了一系列突破性进展。2015 年底，中国科学院大连化物所与中国石油天然气集团公司、沙特基础工业公司在大连化物所举行非氧制烯烃和芳烃项目合作研发协议签约仪式。2016 年 3 月，三方就该项目的应用开发研究签署合作备忘录。通过国际的精诚合作，加速推进该技术从实验室走向产业化，为中国乃至世界石化工业作出贡献。

4.2.3 非常规天然气资源

煤层气，俗称“瓦斯”，是指赋存在煤层中以甲烷为主要成分，以吸附在煤基质颗粒表面为主，部分游离于煤孔隙中或溶解于煤层水中的烃类气体。它是煤的伴生矿产资源，属非常规天然气。在全球能源结构转型的背景下，减少对传统化石能源的依赖已经成为各国政府的共识。煤层气作为一种优质的清洁能源，其开发利用有助于中国实现这一目标。通过加大对煤层气的勘探和开发力度，提高煤层气的产量和利用效率，可以逐步减少对煤炭、石油等传统化石能源的依赖，从而推动能源结构的优化和升级。这不仅有助于应对全球气候变化，还能提高中国的能源自给能力，保障国家能源供应的稳定性。煤层气的利用方式主要包括以下几个方面。

(1) 民用和工业燃气

早在 1982 年，我国煤炭工业部（已撤销）加工利用局就以“煤加计（82）第 52 号”文件规定了煤层气（煤矿瓦斯）利用的顺序应优先民用的原则。近几年来，随着城市化进程的加快，我国天然气消费量呈现快速增长态势，2018 年消费量超过 2800 亿 m^3，其中城市燃气用量明显增加，民用天然气供应也越来越紧张。为解决气源问题，各大燃气公司纷纷把目光投向煤层气。煤层气开发利用为缓解天然气供需矛盾提供了一种新途径。

(2) 煤层气发电

煤层气发电是一个多效益型煤层气利用项目，能有效地将矿区抽采的煤层气变为电能，方便地输送到各地。煤层气发电设备简单并已成系列，而且运行可靠，可根据气源量选定利用规模。燃气发电机组效率可达 80%以上，热能转换率较高，有利于节约能源，1kW·h 电力耗气量在 0.23～0.30m^3（标准状态）之间。各种型号发电机组热耗不同，除了机组设备制造的原因外，还在于它们外供的热能等因素不同。煤层气发电机组可以直接使用从矿井抽放的低浓度（<35%）煤层气，有利于建设坑口电站。煤层气发电可以使用直接燃用煤层气的往复式发电机、燃气轮机，也可用煤层气作为锅炉燃料，利用蒸汽透平发电。新的发展趋势是建立联合循环系统，有效地利用发电余热。

煤层气发电采用的主机设备主要有以下三种：蒸汽轮机发电机组、燃气轮机发电机组、燃气内燃机发电机组。近年来，随着煤层气抽采利用优惠政策的出台和完善，国内企业利用煤层气发电的积极性日益高涨，发电装机规模逐年上升，技术研发和装备制造水平不断提高。在燃气内燃机发电机组的发电过程中，燃料的能量约有 35%被转换为电能，约有 30%随尾气排出，约有 25%被发动机冷却水带走，通过机身散发的能量约占 10%，而其中约有一半的能量是可以被二次使用的。据测算，燃气内燃机发电机组每提供 100kW·h 的电力，排出的尾气余热可满足 2500m^2 的采暖需求或 1300m^2 的制冷需求。由此可见，热电冷联供系统既节能环保，又可带来经济效益，使得一次能源向二次能源转换过程中损耗的能源得到充分利用，最大程度地提高能源的使用效率，在大力发展循环经济的今天是十分必要的。

(3) 煤层气液化

煤层气液化是指煤层气经净化、提纯后，在一定的温度压力下，从气态变成液态的工艺。煤层气液化后，体积将缩小 600 倍，会大大降低运输成本。使用液化天然气槽车运送，可以随气源和用户的改变而改变运输路线，甚至可以作为现有的天然气管道调峰资源使用。煤层气液化可分为地面煤层气（CBM）液化和煤矿瓦斯（CMM）液化。

地面煤层气浓度一般在 90%以上，经脱碳、脱硫、脱汞和脱水后，可直接加压、深冷液化成液化煤层气（LCBM）。

煤矿瓦斯一般浓度较低，且含有氧气，若直接加压液化会引起爆炸。应采用深冷精馏的方法，把含氧煤矿瓦斯的分离和液化在低温的条件下同步完成，提纯制成液化煤层气。该方法可以把浓度为 35%～50%的矿井瓦斯提纯液化为浓度 99.8%的液化天然气（LNG）。

(4) 煤层气用作化工原料

目前，煤层气用作化工原料主要是生产合成氨、甲醇、乙炔、一氯甲烷、氢氰酸、二硫化碳等下游加工产品，而主导产品是合成氨和甲醇。以煤层气为原料生产合成氨和尿素是一种经济的利用方式。我国是农业大国，化肥需求量大。为改善环境和提高效益，在煤层气产区附近建设合成氨和尿素生产装置是相对合理的。

(5) 低浓度瓦斯的发电利用

在我国的煤矿开采过程中，每年直接排放到大气中的瓦斯约为 180 亿 m^3（纯甲烷），其中浓度在 6%～30%的低浓度瓦斯约占排放总量的 11%，为 20 亿 m^3 左右。由于没有有效的利用方式，绝大部分低浓度瓦斯被直接排入大气，既浪费了大量清洁能源，又污染了环境。低浓度瓦斯发电是指利用甲烷浓度小于30%的瓦斯发电。为了使抽采出来的瓦斯得到利用，就必须尽快开展低浓度瓦斯安全输送技术开发与装备研制。低浓度瓦斯的安全输送和直接利用，对促进矿井瓦斯的开发和利用、保证矿井安全高效生产具有十分重大的意义。

(6) 煤矿风排瓦斯 (VAM) 利用

煤矿开采中，瓦斯排出量的70%是通过乏风（又称“煤矿风排瓦斯”，指甲烷浓度低于0.75%的煤矿瓦斯）排出的。我国的煤矿开采中，每年通过乏风排出的纯甲烷为100亿～150亿m^3，与西气东输的总量相当。这就好比每年有1000万～1500万t原油或2000万～3000万t煤炭被白白浪费掉，其数量差不多是一个350万～500万kW的超大型火力发电厂一年的用煤量。一个高瓦斯矿区百万吨产量的矿井，每分钟的乏风量在5000～10000m^3，每分钟通过乏风排出的纯甲烷就是25～50m^3，每年排出的纯甲烷为1000万～2000万m^3，相当于向大气排放了130万～250万tCO_2。如果我们能将乏风氧化利用技术推广应用，节能效果将十分显著。

4.2.4 天然气降碳减排

我国实现“碳达峰”之前，天然气仍将是国内能源体系碳减排的重要抓手。天然气作为化石能源向非化石能源过渡的“桥梁”，消费量可能在2040年左右达峰。数据显示，“十二五”期间，我国天然气消费增速为12.1%，产量增速为7.3%；“十三五”期间，消费增速为11%，产量增速为7.4%。随着难动用、未开发资源在探明储量中占比持续提高，天然气开发周期拉长、成本升高、对稳产增产带来严峻挑战。目前我国3300亿m^3的天然气消费规模仅有11万km的主干管道，而美国8320亿m^3的消费规模对应超过50万km的主干管道。我国地下储气库工作气量只占天然气消费量比重的6.0%，与10%～15%的世界平均水平相差甚远，且城镇燃气企业因资金、技术、成本等原因，终端消费环节的储气能力建设进度明显滞后，国家管网与燃气企业的天然气管道统筹协调有待加强。

作为目前最清洁的化石能源，天然气服务降碳目标的作用仍待进一步发掘。一方面，天然气在交通领域发展较为缓慢，配套基础设施等方面建设亟待加强。其中，天然气车船产业发展不充分，难以发挥对公路、内河货运领域大气环境防治的应有作用。天然气车船规模总体偏小。数据显示，截至2020年，全国LNG重卡保有量为58.2万辆左右，仅占全部重卡数量的7.2%；LNG动力船舶290余艘，约占内河运输船舶数量的0.3%，LNG车船规模较国内车船市场总体而言，占比明显过小。另一方面，目前每年约有占全球产量7%的天然气在生产过程中被泄漏到大气中，对环境和经济造成双重负面影响，由此引发的天然气是否属于清洁能源的争议不断，甲烷排放管控问题已成为天然气行业发展的瓶颈。甲烷排控体系有待建立。未来，应加强对甲烷排放管控政策的完善与细化和顶层设计，对重点薄弱环节重点攻关，实现甲烷深度减排。

思考题

1. 石油二次加工有哪些方法，目标产物是什么？
2. 从石油中可以得到哪些常规产品？
3. 天然气的利用技术有哪些？

参考文献

［1］ Guo X，Fang G，Li G，et al. Direct，nonoxidative conversion of methane to ethylene，aromatics，and hydrogen［J］. Science，2014，344（6184）：616-619.

［2］ 国家能源局石油天然气司，国务院发展研究中心资源与环境政策研究所，自然资源部油气资源战略研究中心．中国天然气发展报告（2022）［R］．北京：石油工业出版社，2022.

［3］ 国家发展和改革委员会．炼油行业节能降碳专项行动计划［R］．北京：国家发展和改革委员会，2024.

第 5 章 水能、核能与电能的开发利用

5.1 水能

5.1.1 水资源概述

水资源是指地球上具有一定数量和可用质量，能从自然界获得补充并可资利用的水。水资源量包括河川径流量（即一定时段内通过河流某一断面的水量，单位为 m^3/s）和地下水量。地表水是指河流、湖或淡水湿地。地表水由经年累月的自然降水和降雪累积而成，并且自然地流失到海洋，或者是经由蒸发消逝，或者是渗流至地下。地下水是储存于包气带以下地层空隙，包括岩石孔隙、裂隙和溶洞之中的水。

水循环系统是一个庞大的自然水资源系统，水资源在开采利用后，能够得到大气降水的补给，处在不断地开采、补给和消耗、恢复的循环之中，可以不断地供给人类利用和满足生态平衡的需要。在不断地消耗和补充过程中，在某种意义上水资源具有“取之不尽”的特点，恢复性强。可实际上全球淡水资源的蓄存量是十分有限的。全球的淡水资源仅占全球总水量的 2.5%，且淡水资源的大部分储存在极地冰帽和冰川中，真正能够被人类直接利用的淡水资源仅占全球总水量的 0.796%。从水量动态平衡的观点来看，某一期间的水量消耗量接近于该期间的水量补给量，否则将会破坏水平衡，造成一系列不良的环境问题。可见，水循环过程是无限的，水资源的蓄存量是有限的，并非取之不尽，用之不竭。

5.1.2 水资源开发利用

水能是自然界广泛存在的一次能源。通过水电站可方便地转换为优质的二次能源——电能。“水电”，既是被广泛利用的常规能源，又是可再生能源，且水力发电对环境无污染。因此，水能是世界上众多能源中永不枯竭的优质能源。水力发电系利用水力（具有水头）推动水力机械（水轮机）转动，将水能转变为机械能，如果在水轮机上接上另一种机械（发电机）随着水轮机转动便可发出电来，这时机械能又转变为电能。水力发电在某种意义上讲是水的位能转变成机械能，再转变成电能的过程。因水力发电厂所发出的电力电压较低，要输送给距离较远的用户，就必须将电压经过变压器增高，再由空架输电线路输送到用户集中区的变电所，最后降低为适合家庭用户、工厂用电设备的电压，并由配电线输送到各个工厂及家庭。

中国是世界上水能资源最丰富的国家之一，我国水电资源理论蕴藏量装机 6.94 亿 kW，技术可开发装机容量为 5.42 亿 kW，经济可开发装机容量 4.02 亿 kW，开发潜力还很大。据估计，我国河流水能资源的理论蕴藏量为 6.94 亿 kW，年发电量为 59200 亿 kW·h。然而，水能资源开发利用有以下主要特点。一是人均资源量相对较低。以电量计，人均资源量

只有世界平均值的 70%左右。二是水电资源分布不均，与经济发展不匹配。水电资源量的 75%集中在经济发展相对滞后的西部地区，而经济发达、人口集中的东部沿海 11 省市，仅占 6%，用电量却占全国的 51%。三是江河来水量年内、年际变化大，水电开发利用的难度较大。年径流最大与最小量的比值，长江、珠江、松花江为 2～3 倍，淮河达 15 倍，海河更达 20 倍之多。四是开发利用不足。根据电力规划设计总院在京发布《中国能源发展报告 2024》和《中国电力发展报告 2024》数据，我国 2023 年一次能源消费总量将达到 48.3 亿 t 标准煤，发电装机容量将达到 29.2 亿 kW。其中水电装机容量 4.2 亿 kW，占电力装机容量 15%（图 5-1）。

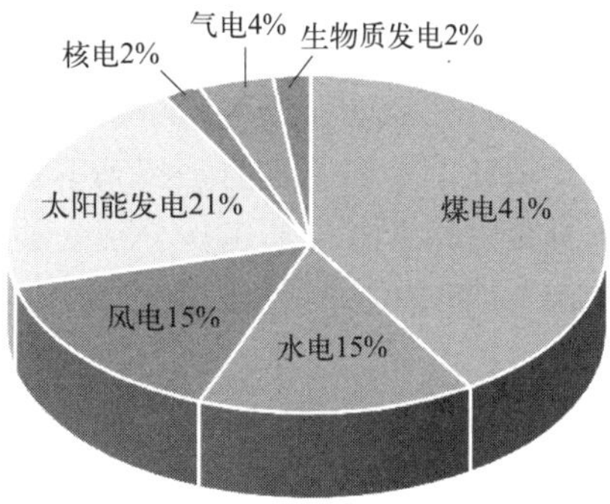

图 5-1　2023 年全国电力装机容量占比情况

5.1.3　水电站基本类型

由于河道地形、地质、水文等条件不同，水电站的集中落差、调节流量、引水发电情况也不相同。按照集中河道落差的方式，水电站可以分为堤坝式、引水式、混合式和抽水蓄能式等四种基本类型。

(1) 堤坝式水电站

堤坝式水电站是在河道上修筑拦河大坝，抬高上游水位，以集中落差，形成水库调节流量，然后建电厂。根据坝基地形、地质条件的差别，坝和电厂相对布置位置也不同，堤坝式水电厂又可分为：河床式和坝后式两种基本型式。

河床式水电站多建在平原地区河床中下游、河床纵向坡度比较平坦的河段上。因受地形限制，为避免淹没面积过大，只能修筑不高的拦河坝。由于水头不高，电厂的厂房可以直接和大坝并排建在河床中。厂房本身的重量足以承受上游的水压力。在这种电厂中，引用的流量均较大，多选用大直径、低转速的轴流式水轮发电机组，是一种低水头、大流量的水电站。目前我国最大的河床式水电站是葛洲坝水电站（图 5-2）。

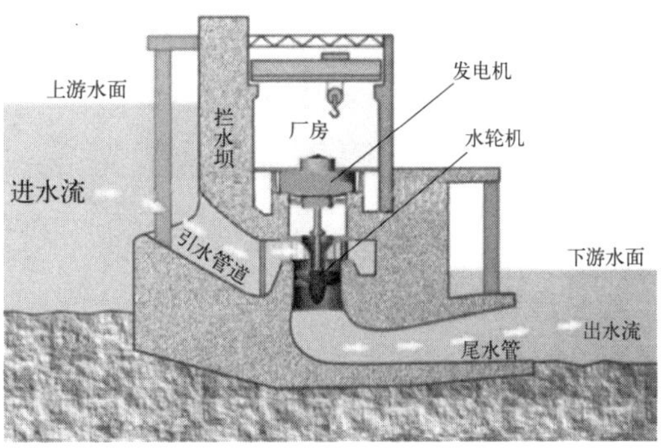

图 5-2　葛洲坝水电站和河床式水电站厂房横剖面

坝后式水电站（图 5-3）多建在河流中、上游的峡谷中。由于淹没相对较小，坝可以建得较高，以获得较大的水头。此时上游水压力大，厂房重量不足以承受水压，因此，不得不将厂房与大坝分开，将电厂移到坝后，让大坝承受上游的水压。坝后式水电站不仅能获得高水头，而且在坝前形成可调节的天然水库，有利于发挥防洪、灌溉、发电、水产等多方面的效益。因此，是我国目前采用最多的一种厂房布置方式。长江三峡水利枢纽工程采用坝后式，分设左岸及右岸厂房，分别安装 14 台及 12 台水轮发电机组。水轮机为混流式，单机容量均为 70 万 kW。

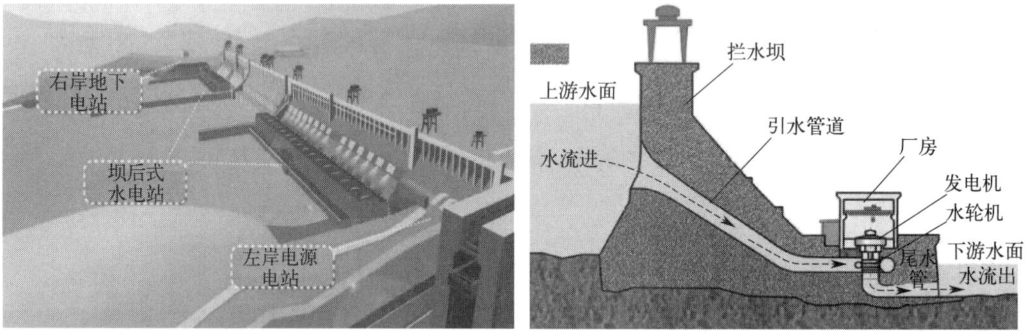

图 5-3 坝后式水电站示意图

(2) 引水式水电站

在地势险峻、水流湍急的河流中上游，或坡度较陡的河段上，采用人工修建引水建筑物（如明渠、隧道、管道等），引水以集中落差发电（图 5-4）。这种水电站不存在淹没，不仅可沿河引水，甚至可以利用相邻两条河流的高程差进行跨河引水发电。例如我国川滇交界处，金沙江和以礼河高程相差 1400m，两河最近点相距仅 12km，可以实现跨河引水发电。

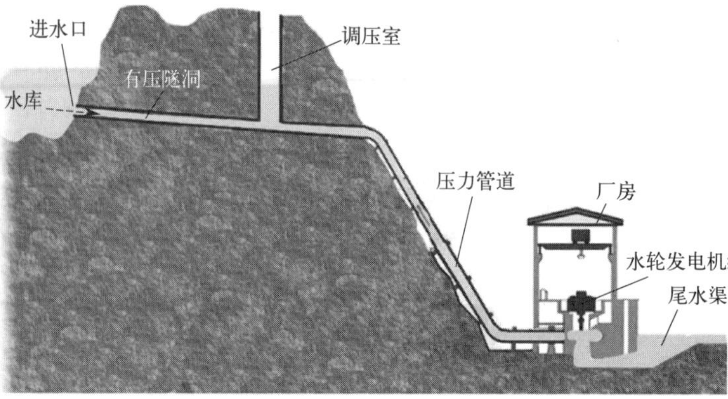

图 5-4 引水式水电站示意图

(3) 混合式水电站

混合式水电站的水头由筑坝和引水道共同形成。它多建在上游地势平坦宜于筑坝形成水库且下游坡度较陡或有较大河湾的地方。鲁布革水电站（装机 60 万 kW，水头 372m）是目前我国最大的混合式水电站。

(4) 抽水蓄能式水电站

抽水蓄能式水电站是一种特殊的水电站，它利用电力系统负荷低谷时的剩余电能，把水从下池（库）用抽水蓄能机组抽到上池（库）中，以位能形式储存起来；当电力系统负荷不足时，将存水用于发电，供电力系统调峰之用。典型的抽水蓄能式水电站的结构如图 5-5 所示，其主要特点：适用于电力系统峰谷差显著的情况，是灵活性很高的调峰电源，能适应急剧的负荷变化。2000 年 3 月 14 日，广东省广州抽水蓄能电站 8 号机组移交生产，标志着该电站的建设已全面完成，成为当时世界上最大的抽水蓄能电站。总装机容量 240 万 kW 的广蓄电站，一期工程总投资约 27 亿元，二期工程总投资近 30 亿元。我国已查明抽水蓄能水电站站址 247 座，规模约 3.1 亿 kW。2024 年 12 月 31 日，国家电网河北丰宁抽水蓄能电站 11 号机组，经过紧张调试和试运行，状态良好，正式投入商业运行，标志着这座拥有 12 台机组的“水能充电宝”“满格”运行，成为现今世界规模最大的抽水蓄能电站。

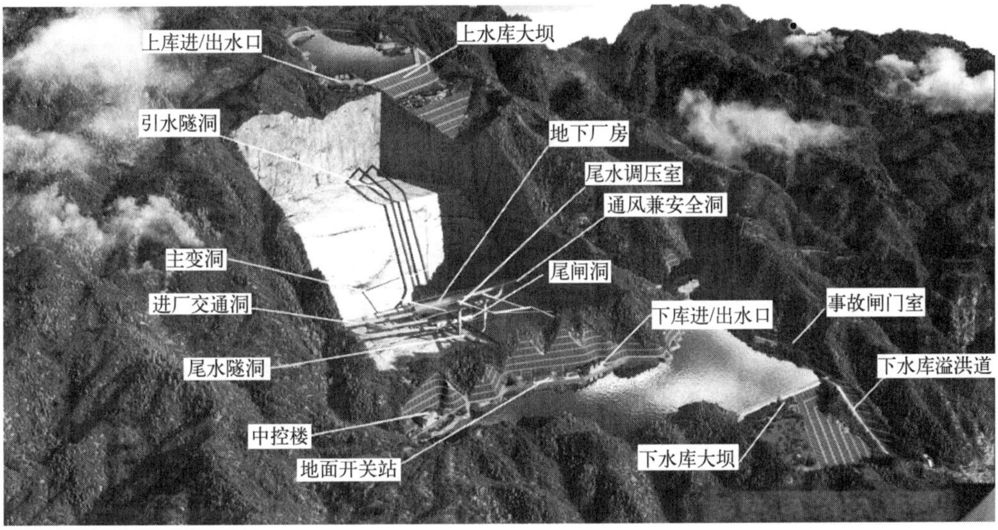

图 5-5　典型的抽水蓄能式水电站的结构示意图

根据我国电力工业飞速发展的需要，在电网中配备一批大、中、小型抽水蓄能电站是十分必要的。抽水蓄能功能定位，主要服务于电网或服务于大型新能源基地开发。所以抽水蓄能电站地理位置的选择，主要就是两点：一是距离负荷中心近，二是距离新能源大基地近。目前我国已建、在建的抽水蓄能电站大多位于所在电网的负荷中心，比如广州抽水蓄能电站（240 万 kW）距广州市 90km，十三陵抽水蓄能电站（80 万 kW）距北京市 40km，天荒坪抽水蓄能电站（180 万 kW）距杭州 57km，深圳抽水蓄能电站（120 万 kW）位于深圳市区。根据《抽水蓄能产业发展报告 2024 年度》，截至 2024 年底，我国抽水蓄能投产总装机容量达 5869 万 kW，居世界首位。

在我国电力需求的强劲拉动下，我国水轮机及辅机制造行业进入快速发展期，其经济规模及技术水平都有显著提高，我国水轮机制造技术已达世界先进水平。目前，我国水轮机及辅机制造行业综合实力明显增强，全行业呈现出蓬勃发展、充满活力的可喜局面，行业趋好的标志表现在经济运行质量的提高和经济效益的显著增长。2023 年，全球水轮发电机市场的规模达到了 237.38 亿元人民币，而中国市场的规模为 78.26 亿元人民币，占比 32.9%。2019—2024 年全国水力发电装机容量整体呈增长趋势（图 5-6）。2024 年 12 月，中国水电累计装机容量达到约 4.36 亿 kW，同比增长 3.2%，其中常规水电 3.77 亿 kW，抽水蓄能 5869 万 kW。2024 年，全国水电发电量 14239 亿 kW·h，全国规模以上水电平均利用时间为 3349h，其中四川、云南、湖北三个省份发电量位居我国前三名。

第5章

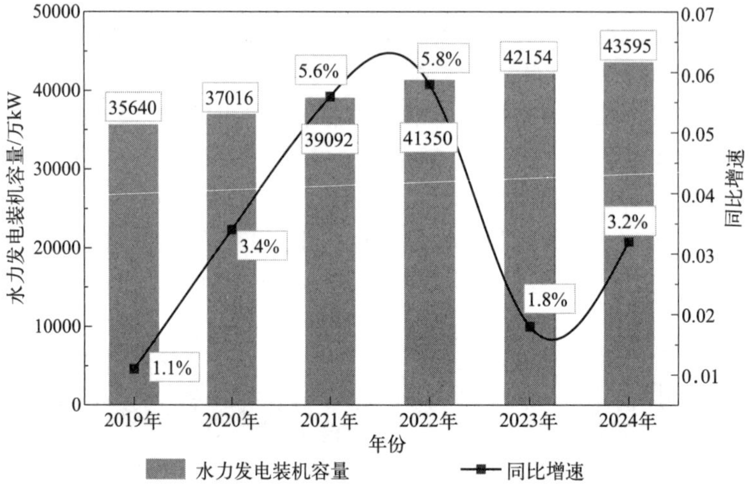

图 5-6 2019—2024 年全国水力发电装机容量及同比增速

5.2 核能

“核能”来源于将核子（质子和中子）保持在原子核中的一种非常强的作用力——核力。核力和电磁力、万有引力完全不同，它是一种非常强大的短程作用力。当中子和质子形成原子核时，生成原子核的质量小于生成其他核子的总质量，这种现象叫作质量亏损。核反应中由于质量亏损会放出能量，这种能量称为该原子核的结合能。结合能的大小可以通过爱因斯坦的质能关系式求得：

$$\Delta E=\Delta mc^2$$

式中，ΔE 为结合能，J；Δm 为质量亏损，kg；c 为光速，3×10^8 m/s。当质量数小于 60 或大于 60 的原子核由于某种原因向质量数等于 60 这个方向变换时，比结合能（平均每个核子的质量亏损）增大。在这样的变换中必定伴随着能量的释放。根据这一原理，核能的实际利用有两种方法：一是目前已达到实用阶段的重核裂变方法，就是核裂变反应堆的原理；二是目前还处于研究试验阶段的轻核聚变方法，这就是核聚变反应的原理。

地球上蕴藏着数量可观的铀、钍等裂变资源，如果把它们的裂变能充分利用，可以满足人类上千年的能源需求。据估计，世界上核裂变的主要燃料铀和钍的储量分别约为 490 万 t 和 275 万 t。这些裂变燃料足以用到聚变能时代。在大海里，还蕴藏着不少于 20 万亿 t 的核聚变资源——氢的同位素氘，如果可控核聚变在 21 世纪前期变为现实，这些氘的聚变能将相当于几万亿亿吨煤，能满足人类百亿年的能源需求。更可贵的是核聚变反应中几乎不存在放射性污染。

5.2.1 核裂变

核裂变是指由重的原子核（主要是指铀核或钚核）分裂成两个或多个质量较小的原子的一种核反应形式，只有一些质量非常大的原子的原子核像铀（yōu）、钍（tǔ）和钚（bù）等才能发生核裂变。这些原子的原子核在吸收一个中子以后会分裂成两个或更多个质量较小的原子核，同时放出两个到三个中子和很大的能量，又能使别的原子核接着发生核裂变，使过程持续进行下去，这种过程称作链式反应（图 5-7）。原子核在发生核裂变时，释放出巨大的能量，这些能量被称为原子核能，俗称原子能。1kg 铀-238（^{238}U）的全部核的裂变将产生 20000MW·h 的能量，与燃烧 2000t 煤释放的能量一样多，相当于一个 20MW 的发电站运转 1000h。

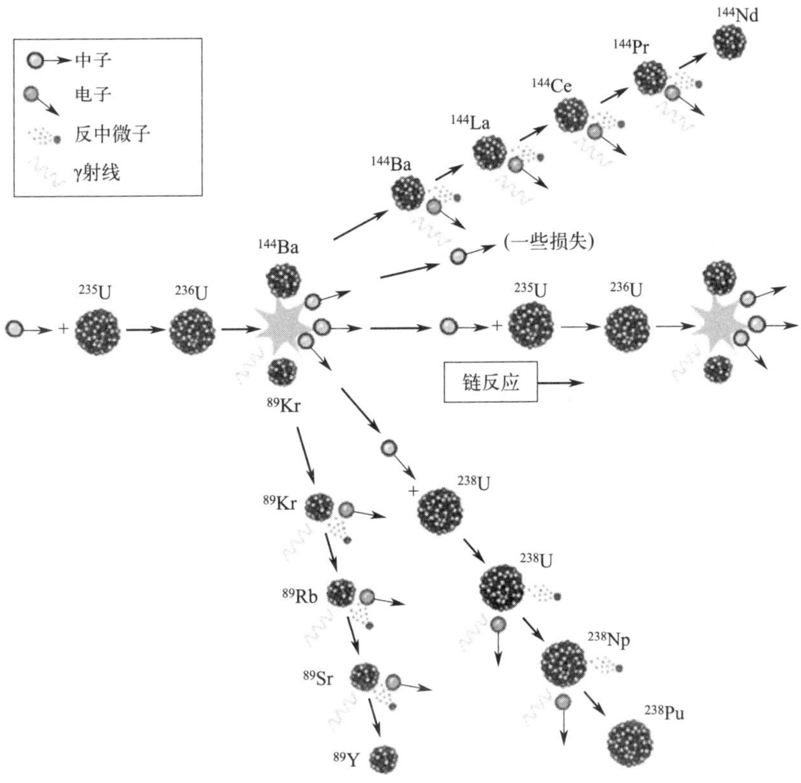

图 5-7 核裂变反应机理

原子弹是利用铀-235 或钚-239 等重原子核裂变反应，瞬时释放出巨大能量的核武器，又称裂变弹。原子弹的威力通常为几百至几万吨级 TNT 当量，有巨大的杀伤破坏力。它可由不同的运载工具携载而成为核导弹、核航空炸弹、核地雷或核炮弹等，或用作氢弹中的初级（或称扳机），为点燃轻核引起热核聚变反应提供必需的能量。铀-235、钚-239 这类重原子核在中子轰击下通常会分裂成两个中等质量的核（称裂变碎器），并放出 2～3 个中子和 200MeV 能量（相当于 3.2×10^{-11}J）。放出的中子，有的损耗在非裂变的核反应中或漏失到裂变系统之外，有的则继续引起重核裂变。如果每一个核裂变后能引起下一代核裂变的中子数平均多于 1 个，裂变系统就会形成自持的链式裂变反应，中子总数将随时间按指数规律增长。例如，当引起下一代裂变的中子数其均为 2 个时，则在不到 1μs 之内，就可以使 1kg 铀-235 或钚-239 内的 2.5×10^{24} 个原子核发生裂变，并释放出约 2 万 tTNT 当量的核能。

裂变材料的装量必须大于一定的量，称为临界质量，才能使链式裂变反应自持进行下去。原子弹中要放置相当分量的裂变材料，但不使用时，它们必须处于次临界状态。使用时，要使处于次临界状态的裂变装料瞬间达到超临界状态，并适时提供若干中子触发链式裂变反应。超临界状态可以通过两种方法来达到：一种是“轮法”，又称压拢型；另一种是“内爆法”，又称压紧型。原子弹主要由引爆控制系统、高能炸药、反射层、由核装料组成的核部件、中子源和弹壳等部件组成。引爆控制系统用来起爆高能炸药；高能炸药是推动、压缩反射层和核部件的能源；反射层由铍或铀-238 构成。铀-238 不仅能反射中子，而且密度较大，可以减缓核装料在释放能量过程中的膨胀，使链式反应维持较长的时间，从而能提高原子弹的爆炸威力。核装料主要是铀-235 或钚-239。

原子弹中的引爆控制系统在预定时间或条件下发出引爆指令，使炸药起爆，炸药的爆轰产物推动并压缩反射层和核装料，使之达到超临界状态，核点火部件适时提供若干“点火”中子，使核装料内发生链式裂变反应，并猛烈释放能量。随着能量的积累，温度和压力迅速升高，核装料不断膨胀，密度不断下降，最终又成为次临界状态，链式反应趋于熄灭。从炸药起爆到核点火前是爆轰、压缩阶段，通常要几十微秒；从核点火到链式裂变反应熄灭是裂变放能阶段，只需要十分之几微秒。原子弹在如此短暂的时间里放出几百至几万吨 TNT 当量的能量，使整个弹体和周围介质都变成高温高压等离子体气团，中心温度可达 10^7K，压力达 10^{15}Pa。原子弹爆炸产生的高温高压以及各种核反应产生的中子、γ 射线和裂变碎器，最终形成冲击波、光辐射、早期核辐射、放射性沾染和电磁脉冲等杀伤破坏因素。

铀裂变在核电厂最常见，热中子轰击铀原子会放出 2 到 4 个中子，中子再去撞击其他铀原子，从而形成链式反应而自发裂变。撞击时除放出中子还会放出热，如果温度太高，反应炉会熔掉，而演变成反应炉融毁造成严重灾害，因此通常会放控制棒（中子吸收体）去吸收中子以降低分裂速度。核裂变所释放的高能量中子移动速度极高（快中子），因此必须通过减速以增加其撞击原子的机会，同时引发更多核裂变。一般商用核反应堆多使用慢化剂将高能量中子速度减慢，变成低能量的中子（热中子）。商用核反应堆普遍采用镉棒、石墨和较昂贵的重水作为慢化剂。

核能在核电站中的应用主要是通过核裂变的方式，将锅炉内的热能转换为蒸汽，再用蒸汽驱动涡轮机转动，从而带动发电机产生电能（图 5-8）。核电站的关键设备是核反应堆，它负责进行核裂变，将核能转换为热能。反应堆中的核燃料通常是铀，核裂变的核燃料主要是铀。

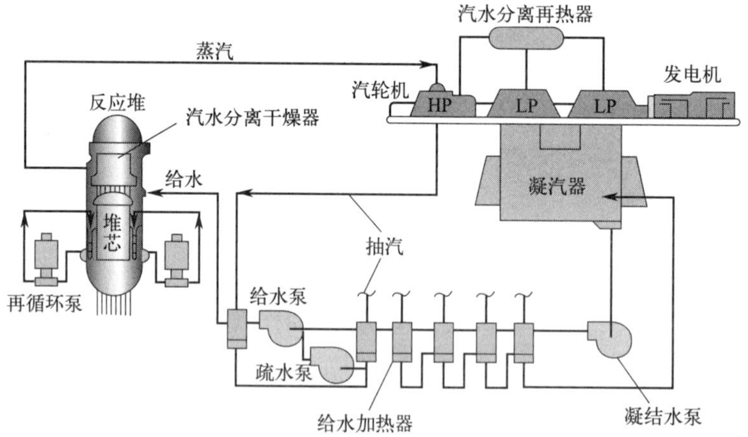

图 5-8 核电站工作原理

截至 2024 年底，我国在运、在建和核准待建核电机组共有 102 台，总装机容量 1.13 亿 kW，连续第 2 年位居全球首位。除河北、天津、上海外，中国所有沿海省份都建有核电站。我国核电技术已经实现二代向三代的迭代升级，四代技术陆续开始应用，整体上我国核电已进入世界先进行列。例如，华能石岛湾高温气冷堆核电站作为我国具有完全自主知识产权的全球首座第四代核电站，标志着我国第四代核电技术达到国际领先水平。从核安全角度看，我国保持了良好的核安全记录，环境监测数据没有监测到异常，从整体上保障了核事业高质量发展。未来中国还将大力发展核电，在中国的能源结构调整中，核电始终被寄予厚望。

“华龙一号”是由中国两大核电企业中国核工业集团公司和中国广核集团在我国30余年核电科研、设计、制造、建设和运行经验的基础上，根据福岛核事故经验反馈以及我国和全球最新安全要求，研发的先进百万千瓦级压水堆核电技术（图 5-9）。作为中国核电“走出去”的主打品牌，在设计创新方面，“华龙一号”提出“能动和非能动相结合”的安全设计理念，采用177个燃料组件的反应堆堆芯、多重冗余的安全系统、单堆布置、双层安全壳，全面平衡贯彻了纵深防御的设计原则，设置了完善的严重事故预防和缓解措施，其安全指标和技术性能达到了国际三代核电技术的先进水平，具有完整自主知识产权。“华龙一号”凝聚了中国核电建设者的智慧和心血，实现了先进性和成熟性的统一、安全性和经济性的平衡、能动与非能动的结合，具备国际竞争比较优势，有望短时间内填补中国国内技术空白，具备参与国际竞标条件。

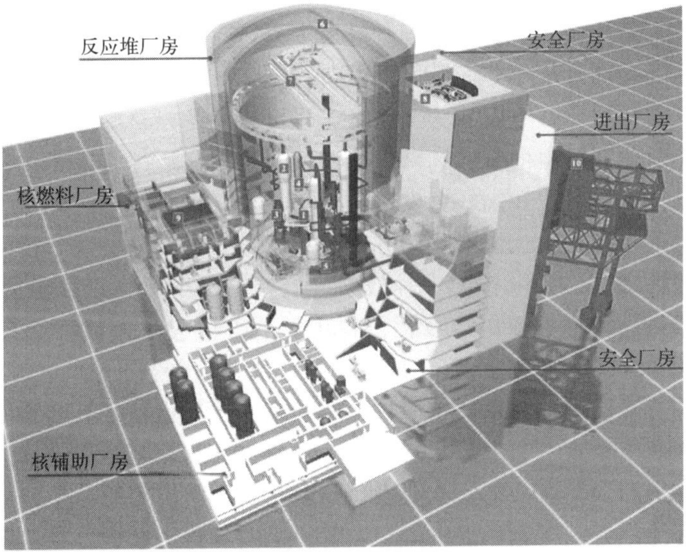

图 5-9　“华龙一号”核电站结构示意图

5.2.2　核聚变

核聚变，即轻原子核（例如氘和氚）结合成较重原子核（例如氦）时放出巨大能量。热核反应是氢弹爆炸的基础，可在瞬间产生大量热能，但尚无法加以利用。如能使热核反应在一定约束区域内，根据人们的意图有控制地产生与进行，即可实现受控热核反应。这正是在进行试验研究的重大课题。受控热核反应是聚变反应堆的基础。聚变反应堆一旦成功，则可能向人类提供最清洁而又是取之不尽的能源。最容易实现核聚变反应的是原子核中最轻的核，例如氢、氘、氚、锂等。其中最容易实现的热核反应是氘和氚聚合成氦的反应。太阳就是以此而释放出巨大的能量。作为核燃料之一的氘，地球上的储量特别丰富，每升海水中即含氘 0.034g，地球上有 1.4×10^{18}t 海水，故海水中的氘含量即达 46 万亿 t，因此几乎是取之不尽的。

氢弹是利用原子弹爆炸的能量点燃氢的同位素氘、氚等质量较轻的原子核发生核聚变反应（热核反应）瞬时释放出巨大能量的核武器，称聚变弹、热核弹、热核武器。氢弹的杀伤破坏因素与原子弹相同，但威力比原子弹大得多。原子弹的威力通常为几百至几万吨级 TNT 当量，氢弹的威力则可大至几千万吨级 TNT 当量，其爆炸达到的温度约为 100 亿℃，即太阳中心温度的 1000 倍

核聚变要在近亿摄氏度的高温条件下进行，地球上原子弹爆炸时可以达到这个温度。用核聚变原理造出来的氢弹就是靠先爆发一颗核裂变原子弹而产生的高热，来触发核聚变起燃器，使氢弹得以爆炸。但是，用原子弹引发核聚变只能引发氢弹爆炸，却不适用于核聚变发电，因为电厂不需要一次惊人的爆炸力，而需要缓缓释放的电能。产生可控核聚变需要的条件非常苛刻。大家的太阳就是靠核聚变反应来给太阳系带来光和热，其中心温度达到 1500 万℃，另外还有巨大的压力能使核聚变正常反应，而地球上没办法获得巨大的压力，只能通过提高温度来弥补，不过这样一来温度要到上亿摄氏度才行。

通常有三种方式来产生核聚变：重力场约束，惯性约束，磁约束。对于惯性约束核聚变，核反应点火也成为问题。不过在 2010 年 2 月 6 日，美国利用高能激光实现核聚变点火所需条件。中国也有“神光Ⅱ”将为中国的核聚变进行点火。磁约束核聚变（托卡马克、仿星器、磁镜、反向场、球形环等），这种方式目前被认为是最有前途的。

在未来的能源结构中，核电将成为实现低碳、可持续发展目标的重要手段之一。通过发展核电，可以减少对化石燃料的依赖，降低温室气体排放，从而有助于保护环境、改善气候变化等问题。从自主性来看，我国核电发展在技术上实现了全面跨越，在工程建设和安全运行方面具有较高水平，在多元化综合利用方面有质的蜕变，充分展现了核电发展的自主性和创新能力。从战略性来看，核电作为一种战略性资源，对于保障国家能源安全具有重要意义。在能源供应紧张的时期，核电可以提供稳定的电力供应，为国家经济发展提供有力保障。我国一次能源集中在北方和西部，而经济发达、人口稠密的沿海地区却缺乏常规能源。加快发展核电，构造“北煤、西水、东南核”的国家能源新格局，有利于优化能源结构，缓解运输压力，对提高能源效率和电网运行的安全可靠性、保障国家能源安全乃至经济安全，具有重要战略意义。加快发展核电，充分发挥核电在电力供应和能源转型中的作用，对于调整能源结构，保证能源可靠供应，促进“双碳”目标实现意义重大。在保障能源安全、推进“双碳”目标背景下，积极加快发展核电应成为今后一段时间我国核电发展的目标导向和主基调。核电具有清洁性、稳定性、经济性、可持续性、自主性和战略性六大优势特点。在“十四五”乃至今后较长的时间内，加快推动核电发展势在必行。

5.3 电能

电能是由其他一次能源转换而来的二次能源。由于电能输送、控制、转换和使用都非常方便，又不污染环境，因此是一种非常优质的二次能源。电能的生产、输送、分配、使用同时进行，电能不能大量存储，电力系统任何瞬间，发电、用电、供电要时刻保持平衡。正常和故障情况下，电力系统的切换和调整必须迅速，因此电力系统需要采用自动化程度高、动作迅速准确的自动装置和检测控制设备。所谓电气化，就是国民经济各部门和人民生活广泛

使用电力。电气化是实现工业自动化和农业现代化的基础。电能替代其他能源可大大降低单位产值的能耗，节约能源。电气化为迅速提高现代社会的生活水平及文明程度奠定了物质基础。发展电能是新能源的广泛应用和建立可持续发展能源系统的必然结果。电力是以电能作为动力的能源，发明于 19 世纪 70 年代，电力的发明和应用掀起了第二次工业化高潮。

电能产生的方式主要有：火力发电（煤等可燃烧物）、太阳能发电、大容量风力发电技术、核能发电、氢能发电、水力发电等。20 世纪 80 年代末，主要的发电形式是水力发电、火力发电和核能发电。其他能源发电形式虽然有多种，但规模都不大。三种主要形式所占的地位因各国能源资源的构成不同而异。世界上以火力发电为主，其发电量在总发电中所占比重为 70%以上。发展速度最快的是核裂变的核电。火力发电的优点是成本低、可靠性高、可调节性强，能够满足不同地区和不同时间的电力需求。但是，火力发电也存在着严重的缺点，主要是排放大量的 CO_2 等温室气体，加剧了全球气候变化和环境污染的问题。据估计，火力发电每年排放约 150 亿 tCO_2，占全球人为排放总量的 40%左右。不同国家依靠的一次能源发电种类不一样。比如日本、德国的火力发电所占比重在 60%以上；其中挪威、瑞士的水力发电量均占总发电量的 90%左右，加拿大水力发电量超过 70%，瑞典水力发电量也超过 60%；芬兰则水电与火电各占一半；法国以核电为主，其发电量占总发电量的 70%以上。

一次能源转换为电能需要使用电动力装置。电动力装置是各类发电站中将矿物燃料、核能、水能、风能以及其他能源转换为电能的成套动力设备。发电动力装置按能源的种类分为火电动力装置、水电动力装置、核电动力装置及其他能源发电动力装置。火电动力装置由锅炉、汽轮机和发电机（惯称三大主机）及其辅助装置组成（图 5-10），利用煤、柴、石油或可燃性气体等燃料在锅炉中燃烧所产生的热量，使送进锅炉水管或锅筒中经过处理的水变为具有一定压力和温度的过饱和蒸汽，用以推动汽轮机高速旋转，继而带动发电机发电的成套装置。水电动力装置由水轮发电机组、调速器、油压装置及其他辅助装置组成，利用天然水能或人工提高水位而形成的水位能（抽水蓄能），通过水轮发电机组发电的成套装置。核电动力装置由核反应堆、蒸汽发生器、汽轮发电机组及其他附属设备组成，利用核燃料（如铀等）在核反应堆中起裂变反应而产生的热能将水加热成蒸汽，从而推动汽轮发电机组发电的成套装置。

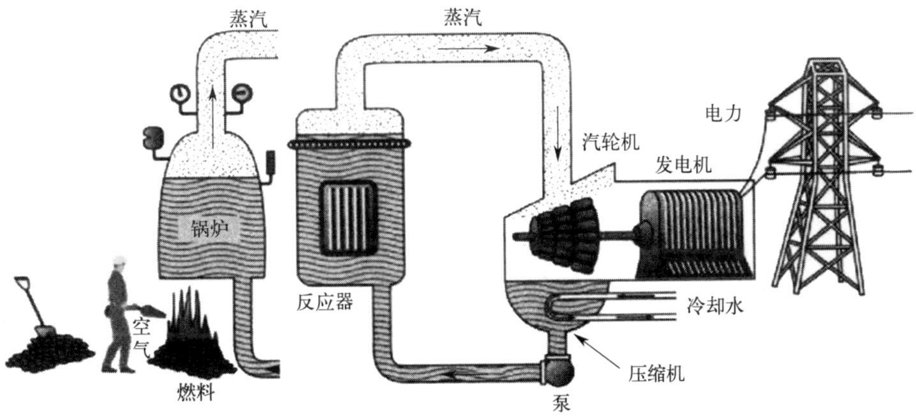

图 5-10　火力发电厂示意图

2023 年 6 月 2 日，国家能源局发布《新型电力系统发展蓝皮书》指出，到 2030 年，推动新能源成为发电量增量主体，装机占比超过 40%，发电量占比超过 20%。到 2045 年，新能源成为系统装机主体电源。目前我国电力系统发电装机总容量、非化石能源发电装机容量、远距离输电能力、电网规模等指标均稳居世界第一，电力装备制造、规划设计及施工建设、科研与标准化、系统调控运行等方面均建立了较为完备的工业体系，为服务国民经济快速发展和促进人民生活水平不断提高的用电需求提供了有力支撑，为全社会清洁低碳发展奠定了坚实基础。电力供应保障能力稳步夯实。截至 2024 年底，我国各类电源总装机规模 33.5 亿 kW，西电东送规模达到 3.3 亿 kW。全国形成以东北、华北、西北、华东、华中（东四省、川渝藏）、南方六大区域电网为主体、区域间异步互联的电网格局，电力资源优化配置能力稳步提升。

思考题

1. 举例说明水电站的基本类型。
2. 简述核反应堆的类型和各自原理。

参考文献

[1] 中研普华研究院．2024—2029 年中国水力发电行业竞争格局分析及发展前景预测报告［R］．北京：中研普华研究院，2024.

[2] 前瞻产业研究院．2024—2029 年中国核电行业市场前瞻与投资战略规划分析报告［R］．深圳：前瞻产业研究院，2024.

[3] 国家发展和改革委员会．中国核能发展报告 2024［R］．北京：国家发展和改革委员会，2024.

[4] 国家能源局．新型电力系统发展蓝皮书［R］．北京：国家能源局，2023.

[5] 中国共产党第十九届中央委员会．高举中国特色社会主义伟大旗帜为全面建设社会主义现代化国家而团结奋斗：在中国共产党第二十次全国代表大会上的报告［M］．北京：人民出版社，2022.

第 6 章 新能源的开发与利用

面对常规能源日益减少的现状，新能源的开发与利用显得尤为重要。目前，开发和利用的新能源主要包括太阳能、风能、海洋能、地热能和生物质能等。相对于传统能源，这些新能源都属于可再生能源，具有环境友好、可持续性强、可再生性好等优点。开发利用新能源对于解决当前社会面临的能源短缺和环境问题具有重要战略意义。可再生能源是清洁能源，不会排放大量的温室气体和污染物，对环境的影响比传统能源小得多。

国际能源署发布的《2023 年可再生能源》年度市场报告显示，2023 年全球可再生能源新增装机容量达 510GW，比 2022 年增长 50%，装机容量增长速度比过去 30 年的任何时候都要快。报告预测，未来 5 年全球可再生能源装机容量将迎来快速增长期，但仍需解决新兴和发展中经济体的融资等关键问题。国际能源署预测，在现有政策和市场条件下，预计全球可再生能源装机容量在 2023 年至 2028 年间将达到 7300GW。

中国可再生能源资源丰富，具有大规模开发的资源条件和技术潜力，可以为未来社会和经济发展提供足够的能源，开发利用可再生能源大有可为。根据“碳达峰”和“碳中和”目标，2030 年中国非化石能源在一次能源消费中的比重将达 25%左右，其中风电和太阳能发电装机要达到 12 亿 kW 以上。《世界能源蓝皮书：世界能源发展报告（2024）》报道，截至 2023 年，中国累计发电装机容量持续增长，达到了 29.2 亿 kW，同比增长 13.7%。其中，煤电装机容量保持在 11.6 亿 kW 左右，而水电、风电、太阳能、生物质等可再生能源发电装机容量增至 14.5 亿 kW，实现了可再生能源发电装机容量的进一步增长。2023 年可再生能源新增装机 3.7 亿 kW，占全国新增发电装机容量的 82.7%，继续保持电力新增装机的主力军地位，中国电力装机结构的绿色低碳转型步伐加快。其中，新增风电、太阳能发电装机容量分别达到 0.76 亿 kW 和 2.2 亿 kW，显示出中国在风电、太阳能发电和光伏领域的发展势头依然强劲。

6.1 太阳能

太阳能是太阳内部连续不断的核聚变反应过程产生的能量。太阳源源不断地以电磁波的形式向四周放射能量，地球上绝大部分能源皆来源于太阳能。在太阳内部高温（约 1.5×10^{17}K）和高压（约 2.53×10^{16}Pa）的环境下，发生的反应主要是核聚变反应，氢原子核（质子）通过核聚变反应融合成氦原子核。在这个反应过程中，一部分质量转换为能量，并释放出大量的热量和光辐射。太阳内部的这些反应提供了太阳所需的能量，不仅支持太阳的运行，也是地球上生命存在的重要条件。地球上的风能、水能、海洋温差能、波浪能和生物质能以及部分潮汐能都来源于太阳。即使是地球上的化石燃料（如煤、石油、天然气等）从根本上说也是远古以来储存下来的太阳能。太阳能既是一次能源，又是可再生能源。太阳能资源丰富，免费使用，不需运输，对环境无任何污染。然而太阳能能量密度低，且因地而异、因时而变。这是开发利用太阳能面临的主要问题。这些特点使它在整个综合能源体系中的作用受到一定限制。随着技术的发展和成本的降低，太阳能将成为未来能源领域的主力军之一。

6.1.1 太阳能热利用

太阳能热利用技术是实现太阳能直接利用的最简单高效的方式，其核心技术在于将低品位的太阳辐射能转换为高品位的热能并加以利用，太阳能集热器是实现这一能量转换过程中的核心部件（表 6-1）。通常根据所能达到的温度和用途的不同，太阳能热利用分为太阳能低温（<100℃）利用、中温（100～500℃）利用和高温（>500℃）利用。太阳能低温利用主要有太阳能热水器、太阳能干燥器、太阳能蒸馏器、太阳房、太阳能温室、太阳能空调制冷系统等；太阳能中温利用主要有太阳灶、太阳能热发电聚光集热装置等；太阳能高温利用主要有高温太阳炉等。太阳能热利用的关键部分是太阳能集热器，目前使用的太阳能集热器根据集热方式不同分为平板型集热器和聚焦型集热器，前者接收太阳辐射的面积和吸热体的面积相等，为了接收到较多的太阳能需要很大的集热面积，且集热介质的工作温度也较低；后者通过采用不同的聚焦器，如槽式聚焦器和塔式聚焦器等，将太阳辐射聚集到较小的集热面上，并减少散热损失，可获得较高的集热温度。

表 6-1 太阳能热利用技术的主要应用领域

利用方式	应用领域	光热转换实现部件	集热温度范畴
光转热直接利用	热水供应	太阳能热水器	低温
	换热制冷	太阳能液体集热器	中高温
	供暖	太阳能集热器	低温
	烘干	太阳能空气集热器	中高温
	蒸馏(海水淡化)	太阳能集热系统	中高温

太阳能热利用技术在国内外的应用实例已不胜枚举（表 6-2）。代表性的太阳能热利用实例包括太阳能热水器、太阳能采暖、太阳能干燥和太阳能海水淡化等。在光热转换利用技术领域，太阳能热水器已是现今世界范围内技术和经济性最为良好的大规模产品。国外太阳能热水器主要用来供暖，其次是供热水，而中国主要是供热水。中国的人均热水器安装率虽远不及塞浦路斯、奥地利、以色列等国家，但中国热水器产量为全世界之最，且中国是全球使用屋顶热水器最多的国家，占全球总用量的 60%。

表 6-2 国内外太阳能热利用技术典型应用案例

	地区	应用案例	应用领域
国内	宁夏回族自治区	被动式太阳能住宅小区	供暖、制冷、热水供应
	河北省张家口市	跨季节水体储热塔式太阳能供热示范系统	供暖
	云南省西双版纳傣族自治州	乳胶绿色加工关键技术及生产示范项目	烘干
国外	德国巴登-符腾堡州	克莱尔斯海姆示范项目	供暖
	西班牙加泰罗尼亚自治区	集中-分散型供水系统住宅项目	热水供应
	摩洛哥马拉喀什	太阳能海水淡化项目	海水淡化

6.1.2 太阳能光利用

(1) 太阳能光发电

太阳能的光电利用是指太阳的辐射能光子通过半导体材料转变为电能的过程，通常叫

“光生伏打效应”，太阳能电池就是利用这种效应制成的。光伏发电是利用太阳能级半导体电子器件有效地吸收太阳光辐射能，并使之转变成电能的直接发电方式，是当今太阳能光发电的主流。在光化学发电中有电化学光伏电池、光电解电池和光催化电池，目前得到实际应用的是光伏电池。太阳能电池的转换效率取决于半导体材料的性能，比如半导体材料的带隙大小对效率的影响较大。

光伏发电系统主要由太阳能电池组件（太阳能电池板或光伏组件）、蓄电池组、控制器和逆变器等几部分组成（图 6-1）。太阳能电池组件是光伏系统的核心部分，负责将太阳能转换为电能。太阳能电池板的质量和成本将直接决定整个系统的质量和成本。

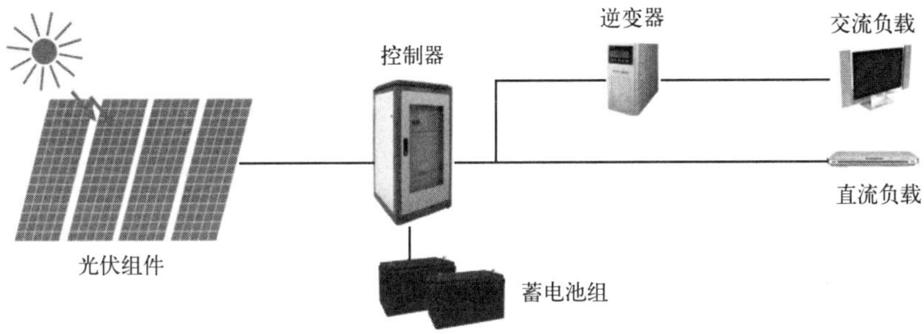

图 6-1　光伏发电系统组成

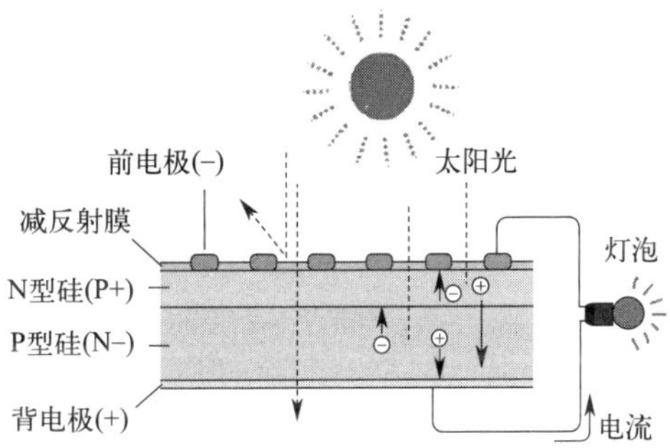

图 6-2　太阳能电池发电原理

光伏电池通常由两种不同类型的半导体材料构成，即 P 型半导体和 N 型半导体。P 型半导体主要由带正电的空穴构成，而 N 型半导体则主要由带负电的自由电子构成。半导体最基本的材料是“硅”，它是不导电的，但如果在半导体中掺入不同的杂质，就可以做成 P 型与 N 型半导体，再利用 P 型半导体有个空穴（P 型半导体少了一个带负电荷的电子，可视为多了一个正电荷），与 N 型半导体多了一个自由电子的电位差来产生电流，所以当太阳光照射时，光能将硅原子中的电子激发出来，而产生电子和空穴的对流，这些电子和空穴均会受到内建电位的影响，分别被 N 型及 P 型半导体吸引而聚集在两端。此时外部如果用导线连接起来，形成一个回路即可输出电流，这就是太阳电池发电的原理（图 6-2）。

光子产生电荷载流子是光伏发电的基础。光子入射到半导体表面时，会产生三种情况：光子从顶表面反射、透过材料、被材料吸收产生载流子。对光伏器件来说，光子的反射和透过通常被认为是损耗机制，因为未被吸收的光子不会转化为电能。因此，只有当光子具有足够的能量时，电子才会从价带被激发到导带中。根据光子能量 E_{ph} 与半导体带隙 E_g 数值关系可分为三组。

$E_{ph}<E_g$：光子与半导体的相互作用很弱，看起来像直接透过半导体（图 6-3）。

$E_{ph}=E_g$：光子刚好具有足够的能量来产生电子-空穴对（图 6-4）。光子被半导体材料吸收后，使价带中的电子刚好可以被激发到导带，从而导带中增加一个电子，价带中由于电子的跃迁产生一个可视为带正电荷的空穴，即光生载流子、电子-空穴对的生成。

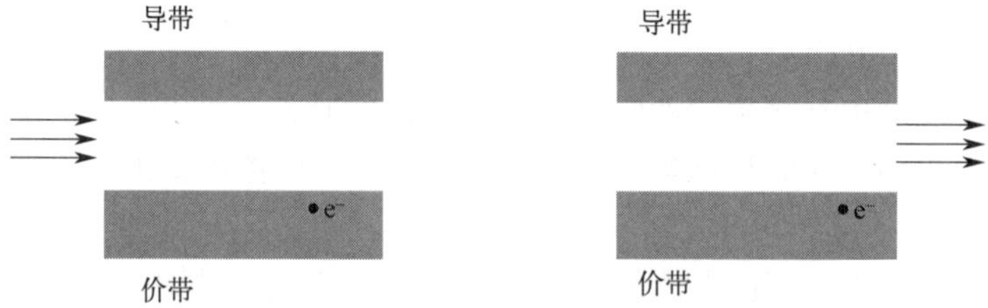

图 6-3 光与半导体相互作用（$E_{ph}<E_g$）

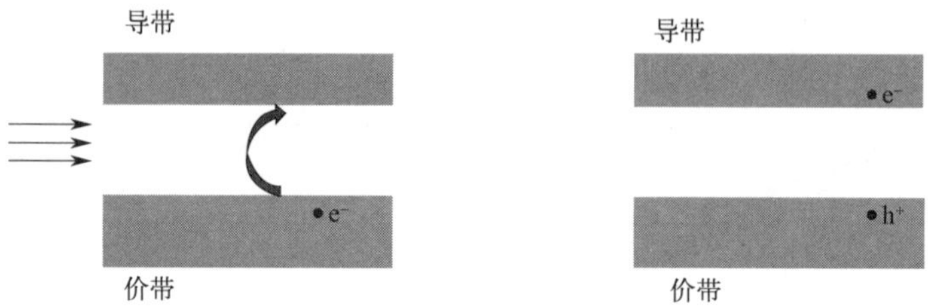

图 6-4 光与半导体相互作用（$E_{ph}=E_g$）

$E_{ph}>E_g$：光子被强烈吸收。价带中的电子被大于带隙的光子能量激发到导带，由于电子快速热化回到导带边缘，多余的能量以热或声子的形式释放（图 6-5）。

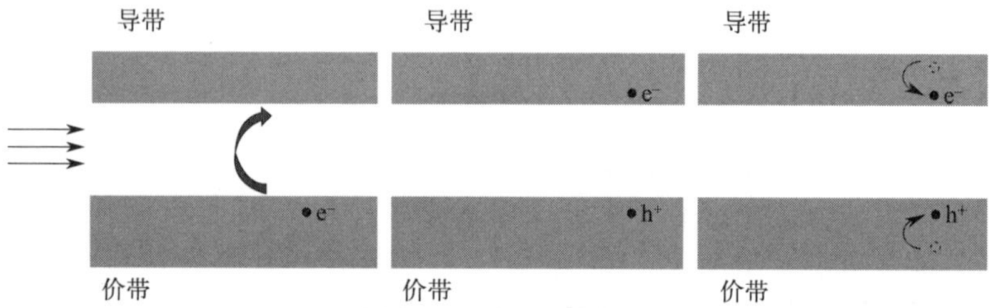

图 6-5 光与半导体相互作用（$E_{ph}>E_g$）

不同半导体材料具有不同的吸收系数。通常，具有更高吸收系数的材料更容易吸收光子。光子吸收后会产生多数载流子和少数载流子。

人类对太阳能转换为电能的研究最早可以追溯到 1839 年，Edmond Becquerel 在对由两个金属电极组成的电解池进行实验时发现了光伏效应；Charles Fritts 在 1883 年制造出第一个“真正意义上”的固态光伏电池；随后，太阳能电池技术开始高速发展。在发展过程中，通常将太阳能电池分为三代。

① 第一代硅基太阳能电池

20 世纪 50 年代，Daryl Chapin 等在贝尔实验室制备出第一块基于硅的光伏电池，并展示出 4%的光电转换效率。这一类电池主要是基于单晶硅或多晶硅材料，技术成熟、光电转换效率相对较高。目前，硅基太阳能电池技术在光伏市场占据主导地位，占市场份额 90%以上。同时，随着科学技术的不断改进，硅基太阳能电池实验室效率甚至达到 26%，制备成本与最初相比也显著降低。

② 第二代多元化合物薄膜太阳能电池

薄膜太阳能电池主要包括砷化镓（GaAs）、铜铟镓硒（CIGS）、碲化镉（CdTe）等类型太阳能电池。该类电池可以大幅减少原材料消耗，成本比硅片技术更低；同时，活性材料具有灵活性等新功能，允许特殊的应用；此外，该类电池光电转换效率较高，特别是单结 GaAs 太阳能电池可达到 28%～30%，是目前有良好应用前景的太阳能电池之一。然而，这类电池使用的材料部分元素具有毒性或储量稀少，限制了其实际批量生产规模及后续全方位应用。

③ 第三代新型太阳能电池

第三代新型太阳能电池主要包括钙钛矿太阳能电池、染料敏化太阳能电池、有机太阳能电池、量子点太阳能电池等。新一代太阳能电池大多还处在实验室研发及企业融资阶段。这类电池发展时间较短，但具有转换效率高、成本低、寿命长等优点。第三代太阳能电池发展潜力大，应用前景广阔。

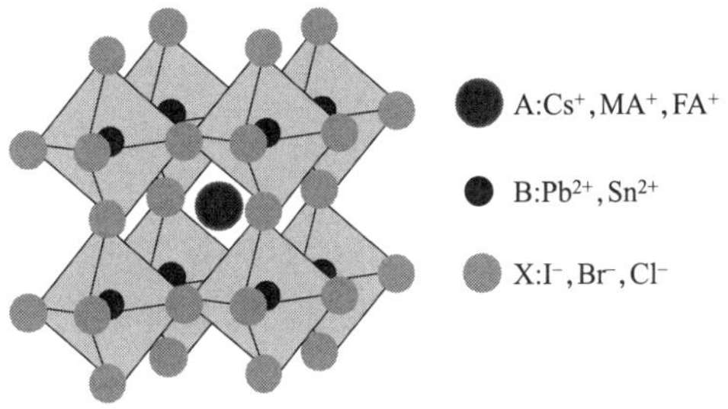

图 6-6　钙钛矿晶体结构

目前，以有机-无机杂化钙钛矿（以下简称为钙钛矿）太阳能电池为代表的第三代新型薄膜太阳能器件，由于低成本、低能耗、材料来源广泛且环境友好等特点，表现出极富潜力的应用前景。钙钛矿太阳能电池是一种利用钙钛矿型有机金属卤化物半导体作为吸光材料的太阳能电池。钙钛矿晶体为 ABX_3 结构（图 6-6），一般为立方体或八面体结构。在钙钛矿晶体中，B 离子位于立方晶胞的中心，被 6 个 X 离子包围成配位立方八面体，配位数为 6；A 离子位于立方晶胞的角顶，被 12 个 X 离子包围成配位八面体，配位数为 12，其中，A 离子和 X 离子半径相近，共同构成立方密堆积。钙钛矿太阳能电池中，A 一般是 Cs^+ 无机阳离子或甲脒阳离子［$CH(NH_2)_2^+$、FA^+］、甲胺阳离子（$CH_3NH_3^+$、MA^+）等有机阳离子；B 离子指的是金属阳离子，主要有 Pb^{2+} 和 Sn^{2+}；X 离子为卤族阴离子，即 I^-、Cl^- 和 Br^-。钙钛矿太阳能电池的结构主要分为介孔结构和平面结构。介孔型钙钛矿太阳能电池发展最早、效率最高、材料和工艺最成熟，也是目前普遍研究的一类钙钛矿太阳能电池。最近华中科技大学韩宏伟课题组制备了一类新型介孔钙钛矿太阳能电池，其最高能量转换效率达 22.1%。

尽管钙钛矿太阳能电池展现出巨大的应用潜力，但其在稳定性和晶体结构方面的问题仍是制约其发展的关键因素。a. 定性挑战：钙钛矿材料对外部环境条件极为敏感，尤其是空气、湿度和温度变化，这些都可能导致其性能快速衰退。空气中的水分、氧气以及紫外线辐射都可能引发钙钛矿结构的分解或化学性质的改变，从而影响电池的长期稳定性和使用寿命。因此，如何开发有效的封装技术和表面处理策略，以隔绝外部环境的影响，成为当前研究的重点。b. 晶体结构问题：钙钛矿太阳能电池的晶体质量直接决定了其光电转换效率和稳定性。然而，在实际制备过程中，杂质引入、晶界缺陷、相分离等问题时有发生，这些都会破坏晶体的完整性，降低载流子的迁移率和寿命，从而影响电池性能。因此，优化晶体生长条件、控制杂质含量、设计更稳定的晶体结构，是提升钙钛矿太阳能电池性能的关键所在。

面对挑战，科研人员正以前所未有的热情投入钙钛矿太阳能电池的研究中，探索解决之道。一方面，通过材料科学与化学工程的交叉融合，开发新型稳定剂、改性添加剂，以及优化合成工艺，以期提高钙钛矿材料的稳定性和晶体质量。另一方面，利用先进的表征技术和计算方法，深入揭示钙钛矿太阳能电池的工作机制，为设计更高效、更稳定的电池结构提供理论依据。此外，跨学科合作也是推动钙钛矿太阳能电池发展的关键。物理、化学、材料科学、电子工程等领域的专家携手合作，共同攻克技术难题，加速钙钛矿太阳能电池从实验室走向市场的进程。2022 年，南京大学运用涂布印刷、真空沉积等技术，在国际上首次实现了大面积全钙钛矿叠层光伏组件的制备，开辟了大面积钙钛矿叠层电池的量产化、商业化的全新路径。经国际权威第三方测试机构认证，该组件稳定的光电转换效率高达 21.7%，是当时所报道的钙钛矿光伏组件的世界最高效率，被《太阳电池效率表》收录。2022 年 10 月 18 日，宁德时代新能源科技股份有限公司“钙钛矿太阳能电池及其制备方法、用电设备”专利公布。该专利发明方法提高了钙钛矿材料的化学稳定性能，从而可提高钙钛矿太阳能电池器件的热稳定性，进一步提高钙钛矿太阳能电池的效率和使用寿命。2024 年 8 月，北京理工大学等国内单位科研团队合作，成功突破钙钛矿/晶硅叠层太阳能电池制备技术难题，并开发出光电转换效率达 32.5%、具有长期运行稳定性的钙钛矿/晶硅叠层太阳能电池。

(2) 人造光合作用

光合作用广泛存在于自然界，通常是指绿色植物（包括藻类）叶绿体吸收光能，把二氧化碳和水合成富能有机物，同时释放氧气的过程。人工实现这一过程却绝非易事，主要的问题在于缺少有效的电解水的媒介，在植物中充当这一媒介的是叶绿体。人工光合作用的理念就是用更简单的化学反应来更快更高效地实现太阳能或者其他可再生能源的储存，来替代植物的长周期、低效率且产品单一的光合作用。人工光合作用的终极目标就是直接利用太阳能，将水和二氧化碳转化产出燃料（如氢气、汽油等），并且确保成本经济性。人工光合作用既可解决能源短缺问题，又可实现二氧化碳零排放，大幅缓解环境压力，为人类社会发展提供新的动力。目前研究最为普遍的人造光合作用是以下三个反应。

反应一：水＋太阳能⟶氢气＋氧气。

氢气具有高能量密度、燃烧产物清洁无污染等优点，是未来重要的可再生清洁能源之一。氢气的主要来源是灰氢，主要来自化石能源制氢，且多用作工业原料，能源化利用水平尚待提升。基于清洁低碳发展的需要，未来氢能供给的转型主要应朝着蓝氢和绿氢方向发展。以水作为原料通过人工光合作用制氢，极具市场效益和环境效益。人工光合作用在制氢领域主要有直接法和间接法两个大类：直接法是把光伏材料和水裂解催化剂直接结合起来实现太阳光直接分解水制备氢气（图 6-7）；间接法是利用太阳光发电，然后电解水制氢。两种策略各有优缺点，适合不同的应用范畴，但有一个共同的瓶颈，即开发廉价的水裂解催化剂。目前水裂解催化剂主要是贵金属如 Pt 和 Ir 等，其昂贵的价格限制了水分解制氢的发展。

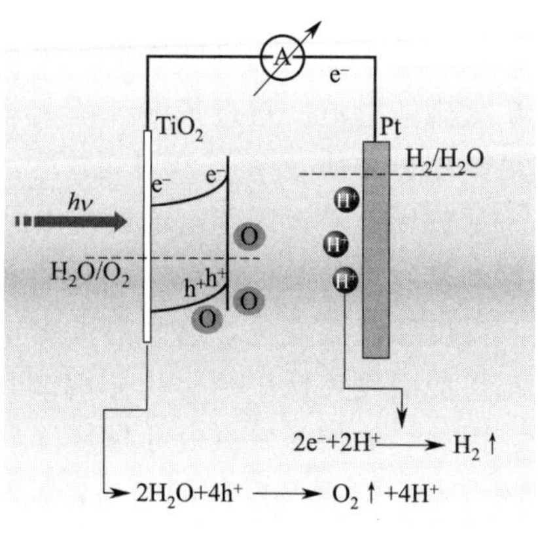

图 6-7 直接法光电催化水分解制备氢气原理

反应二：二氧化碳＋水＋太阳能⟶碳氢化合物＋氧气。

该反应最大程度复制了自然界的光合作用，区别是我们不瞄准碳水化合物，而是选择能量值更高的碳氢化合物，即类似汽油等化石能源的产品（图 6-8）。人类社会是碳基文明，不仅需要碳基食物，很多工业原料也是基于碳材料，各类碳材料制品也在我们生活中无处不在。因此，实现第二个反应对人类文明的延续是具有关键意义的。畅想下未来的太空移民，我们不仅可以利用这个反应制造粮食，还可以产出我们赖以生存的氧气。

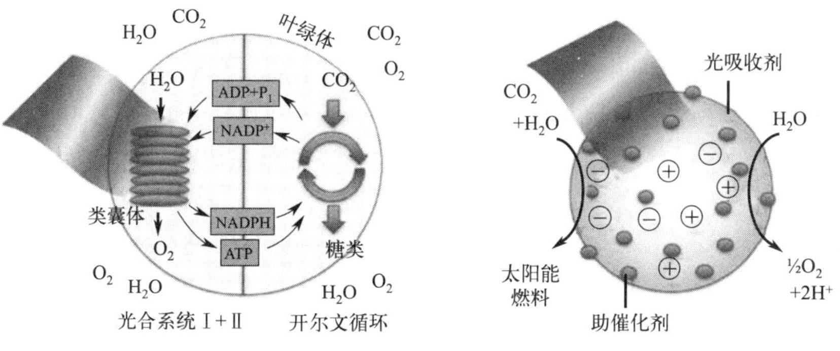

(a) (b)

图6-8 自然界光合作用（a）和人工光合成（b）

光照下，光催化剂吸收光子并产生光生电子-空穴。在半导体内部电场的作用下产生的光生电子和空穴发生分离。光生电子吸收能量跃迁到能态更高的导带，而具有氧化性的空穴留在价带。光生电子能够参与 CO_2 的还原反应，并将 CO_2 转化为各种产物，如CO或碳氢化合物等。通常价带中残留的空穴具有高活性，能够参与副反应从而导致整体效率降低。因此将牺牲剂引入系统中使其与光生空穴发生反应，能够防止不必要的副反应发生，以减少电子和空穴的复合，避免光生电子被生成的空穴或水中产生的氧气再氧化。常见的牺牲剂包括醇或其他易氧化的化合物，如 H_2O_2、Na_2SO_3/Na_2S 和三乙醇胺等。在光催化转化过程中，光催化剂是整个过程的核心，决定着 CO_2 转化的效率，也决定着产物的收率和选择性。目前几种常见的光催化剂，主要包括金属氧化物、复合金属硫化物、聚合物材料和金属有机骨架化合物（MOFs）材料等。光催化过程是依赖于光驱动的化学反应，不同的催化剂和反应条件将产生不同的特定产物，具体产物的差异源于反应的机制（表6-3）。

表6-3 部分非金属或金属负载半导体光催化剂复合材料用于 CO_2 还原

光催化剂	主要产物	光催化活性
$m\text{-}CeO_2/g\text{-}C_3N_4$①	CH_4+CO	CH_4:13.88μmol/(h·g);CO:11.8μmol/(h·g)
$SrCO_3/SrTiO_3$	CO	CO:23.82(100)μmol/(h·g)
Fe_2O_3/Cu_2O	CO	5.0μmol/g
$Cu_2ZnSnS_4\text{-}ZnO$	CH_4	138.90μmol/(L·g)
$TiO_2\text{-}SiO_2$	CH_4	2.42μmol/g
Cu/TiO_2	CH_3OH	1.8μmol/(cm^2·h)
硫掺杂 $g\text{-}C_3N_4$	CH_3OH	1.12μmol/g
ZnPc②/TiO_2	HCOOH	978.6μmol/g
GO③-TiO_2	CH_3OH/C_2H_5OH	[47.0μmol/(h·g)]/[144.7μmol/(h·g)]
Bi_2S_3	$HC(O)OCH_3$	300.94μmol/g

①$m\text{-}CeO_2$ 是介孔氧化铈，$g\text{-}C_3N_4$ 是石墨相氮化碳；②ZnPc是酞菁锌；③GO是指氧化石墨烯。

液态阳光即“清洁甲醇”和“绿色甲醇”，是指生产过程中碳排放极低或为零时制得的甲醇，实质上就是利用太阳能等可再生资源将水和二氧化碳转化为液体燃料。把太阳能装进瓶子里，随处携带，随时取用，是人类一直以来的美好梦想。奈何太阳能受天气影响较大，不可控因素较多，因此该梦想很长时间以内无法实现。近年来，人类终于找到了太阳能的最佳载体——甲醇。从古至今，人类利用太阳能制备甲醇的道路曲折而坎坷。甲醇以其来源不同可划分为五代（图 6-9），分别是煤制甲醇（第一代）、煤气或页岩气制甲醇（第二代）、以极低排放或零排放技术用煤或气制甲醇（第三代）、生物质制甲醇（第四代）、以二氧化碳和水通过人工光合作用合成甲醇（第五代）。其中，后三代甲醇统称为“清洁甲醇”，后两代甲醇统称为“绿色甲醇”。第五代甲醇的生产过程中，水经太阳光光解制氢，空气中的二氧化碳加氢生成甲醇。该过程零污染零排放，并且可形成循环，是迄今为止人类制备甲醇最清洁环保的方式之一，值得大力推广。

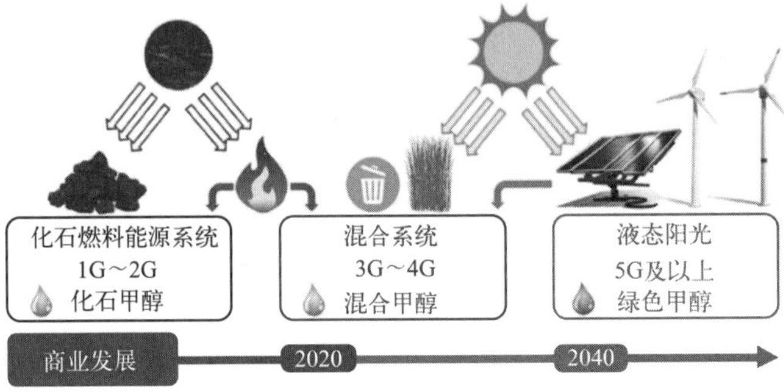

图 6-9　五代甲醇的发展历程

2001 年，我国科研人员李灿院士带领团队开始从事“人工光合成太阳燃料”的研究，具体分为三步（图 6-10）：第一步就是要把光变成能量，目前可以采用光伏发电的形式；第二步就是电解水制氢；第三步就是二氧化碳加氢制甲醇。他们测算电解水制氢每吨氢相当于储存 3.3 万 kW·h 的电，将电能转换成化学能是最有效的化学储能方式。与煤炭和石油相比，二氧化碳与氢气制甲醇燃料具有燃烧清洁、温室气体排放少的特点。如以甲醇代替煤炭作为燃料，排放的 $PM_{2.5}$ 将减少 80%以上，氮氧化物减少 90%以上。假设每吨甲醇需转化 1.375t 二氧化碳，而我国每年的甲醇产能约为 8000 万 t，若全部应用“液态阳光”技术路线，则可转化上亿吨二氧化碳。同时，合成 1t 甲醇可储电约 8000kW·h，这意味着该路线也可作为规模化化学储能的技术手段。

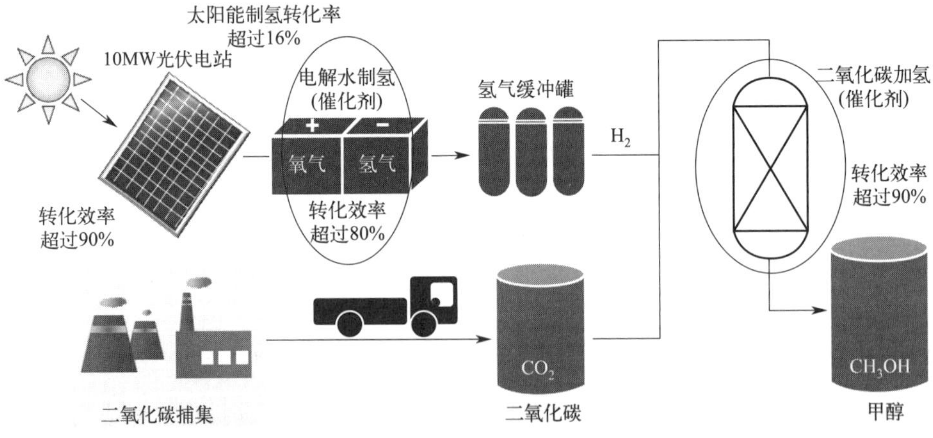

图 6-10　李灿院士团队开发的液态阳光工程示意图

经过近 20 年攻坚克难，终于在 2017 年 10 月，李灿团队取得了二氧化碳加氢制甲醇技术突破，开发了一种二元金属氧化物 $ZnO-ZrO_2$ 固溶体催化剂，实现了二氧化碳高选择性高稳定性加氢合成甲醇。当时的研究测试表明，在接近实际工业化条件下，二氧化碳单程转化率超过 10%时，甲醇选择性仍保持在 90%左右，该成果发表在《科学进展》上，引发了国内外同行的高度关注。可再生能源规模化电解水制氢有望实现规模化、低能耗、高稳定性三者的统一。一般来说，电解水催化剂能效提升 10%～20%，可使制氢成本降低 30%～50%；发展耐强酸、强碱的材料，能够使装置的使用寿命达到 5 年以上，大大降低电解槽更新换代成本；同时，电解水制氢装置与下游规模化应用市场匹配后，可减少工业用地，制氢成本将进一步下降。利用可再生能源分解水制绿氢，进而转化二氧化碳制液态阳光甲醇，实现二氧化碳规模化转化利用，完成“碳达峰、碳中和”目标。2020 年 10 月 15 日在兰州新区，全球首套千吨级“液态太阳燃料合成示范项目”通过了中国石油和化学工业联合会组织的科技成果鉴定，这意味着“液态阳光”技术迈出实验室，朝工业化的方向走出决定性的一步，这是我国第一个液态阳光项目。

反应三：氮气＋水＋太阳能$\longrightarrow$液氨＋氧气。

作为关键的基础化工原料和潜在的清洁能源载体，NH_3 在支撑人类社会的农业生产和工业发展方面发挥了重要作用。自 20 世纪初以来，Haber-Bosch 工艺成为工业生产 NH_3 的主流工艺，铁基催化剂在高温（350～450℃）和高压（150～200atm，1atm＝1.013×10^5Pa）条件下，将 N_2 和 H_2 合成 NH_3。然而，该工艺的苛刻条件导致其消耗了全球约 2%的能源，并产生了超过全球 1%的碳排放。尽管工业产 NH_3 工艺已经尝试与新型煤化工和制氢技术联用，以期提高能源利用效率和降低碳排放，但高能耗与高污染的现状依然没有显著改善。探索温和、高效、可持续的 N_2 还原反应受到广泛关注。

众所周知，N_2 还原为 NH_3 的过程需要克服巨大的热力学和动力学挑战。N_2 分子与催化剂表面的吸附和结合能力弱，对催化剂的合理设计提出了更高的要求。天然固氮酶能够在环境温度和压力下高效地完成固氮过程，这引发了研究人员对天然固氮酶结构组成和电子特性的关注，以设计具备高效、稳定性能的人工固氮催化剂。人工光合固氮均相体系需要协调光敏剂、催化剂和质子源之间的热力学性质。均相人工固氮体系通过调控金属和配体结构实现了 N_2 的催化转化，但其反应效率和选择性仍有待提升。光合固氮均相体系的研究亟需通过优化光敏剂与催化剂之间的协同作用和电子转移路径来提升反应性能。同时，还需设计更多类型的高效固氮催化剂，探索 N_2 向高附加值产物的转化方案。多相催化剂的反应界面与均相分子催化剂存在显著差异，但二者在催化原理上的一致性为多相催化体系的优化设计提供了重要指导。通过精准定制界面反应位点、优化固氮过程，进一步加速界面活性位点对 N_2 的吸附与活化效率，显著提升催化性能。

6.1.3 太阳能固碳技术

温室气体二氧化碳，正成为人类很多烦恼的源头。除了转变能源获取方式，减少使用石油、煤炭、天然气等富碳燃料外，另辟蹊径，把人类排放的 CO_2“捕捉”起来也是碳减排的重要举措。植物的光合作用是自然界最大规模利用太阳能固定 CO_2 的反应，是地球上生物固碳的引擎（图 6-11）。2024 年 6 月，位于南京栖霞区的国家能源集团电科院申请的实用新型专利“一种生物固碳系统”获国际授权，为推进 CO_2 捕集利用提供了新的选择。该专利将捕集的 CO_2 通过曝气器在水中进行曝气，为固碳植物提供充足的碳源，通过光合作用

对 CO_2 进行生物固碳，促进固碳植物生长，提高光合作用效率；同时利用光催化材料在光照条件下产生的絮凝作用，改善水质环境，为固碳植物提供更加良好的光照条件，进一步提高生物固碳效率。目前，该研究成果已经获得国内、国际专利双授权认证。

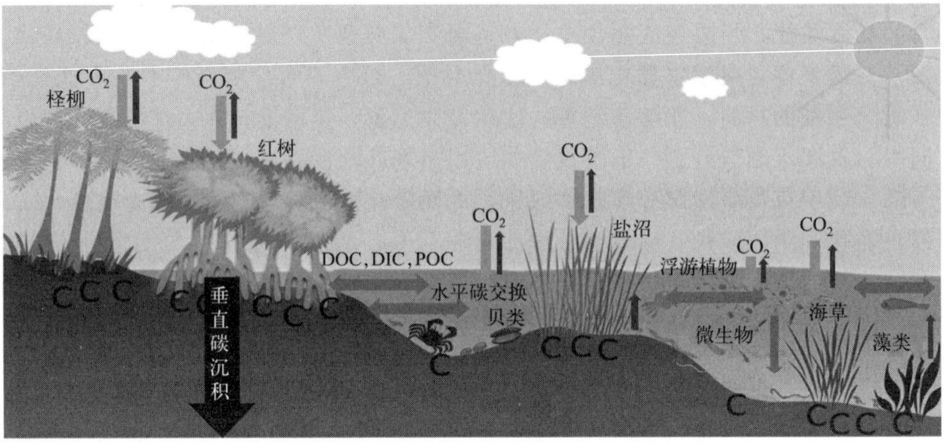

图 6-11 生物固碳示意图

（DOC 为溶解有机碳；DIC 为溶解无机碳，POC 为颗粒有机碳）

6.2 风能

6.2.1 风能概述

风能是一种可再生能源。风能具体指的是地球表面大量存在的空气流动所产生的动能。这种动能可以通过特定的技术转换为电能或其他形式的可利用能源。风是地球上的一种自然现象，它是由太阳辐射热引起的。太阳照射到地球表面，地球表面各处受热不同，产生温差，从而引起大气的对流运动形成风。风能资源取决于风能密度和可利用的风能年累积时间(h)。风能密度是单位迎风面积可获得的风的功率，与风速的三次方和空气密度成正比关系。风能是一种清洁、安全、可再生的绿色能源，利用风能对环境无污染，对生态无破坏，环保效益和生态效益良好，对于人类社会可持续发展具有重要意义。国家对风能的开发利用给予了高度重视。专家们估计，风中含有的能量，比人类迄今为止所能控制的能量高得多。全世界每年燃烧煤炭得到的能量，还不到风力在同一时间内所提供给我们的能量的 1%。据估计到达地球的太阳能中虽然只有大约 2%转换为风能，但其总量仍十分可观。全球的风能约为 2.74×10^9MW，其中可利用的风能为 2×10^7MW，比地球上可开发利用的水能总量还要大 10 倍。据估算，全世界的风能总量约 1300 亿 kW，中国的风能总量约 16 亿 kW。风能资源受地形的影响较大，世界风能资源多集中在沿海和开阔大陆的收缩地带，如美国的加利福尼亚州沿岸和北欧一些国家，中国的东南沿海、内蒙古、新疆和甘肃一带风能资源也很丰富。中国东南沿海及附近岛屿的风能密度可达 300W/m^2 以上，3～20m/s 风速年累计超过 6000h。内陆风能资源最好的区域，沿内蒙古至新疆一带，风能密度也在 200～300W/m^2，3～20m/s 风速年累计 5000～6000h。这些地区适于发展风力发电和风力提水。我国建有四大风力发电场，即新疆达坂城风力发电站、内蒙古辉腾锡勒风电场、浙江临海括苍山风电场和甘肃酒泉千万千瓦级风力电场。其中新疆达坂城风力发电站（图 6-12），当时无论是单机容量还是总装机容量，均居全国第一。

图 6-12 新疆达坂城风力发电站

6.2.2 风能的利用

我国是世界上最早利用风能的国家之一，可以追溯到公元前。从 1920 年起，人们开始研究利用风力机作大规模发电。1931 年，在苏联的 Crimean Balaclava 建造了一座 100kW 容量的风力发电机，这是最早商业化的风力发电机。1978 年我国将研制风电设备列为国家重点科研项目后，先后研制生产了微型和 1～200kW 风电机组，至今已经建成了一批大型风力发电场。风电技术作为一门不断发展和完善中的多学科的高新技术，通过技术创新、提高单机容量、改进结构设计和制造工艺以及减轻部件重量、降低造价，优势和经济性必将日益显现出来。

把风的动能转变成机械动能，再把机械能转换为电力动能，这就是风力发电。

风力发电所需要的装置，称作风力发电机组。风力发电的原理，是利用风力带动风车叶片旋转，再透过增速机将旋转的速度提升，来促使发电机发电（图 6-13）。风力发电机是集空气动力、电机制造、液压传动和计算机自动控制为一体的综合性技术。风力发电机大致由以下几个子系统组成：桨叶、增速齿轮箱、发电机、塔架控制设备、电缆、地面支撑设备和各子系统连接设备。风轮是把风的动能转变为机械能的重要部件，它由两只（或更多只）螺旋桨形的叶轮组成。当风吹向桨叶时，桨叶上产生气动力驱动风轮转动。桨叶的材料要求强度高、重量轻，目前多用玻璃钢或其他复合材料（如碳纤维复合材料）来制造。由于风轮的转速比较低，而且风力的大小和方向经常变化，这又使转速不稳定。所以，在带动发电机之前，还必须附加一个把转速提高到发电机额定转速的齿轮变速箱，再加一个调速机构使转速保持稳定，然后再连接到发电机上。由于风向经常变化，为了有效地利用风能，要有迎风装置，它根据风向传感器测得的风向信号，由控制器控制偏航电机，驱动与塔架上大齿轮咬合的小齿轮转动，使机舱始终对风。铁塔是支承风轮、尾舵和发电机的构架。它一般修建得比较高，为的是获得较大的和较均匀的风力，又要有足够的强度。铁塔高度视地面障碍物对风速影响的情况，以及风轮的直径大小而定，一般在 6～20m 范围内。风电机组整体设计、叶片的材料和加工技术、自动化控制系统、液压和传感技术是风机制造的关键，也是国产化进程中的重点和难点。

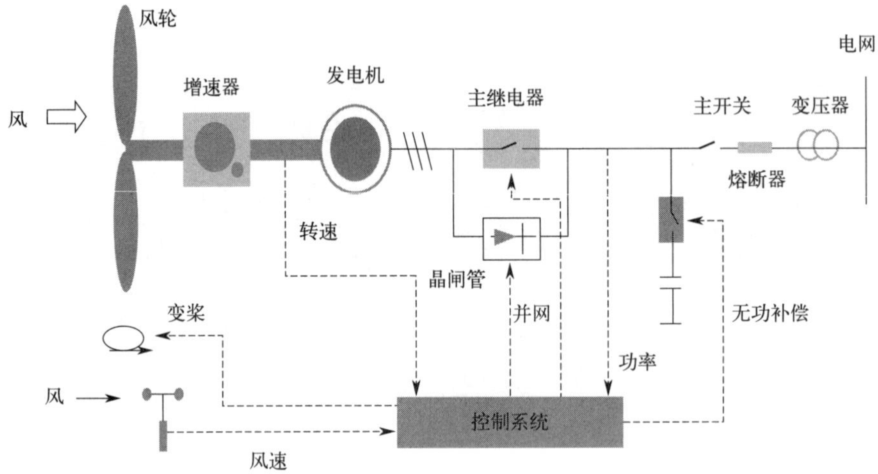

图 6-13 风力发电原理图

6.2.3 风力发电

自 2012 年以来，在国家政策的大力支持下，中国风电产业发展取得举世瞩目的成就，建成全球最大的风电市场，技术实力领跑各国，开发布局不断优化，在应对气候变化、推动经济发展、带动就业等方面的价值开始全面显现（图 6-14）。中国风电新增装机容量与累计装机容量连续多年居各国之首，在全球所占的份额超过 50%。近年来我国风能发电持续增长，2024 年风电新增并网装机容量约 8800 万 kW，截至 2024 年底，风电累计并网装机容量约 5.3 亿 kW，风电累计并网装机容量在电源结构中占比超 15%。当前，风力发电是继火电、水电之后的第三大主力电源，正向主体能源方向迈进。过去十年，中国风电机组向着大型化方向加速发展，成为推动风电成本下降的一条主要路径。

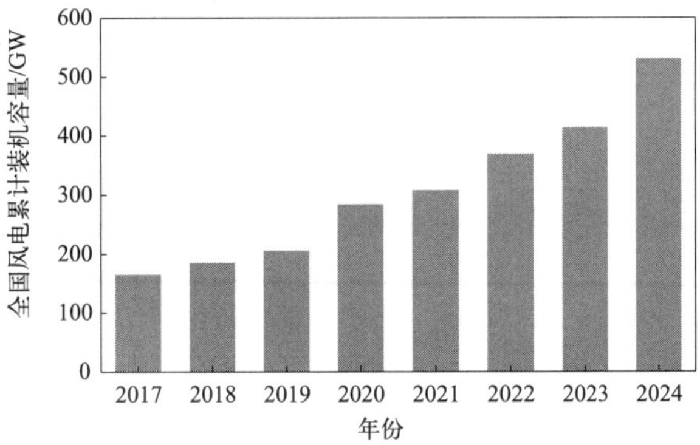

图 6-14 我国 2017—2024 年风力发电量情况

近些年，新一代信息技术被广泛应用于风电产业之中，数字化、智能化成为风电产业发展的主要趋势之一。我国已经具备大兆瓦级风电整机、核心部件自主研制能力，机组制造基本上实现了系列化、标准化和型谱化，单机容量达到目前全球最大的 26MW 级别。我国研制的丰富机型谱系能够很好地满足低风速、高海拔、低温、高温等各种环境和风况条件的开发需求。随着中国海上风电跨越式发展，深远海将成为主战场，技术已经成为决定海上风电竞争力的关键因素。中国风电企业通过联合攻关，已经在漂浮式海上风电技术方面取得突破，多家企业推出了样机。2021 年底，中国首个漂浮式海上风电平台“三峡引领号”在广东阳江海上风电场成功并网发电。这是当时国际上机位水深最浅、抗台风等级最高、所受风电机组载荷最大、设计难度最大的漂浮式海上风电平台结构。近年来，我国海上风电实现了跨越式发展，累计装机从 2018 年的不到 500 万 kW 增长到 2023 年的 3770 万 kW，占全球总装机容量的 50%，成为全球最大的海上风电市场。

6.3　生物质能

6.3.1　生物质能概述

生物质是指通过光合作用而形成的各种有机体，包括所有的动植物和微生物。广义概念上的生物质包括所有的植物、微生物以及以植物、微生物为食物的动物及其生产的废弃物。有代表性的生物质如农作物、农作物废弃物、木材、木材废弃物和动物粪便。狭义概念上的生物质主要是指农林业生产过程中除粮食、果实以外的秸秆、树木等木质纤维素（简称木质素），农产品加工业下脚料，农林废弃物及畜牧业生产过程中的禽畜粪便和废弃物等物质（图 6-15）。而所谓生物质能就是太阳能以化学能形式储存在生物质中的能量形式，即以生物质为载体的能量。

图 6-15　一些典型的生物质实物图

据估计，地球上每年植物光合作用固定的碳达 2×10^{11} t，含能量达 3×10^{21} J。地球每年经光合作用产生的物质有 1730 亿～2200 亿 t，其中蕴含的能量相当于全世界能源消耗总量的 10～20 倍，但目前的利用率不到 3%。预计到 2050 年，生物燃料可占到交通运输燃料总量的 27%，持续生产后每年可避免 21 亿 t 二氧化碳排放，成为交通行业重要的减排源。生物质硫含量和氮含量低，生物质燃烧过程中排放的 SO_x 和 NO_x 较少，对环境更为友好。此外，生物质作为燃料时通过植物光合作用可以实现碳循环，可有效地减轻温室效应。

从组成上生物质可大致分为木质纤维类生物质和非木质纤维类生物质两种，前者的组成部分主要为纤维素、半纤维素和木质素等（图 6-16），而后者的组成部分则主要为碳水化合物、蛋白质和脂质等。《关于加快构建废弃物循环利用体系的意见》中提出，需推进废弃物能源化利用，完善农业废弃物收集体系，建立健全畜禽粪污收集处理利用体系、秸秆收储运体系等，稳步推进生物质能多元化开发利用。可见，生物质能是可就地开发利用的清洁可再生能源，是推动农村能源革命、助力乡村振兴的重要实施路径。

生物质能源化利用技术是指生物质通过物理转化、化学转化及生化转化等过程，形成不同形态的生物燃料的技术（图 6-17）。目前，部分发达国家已形成与产业链相关的成熟技术体系，而中国也在不断借鉴并发展相应的新型技术体系，日趋完善适应当下国情的生物质能产业模式。生物质能的利用技术大体上分为三大类：

① 燃烧发电技术。是最简单、最原始且普遍使用的方式，它的能量转换的形式是生物质能转换为热能或电能。传统的直接燃烧，不仅利用效率低，还严重污染环境。利用现代化锅炉技术直接燃烧和发电，美国装机容量已达 7500kW。

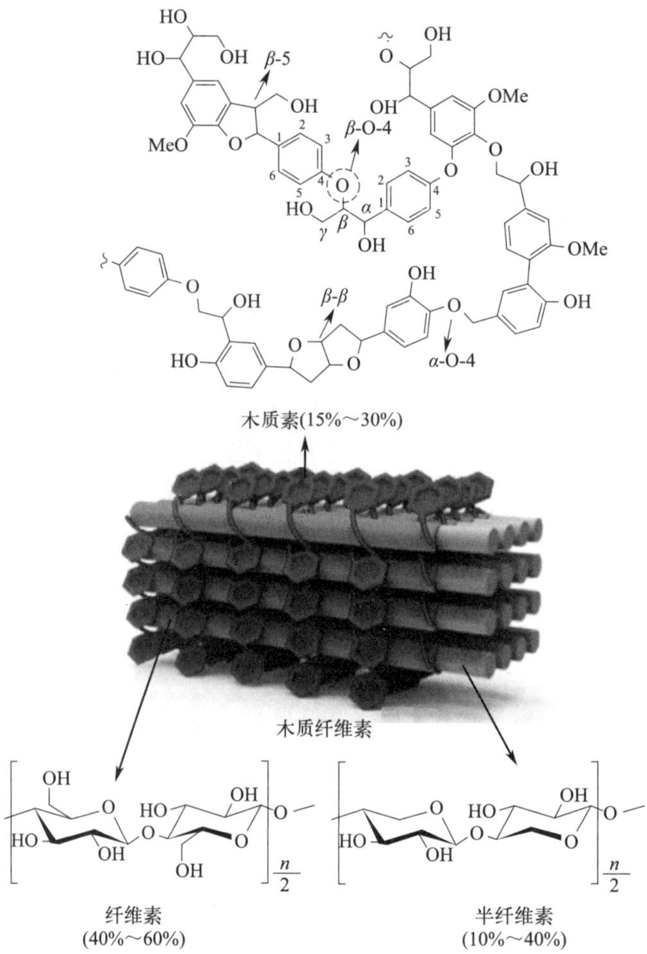

图 6-16 木质纤维素主要成分及结构

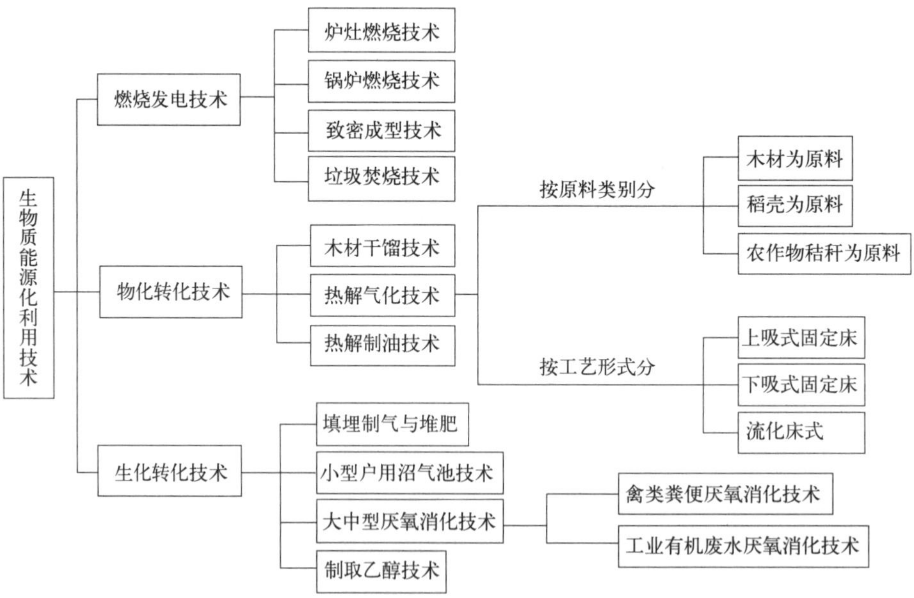

图 6-17 生物质能源化利用技术

② 物化转化技术。包括干馏、气化成燃气以及热解成生物质油。热解和气化是在高温无氧或贫氧的条件下，将生物质从低品位转化为高品位的生物能源。气化技术可将生物质中的碳在高温条件下，通过水蒸气、氮气、氧气、二氧化碳等气化介质，生成含氢量较高的可燃合成气、生物油、焦炭等，广泛用于供热、发电等领域。

③ 生化转化技术。主要利用厌氧消化和特种酶技术，将生物质转化成沼气或燃料乙醇。它的原理是利用微生物对生物质进行发酵，将生物质能转换为化学能，这种方法需要选取含有大量淀粉或者糖的生物质作为原料。

6.3.2 生物质发电

生物质发电是指利用农林废弃物、生活垃圾等生物质或沼气等二次能源作为燃料的热力发电过程。生物质发电是“双碳”背景下生物质能源化利用技术不可或缺的组成部分。发展生物质发电，实施煤炭替代，可显著减少二氧化碳和二氧化硫的排放，产生巨大的环境效益。与传统化石燃料相比，生物质属于清洁燃料，燃烧后二氧化碳排放属于自然界的碳循环，不形成污染。据测算，运营 1 台 2.5 万 kW 的生物质发电机组，与同类型火电机组相比，可减少二氧化碳排放约 10 万 t/a。数据显示，截至 2023 年底，我国生物质发电全国并网装机容量约 4414 万 kW，较上年增加 283 万 kW（图 6-18）。中国生物质发电市场规模在不断扩大，装机容量持续增长。从图 6-18 可以看出，2019—2023 年生物质发电新增装机均以垃圾焚烧发电为主，其中 2023 年占当年新增装机总容量比例高达 68%。发电量方面，2023 年我国生物质发电量约 1980 亿 kW・h，较上年增加 156 亿 kW・h。目前从事生物质热电联产或相似业务的上市公司主要有江苏新能、九洲集团、长青集团、韶能股份等。此外，国内主要发电企业如中国华能集团公司、中国大唐集团公司等也存在参与竞争生物质发电领域市场份额的巨大潜力。这些企业在生物质能领域具有不同的技术实力和市场份额，形成了多元化的竞争格局。

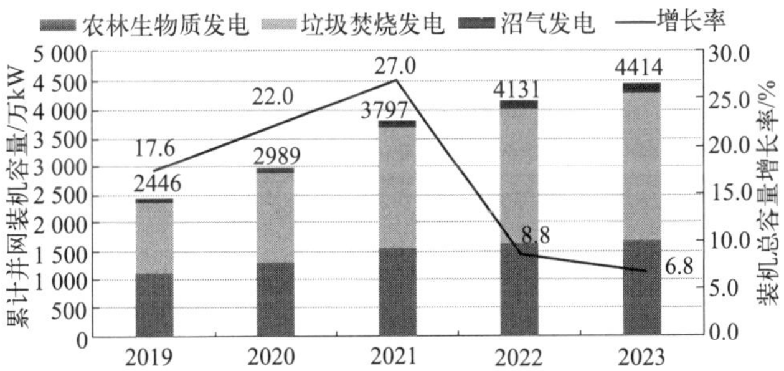

图 6-18　2019—2023 年生物质发电累计并网装机容量变化趋势

目前生物质发电主要技术包括：直接燃烧发电、混合发电、气化发电和沼气发电。生物质发电发展的技术中，混合发电技术是短期内在满足能源需求增长方面最有经济潜力的技术。而随着技术成本下降，气化技术会成为未来更有潜力的技术。另外，一个生物质电力的普遍应用是电热联产工厂，既提供热能，又提供电力。目前这些技术都已经基本发展成熟，各国都根据各自资源禀赋情况建设了一些生物质秸秆直接燃烧发电、生物质与煤共燃发电和沼气发电项目。

6.3.3 生物质燃气技术

生物质燃气技术是以生物质为原料经气化或厌氧发酵、净化提纯等手段，产出甲烷、氢气和一氧化碳等可燃性气体的技术。现有的生物质燃气技术主要包括生物发酵法、高温热解法、等离子体热解法、熔融金属气化法、超临界水气化法等。由于气化技术存在反应温度高、设备成本高和合成气处理困难等问题，在现阶段的产业化应用仍是以厌氧发酵方式产生生物天然气为主（图 6-19）。

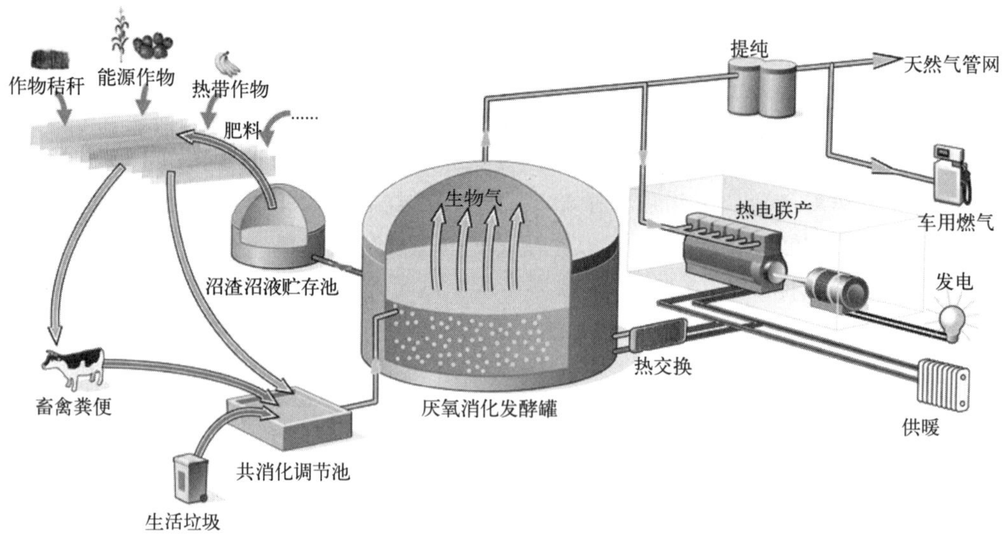

图 6-19 生物质燃气工程示意图

厌氧消化主要是把水中的生物质分解为沼气。沼气，顾名思义就是沼泽里的气体，是有机物质在厌氧条件下，经过微生物的发酵作用而生成的一种混合气体。沼气具有与天然气相似的特性。沼气除直接燃烧用于炊事、烘干农副产品、供暖、照明和气焊等外，还可作内燃机的燃料以及生产甲醇、福尔马林、四氯化碳等化工原料。经沼气装置发酵后排出的料液和沉渣，含有较丰富的营养物质，可用作肥料和饲料。沼气生产装置主要包括小型家庭沼气池、农村生活污水处理沼气工程、农村集体沼气工程和城市垃圾处理沼气工程。沼气利用的主要优点是提供的能源形式为沼气（CH_4），非常洁净，具有显著的环保效益；主要缺点是能源产出低，投资大，所以比较适用于以环保为目标的污水处理工程或以有机易腐物为主的垃圾的堆肥过程。

根据发酵原料和发酵条件的不同，所采用的发酵工艺也多种多样。一个完整的大中型沼气发酵工程，无论其规模大小，都包括了如下的工艺流程：原料（废水）的收集、预处理、消化器（沼气池）中的发酵、出料的后处理和沼气的净化、储存与利用等。

6.3.4 生物质制液体燃料

生物液体燃料是指生物质通过一系列技术制备成与石油组分相似的替代燃料，能直接用于当前的工业锅炉或燃油发动机，可作为生物质非电利用的多元化补充。当前，产业化运作液体生物燃料主要包括生物柴油和燃料乙醇。国际能源署发布的报告显示，巴西、印度及美国近 5 年的生物燃料年均增长率保持在 20%以上，巴西及美国还成功跻身全球四大生物燃料生产国。在长期战略方面，巴西、印度及美国三个国家先后对生物燃料的开发、管理、发展阶段及目标等做出明确指示。

我国生物燃料行业政策的发展历程呈现出从初步探索到逐步发展的过程。“十一五”规划中，鼓励燃料乙醇和生物柴油的生产；“十二五”规划提出加强下一代生物燃料技术的开发，新增生物燃气、生物制氢等生物能源支持政策；“十三五”规划强调低成本生物燃料的制备；“十四五”规划提出大力发展纤维素燃料乙醇等非粮生物燃料（图 6-20）。2024 年 5 月 29 日，国务院印发《2024—2025 年节能降碳行动方案》，方案进一步指出要合理调控石油消费，推广先进生物液体燃料、可持续航空燃料。

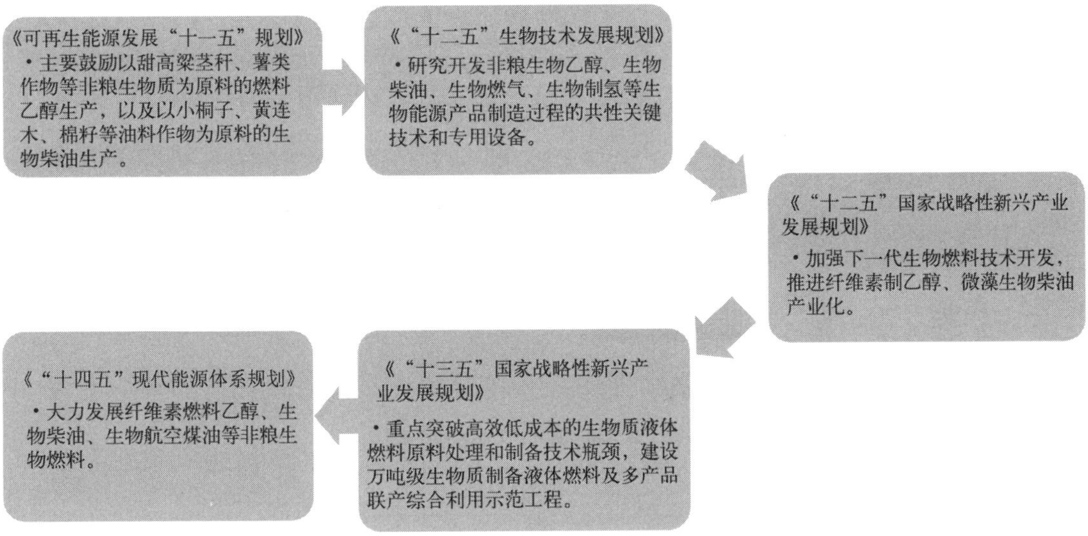

图 6-20　我国生物燃料行业政策发展历程

“双碳”目标背景下，这类具有良好“降碳”属性的生物液体燃料将成为重要减排方式，尤其是在交通运输领域发挥了巨大作用。第一代生物燃料是从用于食用的农作物中获得的，例如玉米、甘蔗或大豆。目前，市场上超过 90%的生物液体燃料是以粮食、糖类作物、可食用油料为原料的第一代燃料。生物乙醇和生物柴油是此类生物燃料的两个代表性例子。生物乙醇主要通过发酵富含糖或淀粉的农作物获得，并与汽油混合用于制造汽车燃料。生物柴油是由植物油或动物脂肪通过称为酯交换的化学过程制成的。尽管这些生物燃料在能源转型的第一阶段至关重要，但它们因与粮食生产竞争而受到批评，这可能会提高价格，并且在某些情况下，将大片农业土地用于生产，会导致森林砍伐和生物多样性丧失。第二代生物燃料比第一代生物燃料有了显著改进，因为它们的生产不会与人类营养竞争。这些生物燃料是从非食用木质纤维素原料中获得的，包括农业和林业废物，例如秸秆、纤维素废料、甘蔗渣。该过程中最常用的技术之一是生产纤维素生物乙醇，涉及使用酶和微生物对纤维素材料进行化学分解。与传统方法相比，该过程更加复杂，但通过为被视为废物的材料提供新用途，可以实现更大的生态可持续性。有了这些资源，我们就可以避免与粮食竞争的问题，此外，还可以利用需要较少水资源的边际土地和农作物。第三代生物燃料代表了可持续燃料生产的新领域，它利用微生物或藻类来生产石油和其他能源化合物。尤其是藻类，因为它们能够在包括咸水水体和废水在内的多种环境中生长，而无需竞争生产性农业用地，因此是一种很有前途的来源。当前，各大能源公司正在推进以微藻类生物为原料的第三代生物液体燃料的研发，探索利用藻类创造替代能源的可能性。

（1）生物柴油

生物柴油是指以油料作物（如大豆、油菜、棉花、棕榈等）、野生油料植物和工程微藻等水生植物油脂以及动物油脂、餐饮垃圾油等为原料油通过酯交换工艺或高温裂解法制成的可代替石化柴油的再生性柴油燃料，普遍用于拖拉机、卡车、船舶等（图 6-21）。生物柴油是生物质能的一种，其在物理性质上与石化柴油接近，但化学组成不同。生物柴油是含氧量极高的复杂有机成分的混合物，这些混合物主要是一些分子量大的有机物，几乎包括所有种类的含氧有机物，如酯、醚、醛、酮、酚、有机酸和醇等。复合型生物柴油是以废弃的动植物油、废机油及炼油厂的副产品为原料，再加入催化剂，经专用设备和特殊工艺合成。

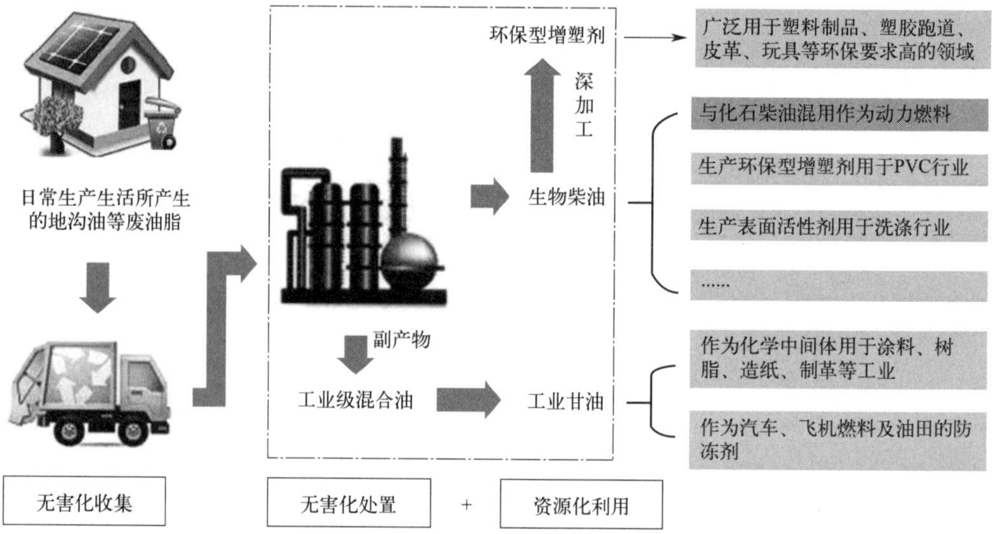

图 6-21 生物柴油产业链

生物柴油主要具有以下优点。①具有优良的环保特性：生物柴油与石化柴油相比含硫量低，使用后可使二氧化硫和硫化物排放大大减少。②低温启动性能：和石化柴油相比，生物柴油具有良好的发动机低温启动性能，冷滤点达到－20℃。③生物柴油的润滑性能比柴油好：可以降低发动机供油系统和缸套的摩擦损失，延长发动机的使用寿命，从而间接降低发动机的成本。④具有良好的安全性能：生物柴油的闪点高于石化柴油，它不属于危险燃料，在运输、储存、使用等方面的优势明显。⑤具有优良的燃烧性能：生物柴油的十六烷值比柴油高，因此燃料在使用时具有更好的燃烧抗爆性能，可采用更高压缩比的发动机以提高其热效率。⑥具有可再生性：生物柴油是一种可再生能源，其资源不会像石油、煤炭那样会枯竭。⑦具有经济性：使用生物柴油的系统投资少，原用柴油的引擎、加油设备、储存设备和保养设备无需改动。⑧可调和性：生物柴油可按一定的比例与石化柴油配合使用，可降低油耗，提高动力，减少尾气污染。⑨可降解性：生物柴油具有良好的生物降解性，在环境中容易被微生物分解利用。

生物柴油生产工艺主要有四种方法，具体如下：

① 直接混合法是指将植物油按照某种比例加入矿物柴油，加入燃油发动机中混合使用的方法。直接混合法简单方便，通常会降低矿物柴油的黏度，获得良好的动力性，能达到标定功率。

② 微乳液法是将植物油与溶剂、微乳化剂混合，或者添加表面活性剂降低生物燃油黏度，制成微乳状生物柴油的方法。微乳液法是克服植物油高黏度问题的一种替代方法。

③ 酯交换法是油脂（主要成分甘油三酯）和短链醇（甲醇或乙醇）在催化剂存在或超临界条件下进行反应，产生脂肪酸甲酯/脂肪酸乙酯和甘油（副产物）的方法（图 6-22）。

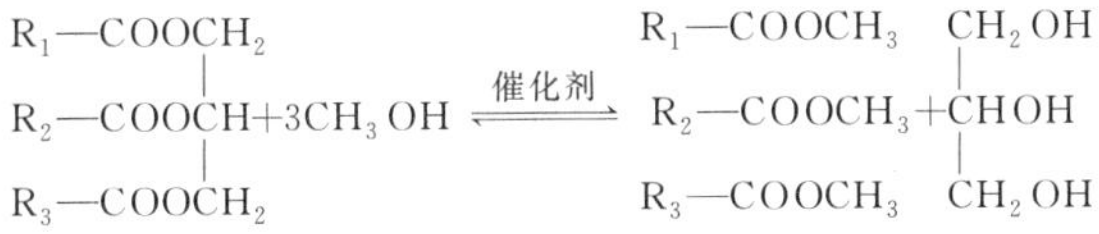

图 6-22　酯交换法制备生物柴油

④ 高温裂解法是在空气或氮气流中有催化剂或无催化剂下高温热解使油脂分子中的化学键断裂，产生与柴油化学成分及品质相近化学物质的方法。高温裂解过程简单，原料利用充分，没有污染物产生，但所用的设备昂贵，生产工艺复杂，反应产物难以控制，产物中有含量较高的不饱和烃，植物油中有利于燃烧的氧经高温裂解后会发生损失，转变成二氧化碳的形式。

(2) 燃料乙醇

燃料乙醇一般是指体积浓度在 99.5%以上的无水乙醇。燃料乙醇是燃烧清洁的高辛烷值燃料，是可再生能源。燃料乙醇生产技术主要有第一代和第二代两种。第一代燃料乙醇技术是以糖质和淀粉质作物为原料生产乙醇。其工艺流程一般分为五个阶段，即液化、糖化、发酵、蒸馏、脱水。第二代燃料乙醇技术是以木质纤维素质为原料生产乙醇。与第一代技术相比，第二代燃料乙醇技术首先要进行预处理，即脱去木质素，增加原料的疏松性以增加各种酶与纤维素的接触，提高酶效率。待原料分解为可发酵糖类后，再进行发酵、蒸馏和脱水。我国燃料乙醇的主要原料是陈化粮和木薯、甜高粱、番薯等淀粉质或糖质非粮作物，今后研发的重点主要集中在以木质纤维素为原料的第二代燃料乙醇技术。河南天冠集团建设了国内首个纤维素乙醇产业化示范项目，采用酸水解与酶解结合工艺，已稳定运行多年。国投广东能源公司以木薯渣、秸秆纤维素制备燃料乙醇，依托中国科学院过程工程研究所技术，重点攻关低成本酶制剂，目前部分生产线已投产。

6.3.5　生物质制固体燃料

在固体生物燃料方面，我国开发了常温生物质成型技术。2010 年，我国农业部（现为农业农村部）颁布实施了生物质成型燃料行业标准，成为我国首个固体燃料技术标准。固体燃料技术主要包括生物质成型燃料技术和生物炭技术，其中，生物质成型燃料技术主要包括生物质颗粒、生物质块及成型设备的制造技术。影响生物质固化成型的因素主要有原料种类、颗粒物形状、含水率、温度等，它们是决定生物质成型燃料技术发展的主要影响因素。生物炭是指生物质在完全或部分缺氧的情况下经高温裂解而产生的一类高度芳香化的难熔性富碳物质，主要包括灰分、固定碳和挥发分三种成分。按照炭化方式，生物质炭化技术一般分为水解炭化、热解炭化和闪蒸炭化技术等。目前，欧洲国家在生物质固体燃料方面发展最快，因而总体上在固体燃料技术上的发展最成熟。日本的致密成型技术已领先世界。我国还需在生物质固体成型燃料关键技术上继续攻坚，才能实现规模化发展。

6.3.6　生物质平台分子合成化学品

生物质是自然界中丰富的含碳有机大分子功能体，它有望通过“生物炼制”实现“石油炼制”的辉煌。木制纤维素是生物质的主要成分，主要成分为木质素 20%～30%、半纤维素 10%～20%、纤维素 40%～50%。以生物质为源头几乎可以生产出所有的基础有机化工原料，并且很多产品已经显现出很好的经济性和应用前景。

(1) 半纤维素

半纤维素是由多种不同类型的单糖通过糖苷键连接而成的异质多聚体，主要包括五碳糖（如木糖、阿拉伯糖）和六碳糖（如半乳糖）等。半纤维素沿着骨架和边链有大量的自由羟基，通过氧化、水解、还原、醚化、酯化及交联等改性的方法产生许多新的功能团，是化学功能化的理想材料，具有广泛的潜在应用前景。半纤维素上的羟基与低分子醇类化学性质相似，可与酸反应生成半纤维素酯，与烷基化试剂反应生成半纤维素醚，酯化与醚化是最重要的半纤维素衍生反应。半纤维素中木聚糖含量最高，其结构以五碳糖（木糖为主）构成的糖苷键聚合而成。半纤维素的糖苷键在 Brønsted 酸或 Lewis 酸催化下水解生成木糖。Brønsted 酸通过质子化糖苷氧或环氧引发水解，Lewis 酸在高温水溶液中也能形成 H_3O^+，两者都能促进糖苷键断裂和木聚糖降解。木糖在 Brønsted 酸催化下，通过非环状或环状脱水形成糠醛[图 6-23(a)]；在 Lewis 酸催化下，木糖异构化为木酮糖后脱水生成糠醛[图 6-23(b)]。

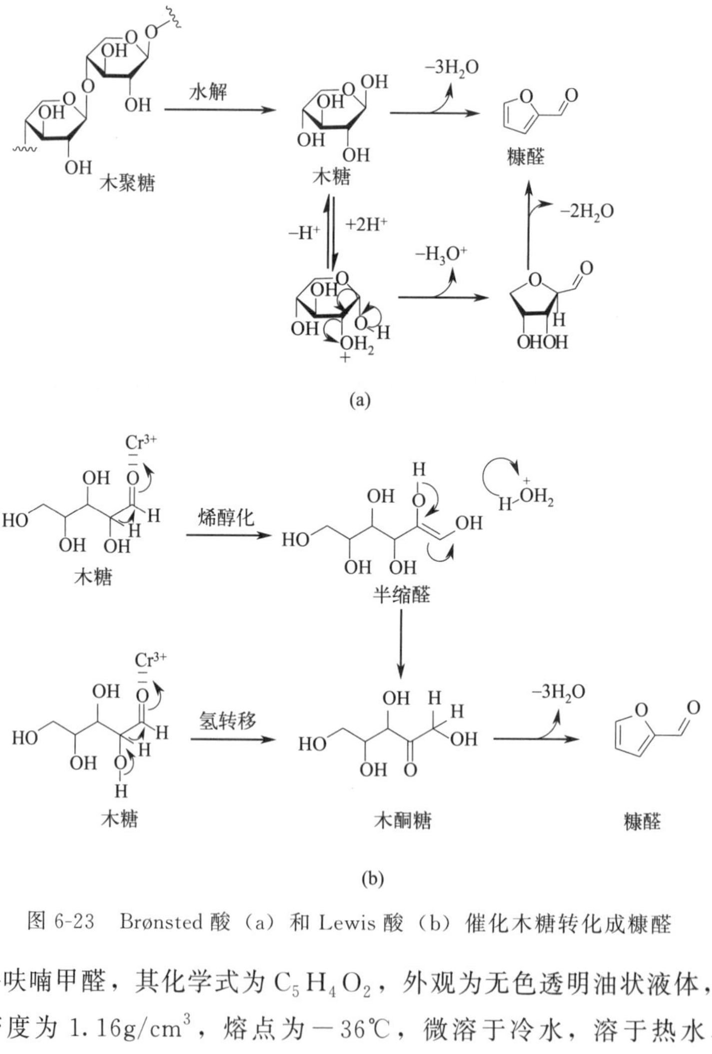

图 6-23 Brønsted 酸（a）和 Lewis 酸（b）催化木糖转化成糠醛

糠醛又称 2-呋喃甲醛，其化学式为 $C_5H_4O_2$，外观为无色透明油状液体，有类似苯甲醛的特殊气味，密度为 1.16g/cm^3，熔点为 −36℃，微溶于冷水，溶于热水、乙醇、乙醚、苯。糠醛制备工艺主要为一步法，即以玉米芯、稻壳等为原材料，硫酸、过磷酸钙等作为催化剂，经过水解、脱水、后处理（蒸馏、萃取等）一系列工艺所制成。2023 年全球糠醛市场规模近 84.0 亿元，预计 2024—2029 年期间其市场规模年均复合增长率将达到 10.7%。中国、巴西等国家玉米播种面积广、生产技术水平较高，是全球糠醛产能主要分布地区。2023 年中国糠醛产能超过了 75.0 万 t，主要集中在河南、山东、河北等玉米芯资源较为丰富的地区，包括中糠股份有限公司、宏业控股集团有限公司、新乡川崎化机有限责任公司等生产企业。

糠醛是一种重要的平台分子，可以通过还原和氧化等手段直接或间接转化为 80 多种有价值的化合物，包括糠醇（FFA）、2-甲基呋喃（MF）、四氢呋喃（THFA）、1,2-戊二醇（1,2-PeD）和 1,5-戊二醇（1,5-PeD）、乙酰丙酸、环戊酮（CPO）和环戊醇（CPL）、呋喃、糠酸、马来酸（MAc）、马来酸酐（MA）、琥珀酸（SAc）等，转化路径详见图 6-24。此外，糠醛还可用于制备由 C_8～C_{16} 碳氢化合物组成的航空燃料。这类绿色燃料可减少碳排放，有助于可持续发展，引起学术界的广泛关注。

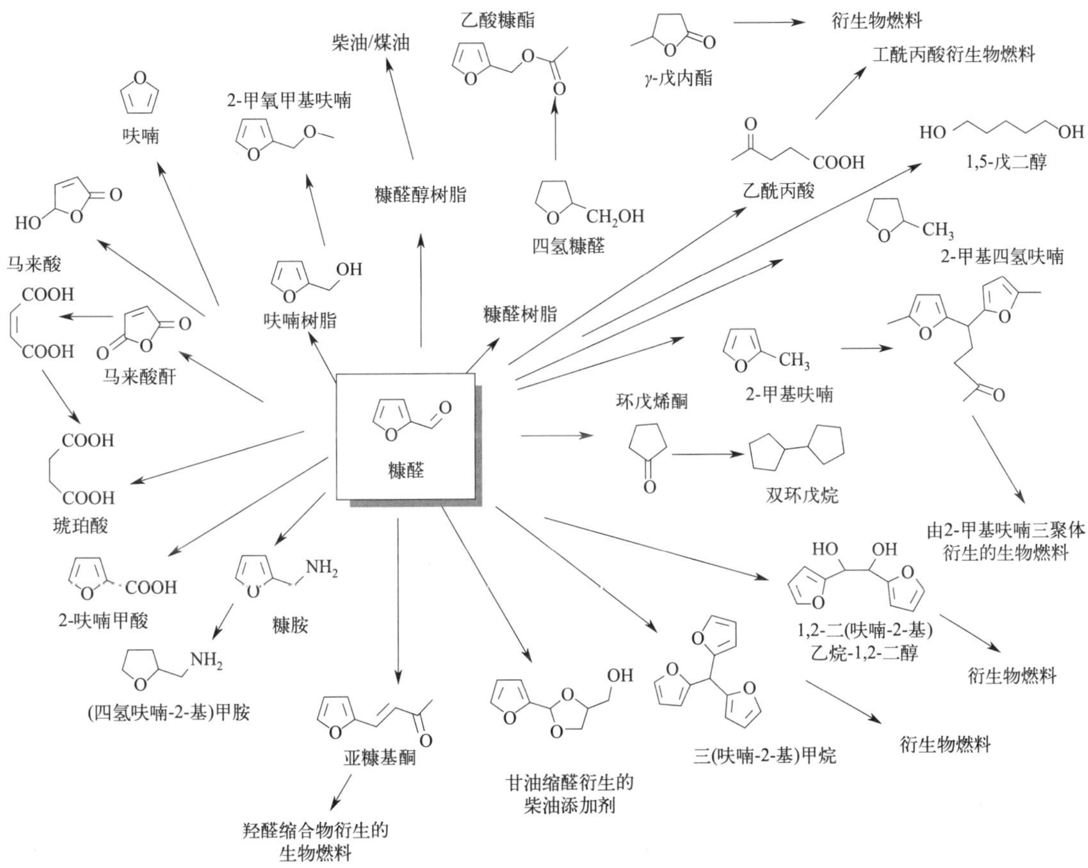

图 6-24　平台分子糠醛的转化网络

(2) 纤维素

纤维素是木制纤维素的主要成分，由 D-吡喃式葡萄糖基通过 β-1,4 糖苷键连接而成的高分子聚合物。纤维素分子致密的氢键网络结构使其难溶于水和一般的有机溶剂，限制了纤维素利用。另外，热塑性和抗化学腐蚀性较差也限制纤维素的应用。通过物理方法、化学方法和生物方法改性后的纤维素，很大程度上改善了其物化性能。例如通过对纤维素葡萄糖基结构上的羟基结构进行酯化改性，可以显著提高纤维素的耐酸性。纤维素乙酸酯是纤维素经过乙酰化后制备而成的，可应用于高档纺织品、眼镜架材料、化工分离材料等化学品领域。

纤维素除了衍生化制备功能材料外，另一个重要用途是通过解聚为葡萄糖，再进一步通过不同的反应路线（如水解、氢解、氢化、脱水、氧化、异构化、逆羟醛缩合等）转化为多种具有重要应用价值的化合物（图 6-25）。纤维素水解成葡萄糖是纤维素高值转化的起点，对整个选择性转化路线非常重要。首先，葡萄糖可以通过氢化转化为山梨醇，继而脱水获得异山梨醇；葡萄糖也能够通过逆羟醛缩合产生赤藓糖和乙醇醛。其中赤藓糖可进一步氢化形成赤藓糖醇或通过反羟醛反应缩合为乙醇醛，而乙醇醛可以氧化为乙醇酸或氢化为乙二醇(EG)。乙二醇是最基本的二醇，广泛应用于各种工业，可用于合成聚酯材料、吸湿剂、增塑剂、表面活性剂、化妆品、溶剂和防冻剂等。乙二醇的进一步氢化和脱水可以形成乙醇。乙醇被公认为是使用最广泛的工业原料，可以与汽油混合以减少二氧化碳排放。此外，葡萄糖也可以异构化为果糖，之后氢化生成己二醇。果糖通过逆羟醛缩合，可以转化为二羟基丙酮或甘油醛（GLY)，然后进一步氢化为丙酮醇和 1,2-丙二醇（1,2-PG)。甘油醛和二羟基丙酮也可以脱水得到丙酮醛，之后通过水合和氢转移过程产生乳酸。乳酸是一种已广泛用于食品、医药和化妆品行业重要的平台分子，进一步脱水后乳酸也可以转化为重要的化工原料丙烯酸。

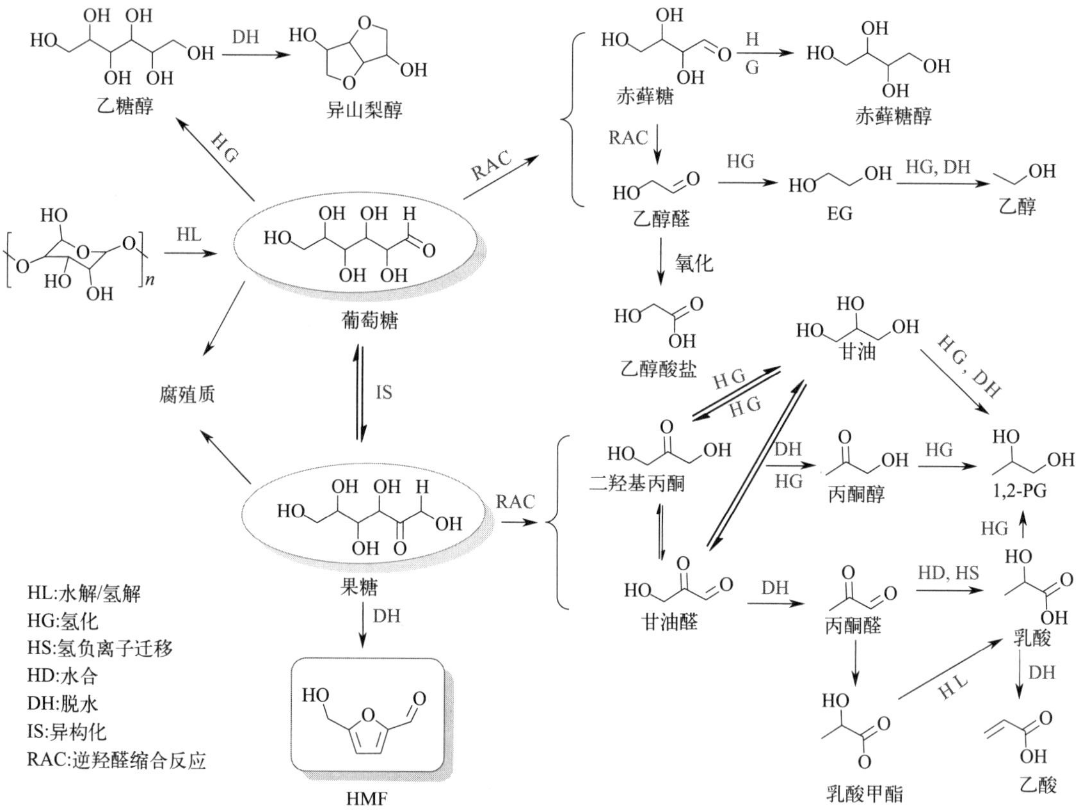

图 6-25 纤维素的转化网络

5-羟甲基糠醛（HMF）是纤维素下游转化中最重要和最受关注的平台分子，主要通过葡萄糖异构得到的果糖脱水制备。HMF 能够通过多种途径转化为各种增值化学品（图 6-26）。例如，HMF 可以转化为甲酸和乙酰丙酸（LA），然后进一步转化为 γ-戊内酯，可以用作溶剂或者燃料添加剂。HMF 也可以氢解为 5-甲基糠醛（5-MF）或 2,5-二羟基甲基呋喃（BHMF），并通过 5-MF→MFA→DMF 路径实现 HMF 到 2,5-二甲基呋喃（DMF）的转化。DMF 具有许多明显的优点，包括高辛烷值、沸点合适以及在水中溶解度低。另外，BHMF 呋喃环饱和后可转化为 2,5-二羟基甲基四氢呋喃（BHMTHF），随后开环得到 1-羟基-2,5-己二酮（HHD）。沿此路线，HHD 脱氧可获得 3-甲基-2-环戊烯-1-酮（3-MCP），经过分子内缩合、加氢、脱水、环加成等几个步骤制备高密度航空燃料 RJ-4。最后，氧化也是 HMF 重要的高值转化过程，常见的氧化剂是 O_2 或 H_2O_2，可获得 2,5-呋喃二甲酸（FDCA）、马来酸酐（MAH）、马来酸（MA）和丁二酸（SA）等增值产品。

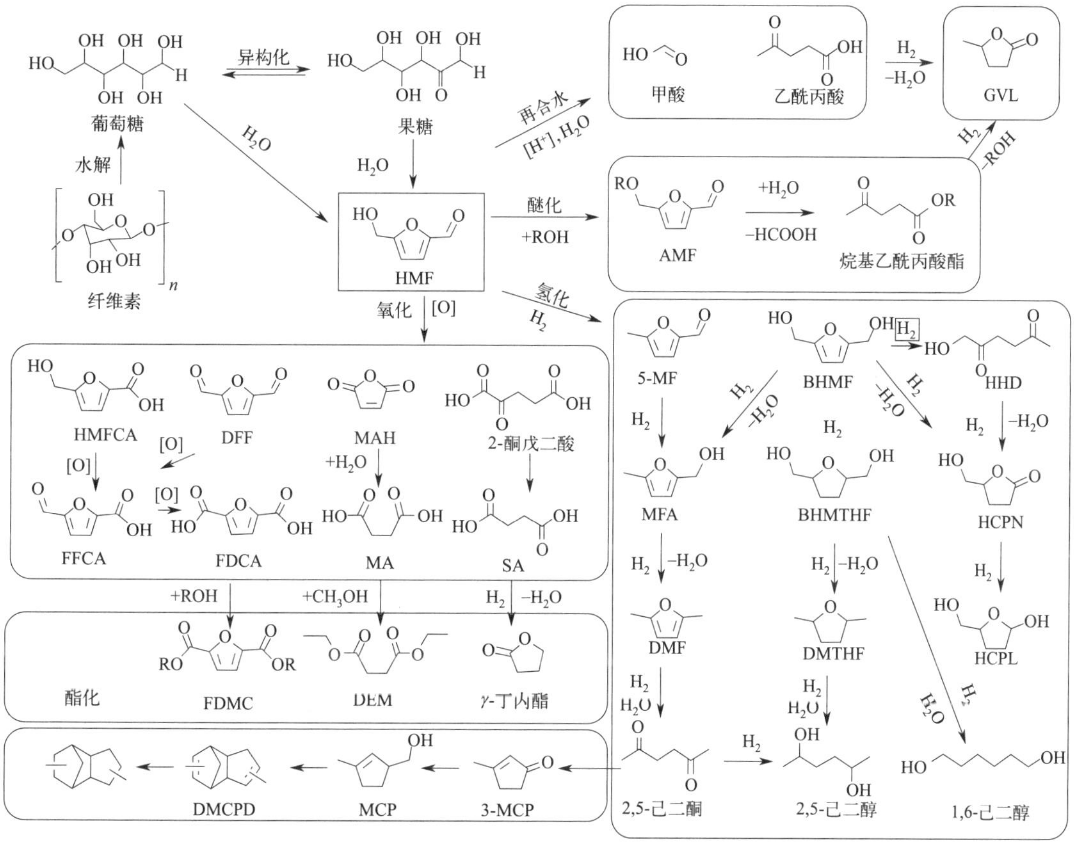

图 6-26　平台分子 HMF 的转化网络

(3) 木质素

木质素是存在于自然界中的一类天然高分枝多分散性的大分子芳香族聚合物，主要分布在植物的细胞壁中，与纤维素和半纤维素相连，共同提高细胞壁的强度和硬度，含量占比为 15%～30%。相较于由碳水化合物组成的纤维素和半纤维素，木质素结构中含有大量的苯环及其衍生物单元是木质素最突出的特征，是自然界中最丰富的可再生芳环资源。木质素的物理结构是三维网状聚合物，分子量可达到（500～16000），分子结构以对羟苯基丙烷（H）、愈创木基丙烷（G）和紫丁香基丙烷（S）三种羟基苯丙烷单体作为基本单元，由不同 C—O

和 C—C 键连接而成（图 6-27）。这三个基本单元的主要差异是芳香环上甲氧基的数目不同，分别对应于香豆醇前驱体、松柏醇前驱体和芥子醇前驱体。

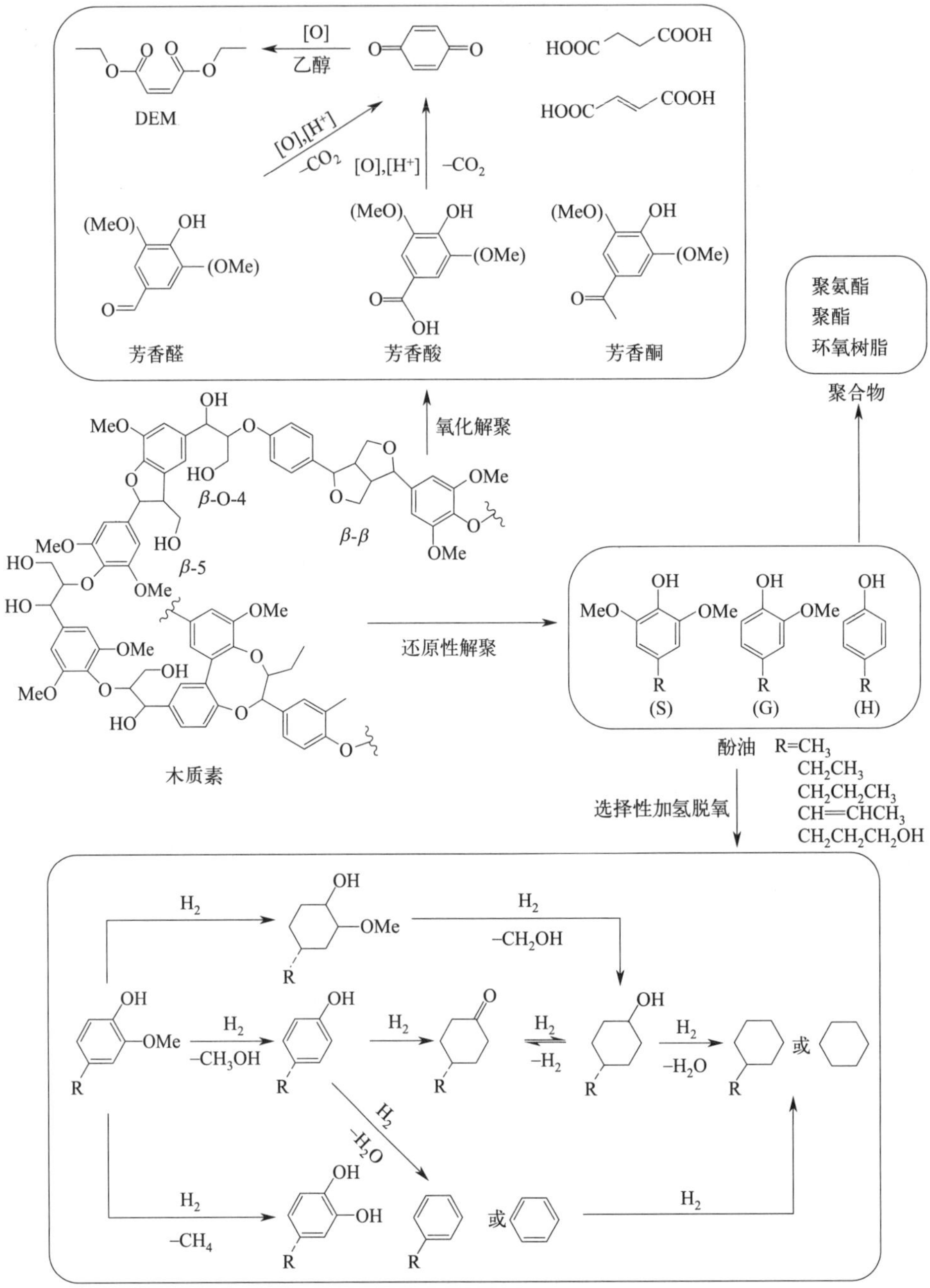

图 6-27 木质素转化路线

木质素固有的异质性和顽固性是其转化为增值化合物的主要障碍。随着对可再生化学品和液体燃料需求的增加，越来越多的研究致力于木质素的解聚和增值。氧化解聚是一种较为成熟的方法，氧化裂解木质素单元之间的连接键和单元侧链，可以产生具有多官能团的独特芳香化合物，如芳香醛和芳香酸。反应温度、反应介质、氧化剂、催化剂、反应时间和木质素组成是影响氧化解聚过程中产物分布的主要因素。另外，还原解聚是近年来生产木质素单体最广泛和最有效的方法。使用 H_2 或氢供体（例如甲醇、乙醇、2-丙醇，甚至木质素本身）作为氢源，木质素可以通过氢解、加氢裂化、氢化、加氢、加氢脱氧等过程在 Ru、Pt、Pd、Ni、Rh、Co 和 Cu 基催化剂上解聚成低分子量的酚类化合物。通过选择性加氢脱氧和精确控制反应类型（包括氢解、氢化、脱水和直接脱氧），可从不同木质素解聚的酚油中生产出多种高附加价值的单体（如烷基酚、苯酚、环己酮、环己醇、环己烷、烷基苯、苯等）。

6.4　海洋能

6.4.1　海洋能概述

海洋能是一种蕴藏在海洋中的可再生能源，包括潮汐能、波浪能、海流能、海洋温差能和盐差能等。海洋能同时也涉及一个更广的范畴，包括海面上空的风能、海水表面的太阳能和海里的生物质能等。全球海洋能的可再生量很大，上述五种海洋能理论上可再生的总量为 766 亿 kW。虽然海洋能的强度较常规能源低，但在可再生能源中，海洋能仍具有可观的能流密度。潮汐能与潮流能来源于月球、太阳的引力，其他海洋能均来源于太阳辐射能。太阳到达地球的能量大部分落在海洋上空和海水中，部分转换为各种形式的海洋能。海洋温差能是热能，低纬度的海面水温较高，与深层冷水存在温度差，因而储存着温差热能，其能量与温差的大小和水量成正比；潮汐、潮流、海流、波浪能都是机械能：潮汐能是地球旋转所产生的能量，通过太阳和月亮的引力作用而传递给海洋；潮流、海流的能量与流速平方和通流量成正比；波浪能在风的作用下产生，与波高的平方和波动水域面积成正比；河口水域的海水盐度差能是化学能，入海径流的淡水与海洋盐水间有盐度差，若隔以半透膜，淡水向海水一侧渗透可产生渗透压力，其能量与压力差和渗透流量成正比。

6.4.2　海洋能的利用

我国海洋能的资源储量丰富且种类繁多，然而受海域位置和季节影响而分布不均。我国近海海洋能（潮汐能、潮流能、波浪能、温差能、盐差能）的理论潜在储量约为 6.97 亿 kW，技术可开发量约为 0.76 亿 kW。我国海洋能中，温差能所占比重最大，约为 52.6%；开发利用技术成熟度较高的潮汐能、潮流能和波浪能共占 31.1%。我国海洋能分布较为广泛，潮汐能和潮流能的富集区在东海海域，主要分布在浙江、福建、山东等地的近海；波浪能富集区以南海海域为主，主要分布在台湾、福建、广东近海沿岸；温差能富集区主要在我国南海海域；盐差能主要位于各河流入海口，如长江口和珠江口。

（1）潮汐能

潮汐能作为一种清洁能源，越来越受到各国的重视。潮汐能的主要利用方式是潮汐发电，潮汐发电与普通水力发电原理类似。发电原理：首先建造拦水大坝，在涨潮时将海水储存在水库内，以势能的形式保存，在落潮时放出海水，利用高、低潮位之间的落差，推动水轮机旋转，带动发电机发电。

潮汐能技术的发展可以划分为三个阶段，见图 6-28。第 1 代潮汐能装置的装机容量较小，国外以水平轴水轮机为主，国内以垂直轴水轮机为主。第 2 代潮汐能装置的装机容量增大，稳定性提升，以英国的 SeaGens 为代表，该装置为世界上第一台兆瓦级潮汐能装置，额定功率 1.2MW。第 3 代潮汐能装置呈现明显的商业化趋势，出现了众多兆瓦级规模的潮汐能示范电站，并逐渐向深远海发展，载体形式以漂浮式为主。目前，欧洲的潮汐能技术已经发展到预商业化阶段，世界上第一个商业潮汐能发电场 MeyGen 项目在英国彭特兰湾建设，第一阶段装机容量为 6MW（已建成），预计装机总容量为 398MW。我国潮汐能装置的研究工作起步较晚，20 世纪 80 年代，哈尔滨工程大学最先开始潮汐能开发利用技术研究。2019 年 10 月，三峡集团设计的海上平台下水，该平台的支撑结构设有升降平台，可将水轮机提升至水面以上进行维护，2020 年 4 月，额定功率 450kW 的水平轴水轮机在该平台上安装并测试。2024 年 10 月，杭州 LHD 新能源科技有限公司建造的 3.4MW 模块化潮汐能发电平台连续并网运行已突破 7 周年，累计向国网送电 705 万 kW·h。该公司的 1.6MW 奋进水平轴水轮机是迄今为止国内单机装机容量最大的潮汐能装置。

图 6-28　潮汐能发展历程及技术特点

（2）波浪能

波浪能是指海洋表面波浪所具有的动能和势能，具有能量密度高、分布面广等优点。波浪能是一种最易于直接利用、取之不竭的可再生清洁能源。尤其是在能源消耗较大的冬季，可以利用的波浪能能量也最大。波浪的能量与波高的平方、波浪的运动周期以及迎波面的宽度成正比。波浪能是海洋能源中能量最不稳定的一种能源。台风导致的巨浪，其功率密度可达每米迎波面数千千瓦。波浪能丰富的欧洲北海地区，年平均波浪功率也仅为 20～40kW/m，中国海岸大部分的年平均波浪功率密度为 2～7kW/m。波浪发电是波浪能利用的主要方式，波浪能还可以用于抽水、供热、海水淡化以及制氢等。

自 20 世纪 70 年代以来，波浪能装置技术研发历经了数个发展阶段（图 6-29）。第 1 代波浪能装置以岸基式为主，便于观察、试验以及更换失效部件。第 2 代波浪能装置，如英国的“海蛇（Pelamis）”和“牡蛎（Oyster）”代表了波浪能技术的进步，采用液压系统解决早期机械传动系统在巨浪冲击下易损坏的问题。第 3 代波浪能装置引入漂浮式结构，能够在深水区域部署，适应恶劣海况并提高了能量转换效率。这种设计避免了岸基装置的局限，提升了设备的稳定性和发电效率。

图 6-29　波浪能发电装置发展历程及技术特点

在国家战略需求牵引和国际低碳发展形势下，推动波浪能开发装备产业化是实现我国海洋新能源装备产业科学布局的突破口，也是占领国际海洋技术高地的重要抓手。2023 年 6 月，我国自主研发的全球首台兆瓦级漂浮式波浪能发电装置“南鲲”号在三沙海域投入试运行。同年 6 月，Seabase Group 与汤加政府签署协议，将开发和部署太平洋地区第一个商业规模的 2MW 波浪能发电场，该公司还同时在百慕大群岛、马提尼克岛等地布局商业波浪能发电场。此外，针对海洋观测、水文监测等用电量小、遮蔽性要求高的应用场景，波浪能发电装备小型化、定制化设计将是另一个重点发展方向。2019 年，OPT 在北海成功为 Premier 石油公司部署了利用波浪能发电的 PB3 PowerBuoy，为北海中部 Huntington 油田提供通信与远程监控服务。美国 C-power 公司于 2023 年 6 月完成自主海上能源保障系统（AOPS）的初步试验，该系统利用波浪能发电装置发电，并为水下航行器等无人设备提供电力和远程数据通信服务，为远海作业建立坚实基础。

(3) 海洋温差能

在各种海洋能中，海洋温差能属于海洋热能，其能量的主要来源是蕴藏在海洋中的太阳辐射能。海洋温差能具有储量巨大以及随时间变化相对稳定的特点，因此利用海洋温差能发电有望为一些地区提供大规模的、稳定的电力。海洋温差能是一种由于太阳照射地球表面，形成海洋表面到底部的垂直温差而产生的新型能源。温差发电的原理为借助一种工作介质，使表层海水中的热能向深层冷水中转移，从而做功发电。例如，使用低沸点的二氧化硫、氨或氟利昂做介质，在表层温水热力作用下汽化、沸腾，吹动透平机发电，再利用深层冷水把工作介质凝结成液态。如此循环不息，保持发电机运行。

温差能发电站的发展历程大致可划分为初步探索、示范电站和综合利用三个阶段（图 6-30）。早在 20 世纪 70 年代，美国与日本率先开展了温差能发电装置的研究工作。其中，Mini-OTEC 的成功运行证实了海洋温差能转换为电能的技术可行性，是早期对海洋温差能潜力的重要探索之一。进入 21 世纪，随着能源转型的需求，美国、日本、韩国等国家陆续对温差能发电技术展开深入探索，2013 年，日本 Xenesys 公司在冲绳建立了一座 100kW 的陆基示范温差能发电站并完成并网，其发电量可以支撑 200 个当地家庭的用电，该电站不仅用于发电，还应用于海水养殖以及农业生产等。2015 年，美国 Makai 公司在夏威夷建造了一座 100kW 的闭式循环陆基温差能发电站，将所产生的电力并入当地电网，进一步推动了温差能发电站的商业化进程。我国对海洋温差能的研究起步较晚，目前处于示范电站阶段。

图 6-30　温差能发展历程及技术特点

2017 年，国家海洋局第一海洋研究所自主研发了热力学模型“国海循环”，并成功地解决了密封、材质等关键技术问题，在青岛建成了国内首座 15kW 的闭式循环陆基温差能发电站。2023 年，中国海洋石油集团研究院在湛江建立了一座 50kW 的陆基示范发电站。同年，中国地质调查局广州海洋地质调查局牵头研发的 20kW 海洋漂浮式温差能发电装置在南海成功完成海试，返回广州南沙。这是我国首次在实际海况条件下实现海洋温差能发电原理性验证和工程化运行，有力推进我国深海能源开发利用。《2024—2030 年中国海洋温差能行业市场发展现状调研与投资趋势前景分析报告》表明，中国海洋温差能市场规模近年来持续增长。虽然目前市场规模相对较小，但随着技术的不断成熟和成本的逐步降低，预计未来几年将保持快速增长的态势。预计到 2025 年，中国海洋温差能市场规模有望达到 180 亿元，年复合增长率保持在 20%左右。

6.5 地热能

6.5.1 地热能概述

地热能是由地壳抽取的天然热能，这种能量来自地球内部的熔岩，并以热力形式存在，是引致火山爆发及地震的能量。地下水的深处循环和来自极深处的岩浆侵入地壳后，把热量从地下深处带至近表层。通过钻井，热能可以从地下的储层引入水池、房间、温室和发电站。地球内部的温度高达 7000℃，而在 80～100km 的深度处，温度会降至 650～1200℃。透过地下水的流动和熔岩涌至离地面 1～5km 的地壳，热力得以被转送至较接近地面的地方。高温的熔岩将附近的地下水加热，这些加热了的水最终会渗出地面。运用地热能最简单和最合乎成本效益的方法，就是直接取用这些热源，并抽取其能量。

地热能是一种新的洁净能源，在当今人们的环保意识日渐增强和能源日趋紧缺的情况下，对地热资源的合理开发利用已愈来愈受到人们的青睐。其中距地表 2000m 内储藏的地热能为 2500 亿 t 标准煤。全国地热可开采资源量为每年 68 亿 m^3，所含地热量为 973 万亿 kJ。在地热利用规模上，我国近些年来一直位居世界首位，并以每年近 10%的速度稳步增长。在我国的地热资源开发中，经过多年的技术积累，地热发电效益显著提升。除地热发电外，直接利用地热水进行建筑供暖、发展温室农业和温泉旅游等利用途径也得到较快发展。

6.5.2 地热能的利用

地热能主要用于以下几个方面：地热发电、地热供暖、地热务农、地热行医。

（1）地热发电

地热发电实际上就是把地下的热能转变为机械能，然后再将机械能转变为电能的能量转变过程。地热发电的工作过程首先是通过钻探井将热水或蒸汽带到地表，再将其送入涡轮机。涡轮机进行转轴动作，同时将涡轮机的热量转换为机械能，最后通过发电机产生电能，将电能中继到供电系统使用（图 6-31）。由于地热资源种类多、品质不同，地热发电方式多种多样。现有的地热发电技术主要包括干蒸汽发电、闪蒸式发电、双循环发电和全流发电技术。新兴的发电技术主要有干热岩发电、热伏发电等。

传统的化石燃料燃烧会产生大量的 CO_2 等温室气体，而地热发电不会产生任何废气、废水和固体废弃物等污染物，对环境的影响非常小。同时，许多区域的能源消费仍然依赖于

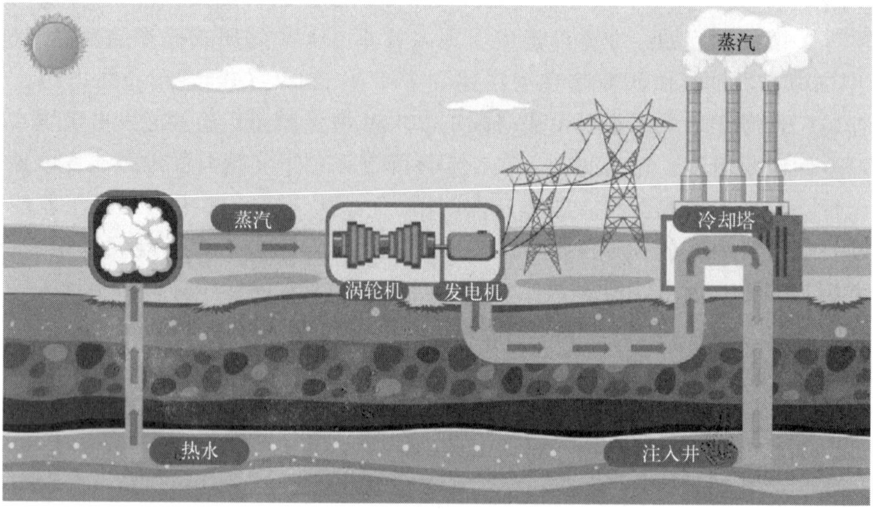

图 6-31 地热发电过程示意图

传统的化石燃料，这导致了能源结构单一和依赖性过高的问题。而地热发电作为一种新兴的能源形式，可以让能源结构变得更加多样化。相对于风电、太阳能等新能源来说，地热发电不受季节和天气等因素的影响，能够提供稳定的能源供应。地热发电还可以和区域电网中风电、光伏等不稳定电源形成多能互补，提供稳定可靠的基础电源和调峰能力。在推动应对气候变化的政策下，越来越多的区域将清洁能源作为能源转型的重要选择，地热发电必将在这个领域发挥越来越重要的作用。根据 2020 年 6 月国际可再生能源署（IRENA）发布的《可再生能源发电成本 2019》显示，地热发电初始投资较大，但全寿命较长，在单位发电成本方面具有长期经济竞争力。

早在 20 世纪初，世界范围内就开始了地热发电的探索。根据 2023 年世界地热大会发布的数据，全球有 31 个国家实施了地热发电，总装机在 16GW 左右；有 88 个国家运用地热开展除发电以外的直接利用，总装机约 173GW；中国利用地热进行供热制冷的装机量超过全球总量的一半。国际地热协会提出了到 2030 年实现全球地热发电总装机 48GW、直接利用总装机 520GW 的发展目标。目前世界上最大的地热电站是美国的盖瑟尔斯地热电站（图 6-32），其第一台地热发电机组（11MW）于 1960 年启动，之后的 10 年中，2 号（13MW）、3 号（27MW）和 4 号（27MW）机组相继投入运行。20 世纪 70 年代共投产 9 台机组，80 年代以后又相继投产一大批机组，其中除 13 号机组容量为 135MW 外，其余多为 110MW 机组。

我国的地热资源也很丰富，主要分布在云南、西藏、河北等地，但开发利用程度很低。我国地热发电实践始于 1970 年，广东丰顺 86kW 地热发电站（图 6-33）的投产使我国成为世界上第八个成功利用地热进行发电的国家。之后，河北怀来、江西宜春等地陆续建成了中低温小型地热发电站。1977 年，中国第一座兆瓦级高温地热电站在西藏羊八井发电成功（图 6-33）。中国地热资源分布呈现从中部向东部和西南部地热资源增多、温度升高的趋势。已有研究表明，我国适用于发电的地热资源主要分布在西南和东南沿海地区，总发电潜力达 996 万 kW。地热发电技术的成熟度和经济性成为制约地热发电的关键。尽管目前在全球范围内，我国的地热发电规模相对较小，但不容忽视的是，我国地热资源储量极为丰富，其发

图 6-32 美国盖瑟尔斯（Geysers）地热发电站

电利用的潜力巨大。在“双碳”目标的引领下，随着相关技术的不断突破，地热能发电量有望实现快速增长，展现出广阔的市场前景。

图 6-33 广东丰顺县邓屋地热发电站（左）和西藏羊八井地热电站（右）

（2）地热供暖

将地热能直接用于采暖、供热和供热水是仅次于地热发电的地热利用方式。因为这种利用方式简单、经济性好，备受各国重视，特别是位于高寒地区的西方国家，其中冰岛开发利用得最好。该国早在 1928 年就在首都雷克雅未克建成了世界上第一个地热供热系统，现今这一供热系统已发展得非常完善，每小时可从地下抽取 7740t 80℃的热水，供全市 11 万居民使用。由于没有高耸的烟囱，冰岛首都已被誉为“世界上最清洁无烟的城市”。此外，利用地热能给工厂供热，如用作干燥谷物和食品的热源，用作硅藻土生产、木材、造纸、制革、纺织、酿酒、制糖等生产过程的热源也是大有前途的。目前世界上最大的两家地热应用工厂就是冰岛的硅藻土厂和新西兰的纸浆加工厂。我国利用地热供暖和供热水的发展也非常迅速，在京津地区已成为地热能利用中最普遍的方式。

（3）地热务农

地热能在农业中的应用范围十分广泛。如利用温度适宜的地热水灌溉农田，可使农作物早熟增产；利用地热水养鱼，在 28℃水温下可加速鱼的育肥，提高鱼的出产率；利用地热建造温室，育秧、种菜和养花；利用地热给沼气池加温，提高沼气的产量等。将地热能直接用于农业在我国日益广泛，北京、天津、西藏和云南等地都建有面积大小不等的地热温室。各地还利用地热大力发展养殖业，如培养菌种，养殖鳗鱼、罗非鱼、罗氏沼虾等。

（4）地热行医

地热能在医疗领域的应用有诱人的前景，热矿水就被视为一种宝贵的资源，世界各国都很珍惜。由于地热水从很深的地下提取到地面，除温度较高外，常含有一些特殊的化学元素，从而使它具有一定的医疗效果。如含碳酸的矿泉水供饮用，可调节胃酸、平衡人体酸碱度；含铁矿泉水饮用后，可治疗缺铁性贫血；氢泉、硫水氢泉洗浴可治疗神经衰弱和关节炎、皮肤病等。由于温泉的医疗作用及伴随温泉出现的特殊的地质、地貌条件，使温泉常常成为旅游胜地，吸引大批疗养者和旅游者。在日本就有1500多个温泉疗养院，每年吸引1亿人到这些疗养院休养。我国利用地热治疗疾病的历史悠久，含有各种矿物元素的温泉众多，因此充分发挥地热能的医疗作用，发展温泉疗养行业是大有可为的。

6.6 天然气水合物

6.6.1 天然气水合物概述

自20世纪60年代以来，陆续在冻土带和海洋深处发现了一种可以燃烧的“冰”，在地质上称之为天然气水合物。它是由大量的生物和微生物死亡后沉积到海底，分解后和水形成类冰状的化合物。天然气水合物（NGH），又称笼形包合物，是在一定条件下（合适的温度、压力、气体饱和度、水的盐度、pH值等）由水和天然气组成的类冰的非化学计量的笼形结晶化合物，其遇火即可燃烧，因此又称为“可燃冰”（图6-34）。天然气水合物是一种白色固体物质，外形像冰，有极强的燃烧力，可作为上等能源。天然气水合物主要由水分子和烃类气体分子（主要是甲烷）组成，外层是水分子构架，核心是燃气分子。因此天然气水合物也称为甲烷水合物。

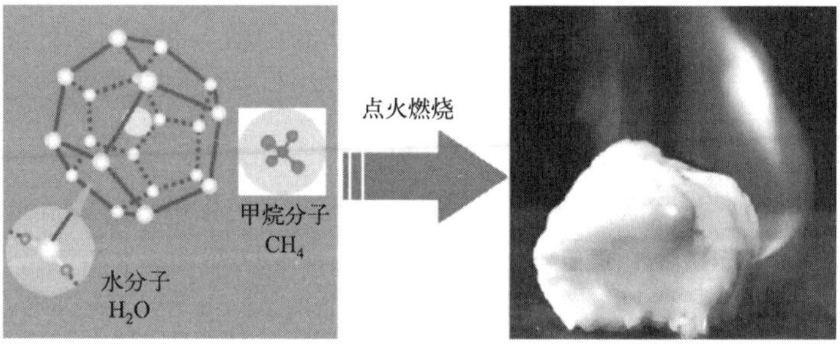

图6-34 可燃冰的结构及点火燃烧

可燃冰只能存在于高压低温下，一般要求温度低于10℃，压力高于10MPa。一旦温度升高或压力降低，甲烷气则会逸出，固体水合物便趋于崩解。可燃冰在自然条件下化学性质极不稳定，成核过程需要一定的温度（T）和压力（p）。生产NGH的基本条件有源源不断的CH_4气体和H_2O、适应的p和T及发育完善的孔隙结构。如图6-35所示，左上方的高压低温区域是甲烷水合物的相稳定区，该稳定带的温压是甲烷水合物生产的必要条件。固体状的天然气水合物往往分布于水深大于300m以上的海底沉积物或寒冷的永久冻土中。海底天然气水合物依赖巨厚水层的压力来维持其固体状态，其分布可以从海底到海底之下1000m的范围内，再往深处则由于地温升高其固体状态遭到破坏而难以存在。天然气水合物可用$M \cdot nH_2O$来表示，M代表水合物中的气体分子，n为水合指数（也就是水分子数）。组成天然气的成分如CH_4、C_2H_6、C_3H_8、C_4H_{10}等同系物以及CO_2、N_2、H_2S等可形成单种或多种天然气水合物。形成天然气水合物的主要气体为甲烷，对甲烷分子含量超过 99%的天然气水合物通常称为甲烷水合物。天然气水合物在自然界广泛分布在大陆、岛屿的斜坡地带、活动和被动大陆边缘的隆起处、极地大陆架以及海洋和一些内陆湖的深水环境。在标准状况下，一单位体积的天然气水合物分解最多可产生 164 单位体积的甲烷气体，因而是一种重要的潜在未来资源。

世界上绝大部分的天然气水合物分布在海洋里，据估算，海洋里天然气水合物的资源量是陆地上的 100 倍以上。据最保守的统计，全世界海底天然气水合物中储存的甲烷总量约为 1.8 亿亿 m^3。天然气水合物含碳总量为石油、天然气和煤含碳总量的 2 倍。因此，天然气水合物被国际公认为是石油、天然气的替代能源，是世界重要的战略资源。世界上海底天然气水合物主要分布区有大西洋海域的墨西哥湾、加勒比海、南美洲东部陆缘、非洲西部陆缘、美国东岸外的布莱克海台、西太平洋海域的白令海、鄂霍茨克海、日本海、苏拉威西海和新西兰北部海域等。我国天然气水合物储存区可能在南海和东海的深水海底。陆上寒冷永冻土中的天然气水合物主要分布在西伯利亚、阿拉斯加州和加拿大的北极圈内。

6.6.2　天然气水合物的开采

深海开采可燃冰比开采天然气困难多了。其主要原因是可燃冰储层的结构复杂，它可能是与泥沙混合在一起的，可能是海绵结构分布的；再就是储层中还含有少量的甲烷气。绝大部分是固态的可燃冰和泥沙的固态混合体，怎么取出来是最困难的问题。美国地质调查局于 1975 年在海底钻孔岩芯中成功取得了天然气水合物，自此人类才意识到全球可能蕴含着储量庞大的可燃冰矿藏。随后，世界各国先后在 220 处海域和冻土带发现了可燃冰赋存区。

随着可燃冰勘探开发的不断深入，国内外专家对可燃冰开采进行了广泛探究，根据可燃冰的热力学相平衡理论，建立了 4 种开采基本方法，即降压法、注热法、CO_2 置换法及化学试剂法，其原理示意图见图 6-36。降压法通过降低储层压力的方法，打破 CH_4 储层的相平衡，促使天然气水合物发生裂解。注热法即向可燃冰储层中引入热水或热蒸汽，提升目标储层的温度，进而分解天然气水合物。化学试剂法利用钻井途径将甲醇、乙二醇等化学试剂注入可燃冰储层，改变可燃冰层的温压平衡条件，从而使可燃冰变得不稳定，分解出 CH_4 和 H_2O。置换法则是依靠 CO_2 的高化学亲和性将可燃冰晶格中的 CH_4 置换出来，其置换反应方程式如下所示：

$$CO_2 + CH_4 \cdot H_2O = CH_4 + CO_2 \cdot nH_2O \tag{6-1}$$

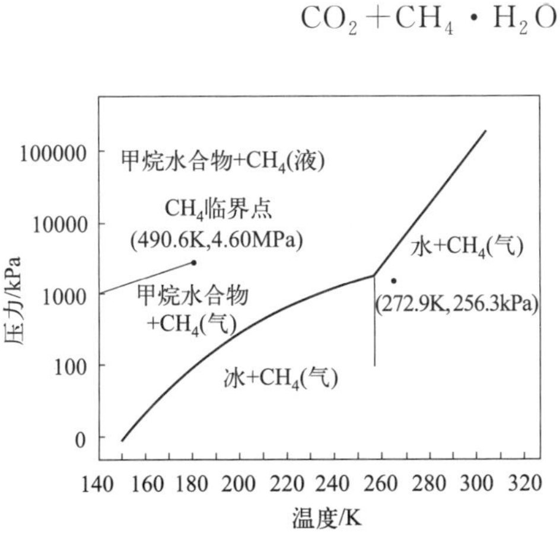

图 6-35　甲烷水合物体系的压力-温度相图

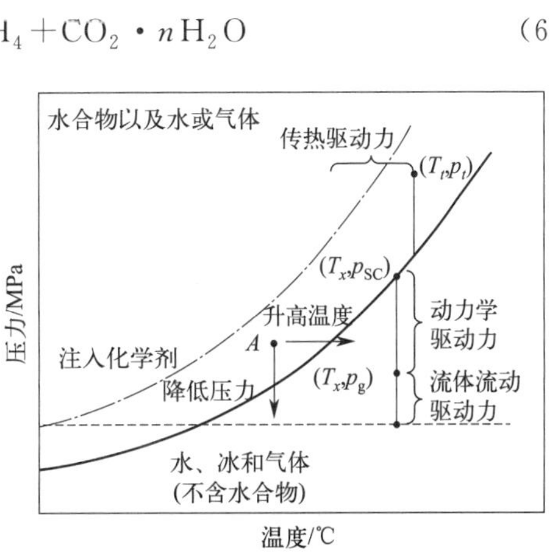

图 6-36　各种方法引起的天然气水合物相平衡曲线的移动

中国的可燃冰研究起步较晚（见表 6-4），我国对可燃冰的研究始于 20 世纪 80 年代。2007 年 6 月，原国土资源部宣布，我国在南海北部钻获可燃冰实物样品，从而成为继美国、日本、印度之后第 4 个采到天然气水合物的国家。2011 年 9 月，运用降压加热结合的方法对祁连山地区水合物矿藏实施了第一次试采。试采采用了单井直井方案，生产过程持续 101h，产气 $95m^3$。本次试采产气时间较短，产气量较低，但证实了降压试采工艺、控制监测等关键技术在成岩储层中应用的可行性，为陆域试验试采模拟技术积累了经验。2016 年 10 月，提出了“山”字形水平对接井的开采方法，并成功应用于第二次试采试验。本次试采主要应用降压的方法并将三口试验井在地下相互连通，从而保证降压作用的作用区域更广。在 23 天的时间里，采出甲烷 $1078m^3$。2017 年，在我国南海神狐海域由中国地质调查局开展了我国首次海域可燃冰试采试验。试采以降压法为核心，采用“蓝鲸 1 号”钻井平台，开采连续出气 60d，累计产气量超过 $30\times10^4m^3$，最高日产 $3.5\times10^4m^3$，多项指标打破了试采工程的最高纪录。整个钻井平台长 117m、宽 92.7m、高 118m，7 万 t 排水量比“辽宁舰”航母的满载排水量还要大。最大钻井深度 15240m，电缆拉放长度达 120 万 m，代表了当时人类在海洋工程领域的最高水平。自此，中国成为全球领先掌握可燃冰试采技术的国家，这一突破对于促进我国能源安全保障，优化能源结构具有里程碑意义。

表 6-4 中国历年来天然气水合物勘探开发主要进程

时间	主要进展历程
20 世纪 80 年代	开始关注天然气水合物的研究
1997 年	初步评价认定了我国东海和南海海域具有可燃冰的成藏条件
1999 年 10 月	广州海洋地质调查局首次在南海开展可燃冰前期调查，在 3 条共 $130km^2$ 的地震剖面上识别出 BSR 分布区
2007 年 5 月	中国地质调查局在南海神狐海域 3 个站位钻获可燃冰实物样品
2017 年 5 月	我国首次海域可燃冰试采成功
2020 年 3 月	中国海域天然气水合物第二轮试采成功
2021 年 10 月	中国首个超大型可燃冰海洋钻井平台“蓝鲸 1 号”在南海成功投运
2023 年 11 月	国内可燃冰日产量首次超过 10000 万 m^3，跻身世界前列

2018 年我国成为全球首个海域可燃冰试采获连续稳定气流的国家，并实现海域连续稳定产气 60 天，累计产气量超 30 万 m^3，创造了连续产气时长和产气总量两项世界纪录。2020 年 2 月 17 日，第二轮试采点火成功，持续至 3 月 18 日完成预定目标任务。本轮试采 1 个月产气总量 86.14 万 m^3、日均产气量 2.87 万 m^3，是第一轮 60 天产气总量的 2.8 倍。试采攻克了深海浅软地层水平井钻采核心关键技术，实现产气规模大幅提升，为生产性试采、商业开采奠定了坚实的技术基础。我国也成为全球首个采用水平井钻采技术试采海域天然气水合物的国家。作为“蓝鲸 1 号”的姊妹钻井平台，“蓝鲸 2 号”的实力同样不容小觑。“蓝鲸 2 号”由中集来福士设计建造，长 117m、宽 92.7m、高 118m，自重 43725t，有 37 层楼高，可以在全球 95%的海域开展作业。2019 年，“蓝鲸 2 号”成功完成了 DP3 动力定位系统操作模式下的电力系统的闭环试验，实现了海洋工程能源及动力系统优化的重大突破，意味着中国在这一领域已经处于国际领先地位。

6.7 氢能

二次能源是联系一次能源和能源用户的中间纽带。二次能源又可分为“过程性能源”和

“含能体能源”。当今电能就是应用最广的“过程性能源”；柴油、汽油则是应用最广的“含能体能源”。由于目前“过程性能源”很难大量地直接储存，因此汽车、轮船、飞机等机动性强的现代交通运输工具就无法大量使用从发电站输出来的电能，只能大量使用像柴油、汽油和天然气这一类的“含能体能源”。但是随着电动汽车、混合动力车的发展，“过程性能源”也可以部分替代“含能体能源”。随后，人们将目光投向寻求新的“含能体能源”，作为二次能源的电能，可从各种一次能源中生产出来，例如煤炭、石油、天然气、太阳能、风能、水力、潮汐能、地热能、核燃料等均可直接生产电能。而作为二次能源的汽油和柴油等则不然，生产它们几乎完全依靠化石燃料。随着化石燃料耗量的日益增加，其储量日益减少，终有一天这些资源将要枯竭，这就迫切需要寻找一种不依赖化石燃料的、储量丰富的新的含能体能源。氢能正是一种在常规能源危机出现、在开发新的二次能源的同时人们期待的新的二次能源，具有以下特点：

① 所有元素中，氢质量最轻。

② 所有气体中，氢气的导热性最好，比大多数气体的热导率高出 10 倍，因此在能源工业中氢是极好的传热载体。

③ 氢是自然界存在最普遍的元素，据估计它构成了宇宙质量的 75%，除空气中含有氢气外，它主要以化合物的形态储存于水中，而水是地球上分布最广的物质。据推算，如把海水中的氢全部提取出来，它所产生的总热量比地球上所有化石燃料放出的热量还大 9000 倍。

④ 除核燃料外，氢的热值是所有化石燃料、化工燃料和生物燃料中最高的。氢的热值为 142351kJ/kg，是汽油热值的 3 倍。

⑤ 氢燃烧性能好，点燃快，与空气混合时有广泛的可燃范围，而且燃点高，燃烧速度快。

⑥ 氢本身无毒，与其他燃料相比，氢燃烧时最清洁。

⑦ 氢能利用形式多，既可以通过燃烧产生热能，在热力发动机中产生机械功，又可作为能源材料用于燃料电池，或转换成固态氢用作结构材料。

⑧ 氢可以以气态、液态或固态的金属氢化物出现，能适应储运及各种应用环境的不同要求。

氢能是一种来源丰富、绿色低碳、应用广泛的二次能源，能帮助可再生能源大规模消纳，实现电网大规模调峰和跨季节、跨地域储能，加快推进工业、建筑、交通等领域的低碳化。氢气作为能源载体和储能方式，可以配合可再生能源形成低碳能源体系，是工业深度脱碳与新能源深度脱网的结合。根据《中国氢能产业发展报告 2022》预计，到 2050 年，氢能在交通运输、储能、工业、建筑等领域广泛使用，氢气年需求量将提升至 6000 万 t，产业产值达到 12 万亿元。作为新能源，氢能在碳中和发展中占有重要地位，发展氢能是我国能源系统实现低碳转型的重大战略。

氢能产业链复杂，主要包括上游制氢、中游储氢和下游用氢三个主要环节（图 6-37）。制氢技术是氢能源产业发展的基础，也是实现氢能源应用的重要环节。在产业链成本结构中，制取氢气的成本占比最大，因此制氢环节的经济市场化布局对氢能产业的发展至关重要。

6.7.1　氢气制取方法

制氢技术指以含氢物质为原料生成氢气的各种方法和技术。在氢气生产过程中，需要从

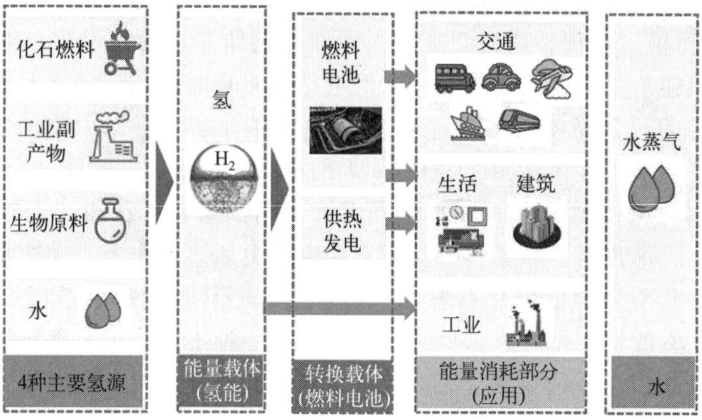

图 6-37 氢能主要产业链

外部获取化石能源、可再生能源和水等其他物质作为制取氢气的原料；而在制取氢气的过程中产生的废弃物和污染物也会被释放到环境中。此外，制氢技术也受到政策、市场需求、新技术等外部因素的影响。因此制氢技术是一个开放的系统，其各个环节都与外部环境之间存在能量、物质和信息的交换，对其开展研究要用系统思维的方法。因此，要开发利用这种理想的清洁能源，必须首先开发氢源，即研究开发各种制氢的方法。

根据制备方式及制备过程中碳排放量的不同，氢能分为灰氢、蓝氢和绿氢（表 6-5）。灰氢指的是通过化石燃料石油、天然气和煤制取氢气，制氢成本较低但碳排放量大。蓝氢是指利用化石原料制备氢气，同时采用碳捕集、利用与封存设备进行低碳处理。蓝氢制备过程碳排放强度相对较低，但捕集成本较高。绿氢指的是采用风电、水电、太阳能、核电等可再生能源以电解水制备氢气，制备过程不产生碳排放，但成本较高。截至 2023 年底，全国氢气产能超 4900 万 t/a，产量超 3500 万 t，主要来源于化石能源制氢。化石能源制氢过程中碳排放巨大，在“双碳”目标进程中将逐渐被淘汰，而工业副产氢既可减少碳排放，又可以提高资源利用率与经济效益，可以作为氢能发展初期的过渡性氢源加大发展力度。当前，我国主要制氢方法介绍如下。

表 6-5 灰氢、蓝氢和绿氢制备方式、优缺点及适用范围对比

制备方式	原料	优势	劣势	适用范围
“灰氢”:化石能源制氢	煤、天然气	技术成熟	储量有限，制氢过程存在较大程度的碳排放	合成氨、合成甲醇、石油炼制
“蓝氢”:化石能源制氢+CCUS	煤、天然气、CCUS原料	碳排放量相比“灰氢”可减少80%左右	成本高，经济性尚未实现	合成氨、合成甲醇、石油炼制
“绿氢”:可再生能源电解水制氢	电、水	工艺过程简单，制氢过程不存在碳排放	尚未实现规模化应用，成本较高	结合可再生能源制氢、电子、有色金属冶炼等，对气体纯度及杂质含量有特殊要求

(1) 天然气制氢

① 天然气重整制氢

天然气重整制氢是目前最常用的商业制氢方法。它是通过对天然气进行高温、高压的催化重整反应，将天然气中的 CH_4 与水蒸气催化转化为 H_2 和 CO_2，从而生产出高纯度的 H_2。蒸汽甲烷重整的过程为：蒸汽在高温下与 CH_4 反应，生成 CO 和 H_2；然后 CO 与水蒸气反应转化成二氧化碳，并产生额外氢气。该反应是强吸热反应，通常在高温 800℃以上进行，要求提供额外的热源（天然气作为燃料）且需要使用催化剂。工业蒸汽重整制氢通常使用价格相对便宜的 Ni 基催化剂。

$$CH_4 + H_2O \xlongequal{} CO + 3H_2 \tag{6-2}$$

$$CO + H_2O \xlongequal{} CO_2 + H_2 \tag{6-3}$$

蒸汽重整制氢从 1926 年开始应用至今，是目前技术较为成熟、工业应用最广的天然气制氢方法。甲烷的转化率可达 85%，是天然气重整制氢方法中转化率最高的。其缺点是耗能高，生产成本高，设备昂贵，制氢过程中产生大量 CO，需要先经过变换反应，然后脱除 CO_2 等多个后续步骤才能得到高纯度的氢气。

② 天然气裂解制氢

天然气裂解制氢是一种利用天然气裂解产生氢气的方法。天然气的主要成分是甲烷，而甲烷在高温下会分解成氢气和炭黑。天然气裂解制氢的主要反应是在高温（800～1000℃）和高压（0.8～1.2MPa）的条件下进行的。在反应过程中，甲烷分子被加热后会发生断裂，产生碳和氢气。碳会聚集在反应器的表面，形成黑色的炭黑。天然气直接裂解制氢联产固态碳，不仅有效解决天然气制氢中的碳减排问题，而且有望获取高附加值碳材料。

近年来，全球很多国家也在天然气热裂解制氢联产碳材料这一技术上展开了激烈竞争。据不完全统计，目前全球已有超过 30 家创新企业开展天然气直接裂解制氢业务，并得到了政府、企业及资本的广泛关注。比如，美国 Monolith Materials 公司于 2022 年获得美国能源部 10 亿美元贷款担保并和全球知名轮胎企业-固特异达成合作协议，目前可年度热解 2 万 t 天然气，生成 1.5 万 t 炭黑和 5000 吨氢气；德国 BASF 自 2013 年在德国政府的支持下持续开展移动碳床催化天然气裂解制氢技术，并在 2023 年首届碳中和博览会重点推介，目前已在路德维希港开展中试验证。

(2) 煤气化制氢

煤气化制氢是工业化大规模制氢的首选，具有工艺成熟、成本低等优点。煤气化制氢具体工艺过程包括煤炭经过高温气化生成合成气（H_2 和 CO）、CO 与水蒸气经变换转变为 H_2 和 CO_2、脱除酸性气体（$CO_2 + SO_2$）、氢气提纯等工艺环节，可以得到不同纯度的氢气（图 6-38）。近几年，煤制氢技术凭借原材料成本低、装置规模大的优势在全世界范围内发展迅速，煤制油和煤制烯烃等煤化工行业的迅速发展也使煤气化技术获得了更大发展空间，尤其是在富煤贫油少气的我国。随着石油价格上涨，石油加工所需氢气逐步转由煤制氢供给，这将推动煤制氢规模的进一步扩大。

(3) 工业副产制氢

工业副产制氢是指将富含氢气的工业尾气（如焦炉煤气、氯碱尾气等）作为原料，通过变压吸附等技术将其中的氢气分离提纯，最终得到高纯氢气的过程。目前，焦炉煤气制氢工艺简单且技术成熟，其规模相对较大。焦炉煤气是焦炭生产过程中煤炭在高温、缓慢干馏过程中产生的一种可燃性气体，主要由氢气和甲烷构成，分别占 56% 和 27%，并有少量一氧化碳、二氧化碳、氮气、氧气和其他烃类。我国是焦炭产量最大的国家，2017 年我国焦炭产量 43142.6 万 t。全国焦炭产能约有 1/3 在钢铁联合企业，2/3 在独立焦化企业。焦炉煤气制氢是目前可实现的大规模、低成本、高效率获得工业氢气的重要途径，我国多地已实现该技术的工业化应用。焦炉煤气制氢技术具有显著的经济效益和环保效益。通过该技术可以有效回收利用焦炉煤气中的有效成分，减少资源浪费。制得的氢气作为一种清洁能源，可广

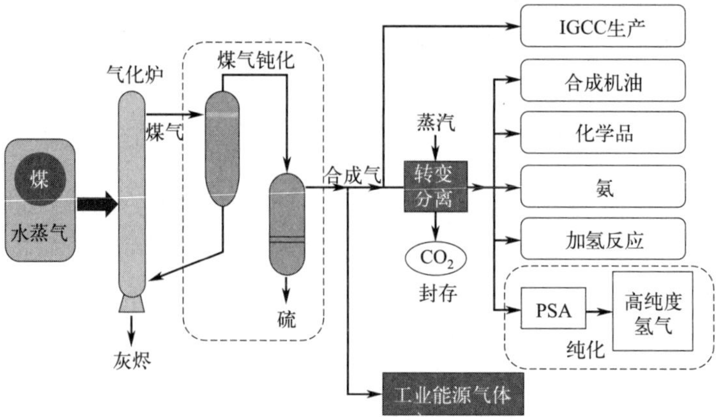

图 6-38 煤气化制氢工艺流程图

泛应用于化工、冶金、电力等领域，具有广阔的市场前景。此外，焦炉煤气制氢过程中产生的副产物也可以进一步回收利用，形成循环经济。焦炉煤气制氢主要有焦炉煤气直接净化串联 PSA 分离提纯氢气和焦炉煤气蒸汽转化+PSA 分离提氢两种工艺。目前主流工艺是焦炉煤气压缩净化后采用变压吸附法直接分离提纯氢气，流程如图 6-39 所示。

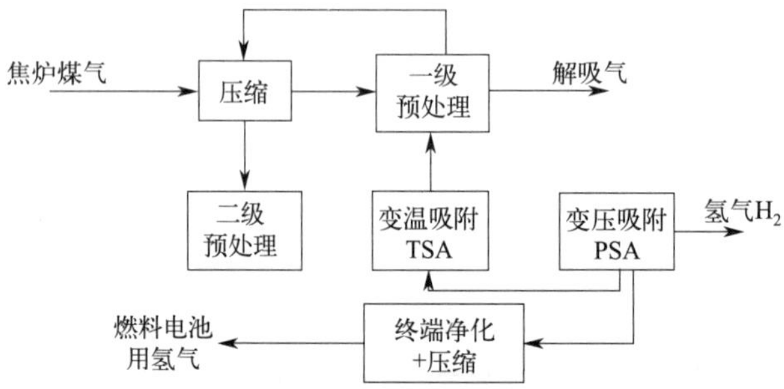

图 6-39 焦炉煤气制氢工艺流程图

(4) 甲醇水蒸气重整制氢

甲醇水蒸气重整制氢即甲醇和水在一定温度、压力和催化剂作用下转化生成 H_2、CO_2 及少量 CO 和 CH_4 的混合气体。它具有反应温度低、产物中 H_2 含量高、CO 含量较甲醇分解制氢法低（体积分数小于 2%）等优点。我国是世界上最大的甲醇生产国，占全球甲醇产能的 60%。甲醇来源丰富、成本低廉，常温常压下作为液体便于储存和运输。与工业制氢等其他制氢方式相比，甲醇制氢的能耗、成本较低。甲醇水蒸气重整制氢反应方程式如下所示。

总反应： $CH_3OH + H_2O = CO_2 + 3H_2 \quad \Delta H = +49.5\text{kJ/mol}$ (6-4)

副反应： $2CH_3OH = CH_3OCH_3 + H_2O \quad \Delta H = -24.9\text{kJ/mol}$ (6-5)

该反应最佳反应温度为 250～300℃，最佳反应压力为 1～5MPa。甲醇水蒸气重整反应生成的 H_2 和 CO_2，经过变压吸附法将 H_2 和 CO_2 分离，得到高纯氢气。CO_2 可用变压吸附装置提纯到食品级，用于饮料及酒类行业。

(5) 氨分解制氢

氨分解制氢通过液氨加热至 800～850℃并在镍基催化剂作用下分解，得到含 75%H_2 和

25%N_2 的混合气体。1kg 液氨完全分解能产生 2.64m^3 氢氮混合气体。所得的气体含杂质较少（杂质中含水汽约 2g/m^3，残余氨约 1×10^{-3}），再通过分子筛（美国 UOP）吸附纯化器，气体的露点可降至−60℃以下，残余氨可降至 3×10^{-6} 以下。氨裂解制氢炉可用于有色金属、硅钢、铬钢和不锈钢等金属材料和零件的光亮退火、硅钢片的脱碳处理、铜基与铁基粉末冶金烧结、电真空器件的金属零件烧氢处理、半导体器件的保护烧结和封结、钯合金膜扩散纯化氢气的原料气供应等。原料氨容易得到，价格低廉，原料消耗较少。氨裂解来制取保护气体具有投资少、体积小、效率高等优点。氨分解制氢的工艺流程图如图 6-40 所示。液氨经氨减压阀减压，进入汽化器，然后进入热交换器和氨分解出来的氢气进行热量交换，进入分解炉里，分解成氢氮混合气，出来的热气体和氨进行热量交换，再进入静态混合式水冷却器冷却后，即可送到使用点。

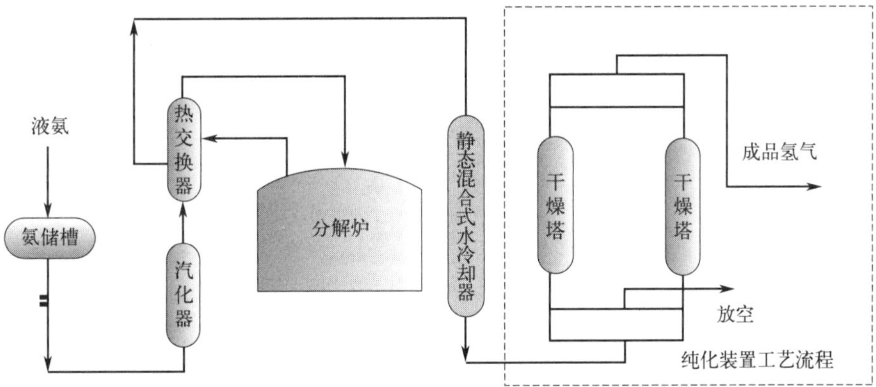

图 6-40　氨分解制氢工艺流程图

(6) 电解水制氢

电解水制氢是一种较为方便的制取氢气的方法。在充满电解液的电解槽中通入直流电，水分子在电极上发生电化学反应，分解成氢气和氧气。电解水制氢是未来清洁可持续能源使用的重要技术。电解水制氢技术主要分为以下几种。

① 碱性电解水（AWE）。技术成熟，电池材料成本较低，是目前应用最广泛的电解水制氢技术。碱性电解槽是电解水制氢的主要场所，核心部件包括阴极电极（cathode electrode）、阳极电极（anode electrode）、隔膜（membrane，MEA）、流场分离板（flow field separation plate）、气体扩散层（gas diffusion layer，GDL）和双极板（bipolar plate）等，其主要结构和工作原理如图 6-41 所示。槽内电解液经隔膜分隔成阴极与阳极区域，隔膜允许氢氧根离子和水分子通过，也能分离氢气和氧气，以此确保产物纯净与安全。两个电极均浸在含有 20%～40%的 NaOH 或 KOH 的水溶液中。电化学水分解由两个单独的半电池反应组成，分别为阴极处的析氢反应（hydrogen evolution reaction，HER）和阳极处的析氧反应（oxygen evolution reaction，OER）。具体反应方程式如下所示。

阴极：
$$4H_2O+4e^- = 2H_2\uparrow+4OH^- \tag{6-6}$$

阳极：
$$4OH^- -4e^- = 2H_2O+O_2\uparrow \tag{6-7}$$

总反应：
$$2H_2O = 2H_2\uparrow+O_2\uparrow \tag{6-8}$$

反应遵循法拉第定律，气体产量与电流和通电时间成正比。碱性水电解是绿色制氢的成熟技术，在规模化生产中越来越受到关注。然而，仍然需要优化工艺并开发更实惠、活性和耐用的电催化剂，特别是对于要求更高的碱性水电解。对于催化剂的开发，首先必须更好地了解工艺和反应机理。原子经济性是可持续催化剂设计应考虑的一个关键生态和经济因素。也可以考虑一步制备电催化剂工作电极，以降低制造成本。

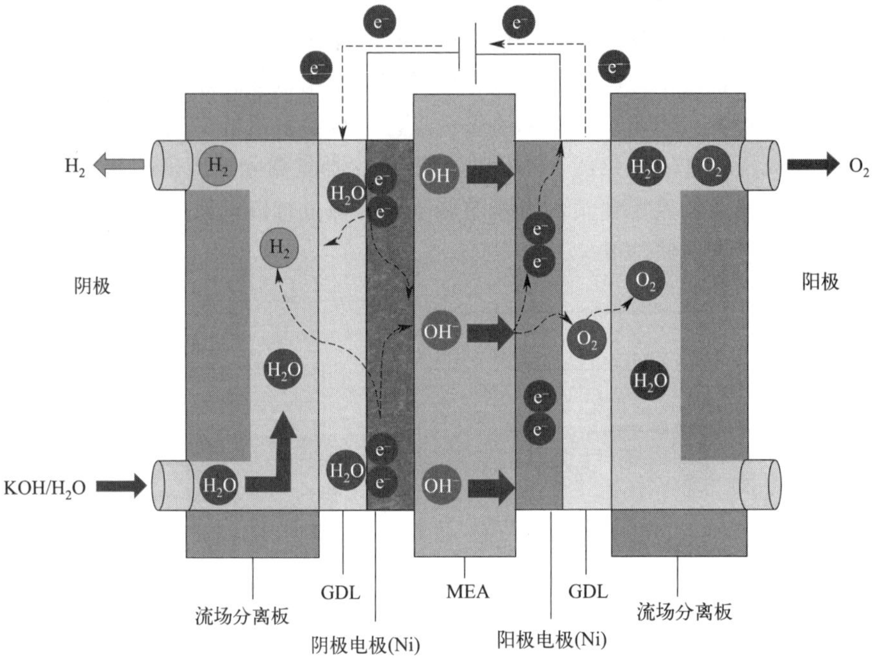

图 6-41 碱性电解水制氢基本原理

② 质子交换膜电解水。质子交换膜电解水，简称 PEM 电解水，是一种高效的电解水产氢技术。该技术通过特定装置将水高效分解为氢气和氧气，为能源领域带来了革命性的变化。PEM 电解水装置的核心部件包括电解槽，其中又以膜电极最为关键（图 6-42）。质子交换膜，简称 PEM，作为膜电极的重要组成部分，其两侧涂覆的催化层对电解反应起着至关重要的作用。在阴极，铂系催化剂有效地促进了氢气的生成，而阳极面临更为严苛的环境，需要使用具有抗氧化、耐腐蚀特性的催化剂材料。目前，铱、钌及其氧化物等材料因其出色的稳定性和催化性能，成为了阳极催化剂的理想选择。在 PEM 电解水过程中，质子交换膜作为电解质，在阳极和阴极发生特定的化学反应：阳极上，水被分解成氧气、氢离子和电子；阴极上，氢离子接受电子被还原成氢气，纯度通常可达 99.99%左右。

质子交换膜电解水技术凭借其高电流密度（通常在 10000A/m^2 以上）、快速响应和紧凑的结构特点，特别适合与可再生能源结合使用。然而，PEM 电解水技术也面临一些亟待解决的挑战。其中之一便是催化剂的成本问题，特别是阳极催化剂所需的铱、钌等贵金属材料价格高昂，这在一定程度上限制了其大规模的商业应用。另外，质子交换膜和气体扩散层的耐久性和化学稳定性也需要进一步的研究和优化。尽管如此，通过不断的科技创新和优化，PEM 电解水有望成为未来绿电制氢的重要技术路线之一，为推动清洁能源的广泛应用和能源结构的转型做出积极贡献。

③ 固体氧化物（SOEC）电解水制氢。固体氧化物（SOEC）电解水制氢是一种高温电解水技术，操作温度为 700～1000℃，其由多孔的氢电极、氧电极和一层致密的固体电解质组成。由于其工作温度高，能够大大增加反应的动力，同时可大幅降低电能消耗。在某些特

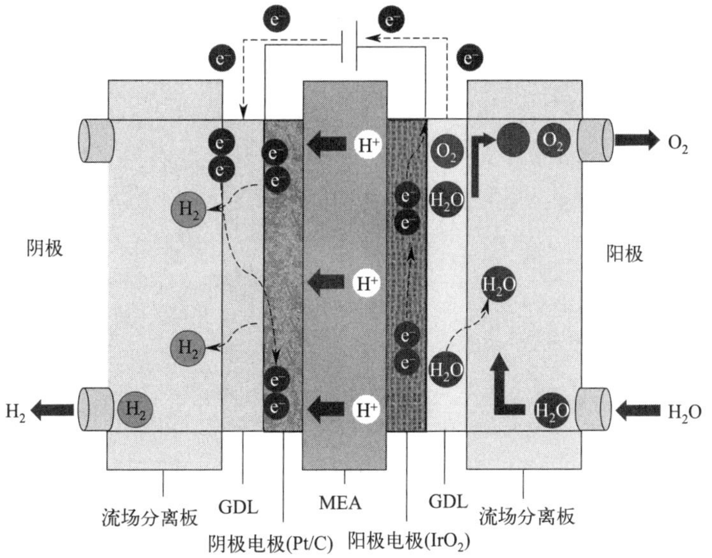

图 6-42　质子交换膜电解水制氢基本原理

定场合，如高温气冷堆、太阳能集热等，SOEC 电解水制氢技术有较大的发挥空间。SOEC 电解水制氢技术在电耗等方面具有不小优势，但仍存在使用温度高、投入大、启停慢、循环寿命低等技术壁垒，尚处于室内验证阶段，未实现市场化推广。目前除固体氧化物电解水外，AWE 和 PEM 制氢都已获得规模化应用。

固体氧化物电解槽主要由三个部件组成：两个多孔电极（阳极和阴极）以及能够传导氧离子的致密陶瓷电解质。电解质材料通常采用固体氧化物，电解过程中，在阴极侧水分子接受电子被还原成氢气和氧离子，氢气从阴极表面释放，氧离子通过离子交换膜到达阳极侧，在阳极侧被氧化产生氧气和电子，氧气从阳极表面释放，电子通过外部电路移动到阴极侧（图 6-43）。

（7）太阳能制氢

太阳能制氢是指利用太阳能生产氢气的系统，有光分解制氢、太阳能发电和电解水组合制氢系统。太阳能制氢是近 30～40 年才发展起来的。到目前为止，对太阳能制氢的研究主要集中在如下几种技术：热化学法制氢、光电化学分解法制氢、光催化法制氢、人工光合作用制氢和生物制氢。太阳能直接热分解水制氢是最简单的方法，就是利用太阳能聚光器收集太阳能直接加热水，使其达到 2500K 以上（3000K 以上）的温度从而分解为氢气和氧气的过程。太阳能直接热分解水制氢这种方法的主要问题是：①高温下氢气和氧气的分离；②高温太阳能反应器的材料问题。因面临上述两个难题，太阳能直接热分解水制氢进展缓慢。随着聚光技术和膜科学技术的发展，Abraham Kogan 教授从理论和试验上对太阳能直接热分解水制氢技术的可行性进行了论证，并对如何提高高温反应器的制氢效率和开发更为稳定的多孔陶瓷膜反应器进行了研究。如果在水中加入催化剂，使水的分解过程按多步进行，就可以大大降低加热的温度。由于催化剂可以反复使用，因此这种制氢方法又叫热化学循环法。科学家们已研究出 100 多种利用热化学循环制氢的方法，所采用的催化剂为卤族元素、某些金属及其化合物、碳和一氧化碳等。热化学循环法可在低于 1000K 的温度下制氢，制氢效率可达 50%左右，所需热量主要来自核能和太阳能，为了适应未来大规模工业制氢的需要，

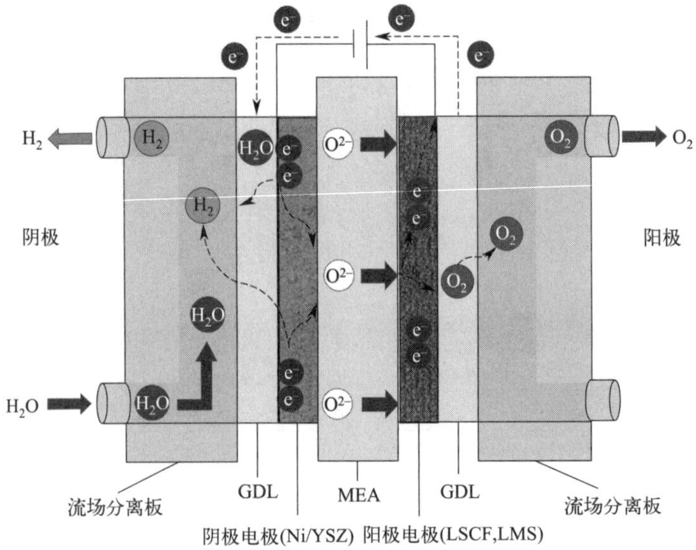

图 6-43　SOEC 电解制氢基本原理

科学家们正在研究催化剂对环境的影响、新的耐腐蚀材料以及氧和重水等副产品的综合利用等课题。

光电化学分解法制氢是通过光电催化转化方法，将水分解产生氢气。典型的光电化学分解水制氢装置由光阳极和阴极构成。光阳极通常为光半导体材料，受光激发可以产生电子-空穴对，光阳极和对极（阴极）组成光电化学电池，在电解质存在下光阳极吸光后在半导体带上产生的电子通过外电路流向阴极，水中的氢离子从阴极上接受电子产生氢气（图 6-44）。半导体光阳极是影响制氢效率最关键的因素。应该使半导体光吸收限尽可能地移向可见光部分，减少光生载流子之间的复合以及提高载流子的寿命。光阳极材料研究得最多的是 TiO_2。TiO_2 作为光阳极，耐光腐蚀，化学稳定性好。但它的禁带宽度大，只能吸收波长小于 387nm 的光子。主要的解决途径就是掺杂与表面修饰。

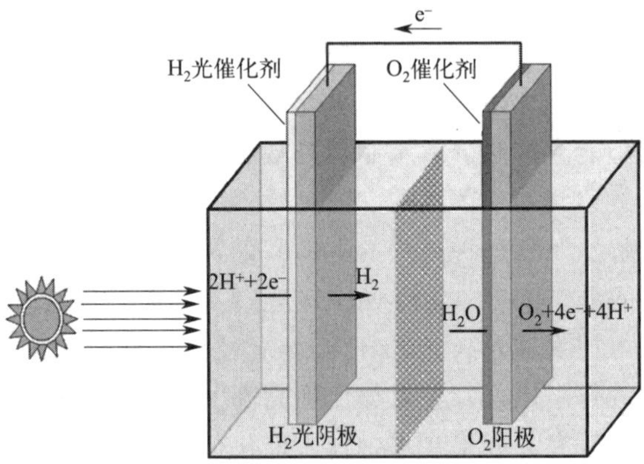

图 6-44　光电催化水分解制氢示意图

光催化法制氢是在一定的光照条件下，光催化材料催化水分解，产生氢气。然而到目前为止，利用催化剂光解水的效率还很低，只有 1%～2%。已经研究过的用于光解水的氧化还原催化体系主要有半导体体系和金属配合物体系两种，其中以半导体体系的研究最为深入。半导体光催化在原理上类似于光电化学电池，细小的光半导体颗粒可以被看作是一个个微电极悬浮在水中，他们像光阳极一样发挥作用，所不同的是它们之间没有像光电化学电池那样被隔开，甚至阴极也被设想在同一粒子上，水分解成氢气和氧气的反应同时发生。在光的激发下，光催化材料价带上电子吸收能量后跃迁到导带，在价带和导带分别产生了空穴与电子，吸附在光催化材料的水分子被空穴氧化成为氧气，同时产生的氢离子在电解液中迁移后被电子还原成为氢气（图 6-45）。和光电化学电池相比，半导体光催化分解水放氢的反应大大简化，但通过光激发在同一个半导体微粒上产生的电子-空穴对极易复合。因此，为了抑制氢和氧的逆反应及光激发半导体产生的电子和空穴的再结合，可加入电子给体作为空穴清除剂，以提高放氢效率。废水中许多有机物是良好的电子给体，如果把废水处理与光催化制氢结合起来，可同时实现太阳能制氢和太阳能去污。

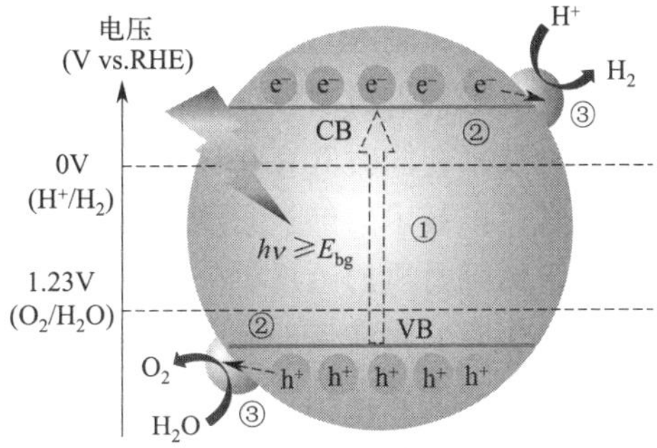

图 6-45　半导体光分解水制氢示意图

6.7.2　氢气存储技术

氢气在一般条件下以气态形式存在，且易燃、易爆，给其储存和运输带来了很大的困难。储氢是氢能应用现代产业链的能量枢纽和能量“银行”，发挥稳定储供的“蓄水池”作用。氢气的质量能量密度约为 120MJ/kg，约为汽油、柴油、天然气的 2.7 倍，但单位体积能量密度仅为天然气的 1/3，如何保持高能量密度储存是储氢技术的关键。储氢技术是氢能应用系统中的关键环节，也是制约氢气大规模应用的关键因素之一。在氢能应用过程中，提供一个稳定安全的氢能储存方案，是满足当前和未来氢能大规模应用的首要保障。按照氢气的物理特性，将主流的储氢方式分为高压气态储氢、低温液态储氢、有机液态储氢和固态储氢四类，各类储氢技术的优缺点见表 6-6。

第6章

表 6-6　代表性储氢技术优缺点

技术类别		储氢密度	优点	缺点
物理储氢	高压气态储氢	1%～5%（质量分数）	使用最广泛且技术最成熟、充放速度快、使用温度低	储氢量少，单位质量储氢密度较低；受压力和储氢瓶材料影响较大；存在泄漏、爆炸等安全隐患
	低温液态储氢	5.5%（质量分数）	储氢密度高，在常温、常压下液氢的密度是气态氢的 800 倍以上	对转化技术、存储材料要求较高，成本较昂贵；国内技术不成熟，仅用于航天领域，尚未实现民用
化学储氢	有机液态储氢		储氢密度较高，通过加氢、脱氢反应过程循环利用有机液体，成本相对较低	加氢、脱氢装置成本较高；脱氢效率低且氢气纯度不高；需燃烧少量有机化合物，非“零排放”
吸附储氢	固态储氢	1.4%～20%（质量分数）	分为物理吸附储氢和化学吸附储氢、固态低压合金储氢在相同体积条件下，有效储存的氢气质量相对较高；碳质材料储氢吸附能力较强，储氢质量密度较高，能达到 6%～12%，且质量较轻，容易脱氢	金属合金储氢技术尚未完全成熟；碳质材料储氢技术处于早期阶段，机理认识不完全，制备过程较复杂，成本高

(1) 高压气态储氢技术

高压气态储氢技术属于物理储氢技术，即利用高压将氢气压缩，以高密度气态形式储存到耐高压的不锈钢储气瓶中。氢气质量密度随压力增加而增加，在30～40MPa时，增加较快；当压力大于70MPa时，变化很小。因此，储罐工作压力须在35～70MPa范围内。高压气态储氢技术具有成本较低、能耗低、易脱氢、工作条件较宽等特点，是发展最成熟、最常用的储氢技术，同时其存在储量小、耗能大，需要耐压容器，存在氢气泄漏与容器爆破等不安全因素。该技术的储氢密度受压力影响较大，压力又受储罐材质限制。因此，目前的研究热点在于储罐材质的改进。

寻找轻质、耐高压的储氢罐成为高压气态储氢的关键。目前从技术角度看，高压气态储氢容器主要分为纯钢制金属瓶（Ⅰ型）、钢制内胆纤维缠绕瓶（Ⅱ型）、铝内胆纤维缠绕瓶（Ⅲ型）及塑料内胆纤维缠绕瓶（Ⅳ型）四种级别产品（表6-7）。Ⅰ型和Ⅱ型储氢瓶具有单位质量储氢量少、容易产生氢脆效应、运行过程中容易失效等问题，逐渐淡出市场。Ⅰ型和Ⅱ型主要用在加氢站等固定储氢领域。而Ⅲ型和Ⅳ型瓶采用新型的碳纤维、玻璃纤维等材料，相比金属内胆气瓶，具有更高的耐疲劳性能，气瓶质量较轻，选用的塑料材料具有更好的氢气相容性，单位质量储氢密度有所提高（容重比）也是目前最高的。因此，车载储氢瓶大多使用Ⅲ型和Ⅳ型。国外目前已经实现Ⅳ型储氢瓶在车用领域70MPa的应用；受限于碳纤维、树脂性能差，国内目前主要使用的是35MPa的Ⅲ型瓶。

表6-7 不同类型储氢瓶对比

性质	Ⅰ型	Ⅱ型	Ⅲ型	Ⅳ型
材质	纯钢制金属瓶	钢制内胆纤维缠绕瓶	铝内胆纤维缠绕瓶	塑料内胆纤维缠绕瓶
工作压力/MPa	17.5～20	26.3～30	30～70	>70
介质相容性	有氢脆、有腐蚀性	有氢脆、有腐蚀性	有氢脆、有腐蚀性	有氢脆、有腐蚀性
质量储氢密度/%	≈1	≈1.5	2.4～4.1	2.5～5.7
体积储氢密度/(g/L)	14.28～17.23	14.28～17.23	35～40	38～40
使用寿命/a	15	15	15～20	15～20
成本	低	中等	最高	高
车载是否可以使用	否	否	是	是

(2) 低温液态储氢技术

低温液态储氢技术是利用氢气在高压、低温条件下液化的体积密度为气态时的845倍，实现高效储氢，输送效率远高于高压气态储氢。因此，相比于气体存储，液态氢气的存储具有更大的优势，尤其是其能量密度高、储氢密度大、运输方便的优势使其拥有很大的发展空间。但是液氢技术也存在一定的技术难题和缺陷，液氢的液化需要消耗1417.8kJ/mol的能量，占液氢自身燃烧热的30%左右，液化成本相对较高。相较于其他液态气体，氢气液化后的沸点只有20.37K，温度极低，与所处环境的温度差值巨大，对储罐材料的绝热性能有极高要求。在储氢过程中还存在热漏损、自然挥发、耗能极大，同时还存在对容器密封性要求更高的问题，因此大规模实现液氢的工业化应用还具有相当高的难度。

(3) 储氢材料储氢技术

储氢材料储氢技术是指利用固体储氢材料（如稀土合金等）、有机液体材料（烷烃类化合物等）通过吸附储氢、化学储氢来实现氢的储存和释放。目前国内外储氢材料储氢产业化均很少，基本处于小规模的试验阶段。吸附储氢是利用吸附剂与氢气作用，实现高密度储氢，主要包括金属合金、碳质材料、金属框架物等材料。在一定的温度和压力条件下（以$LaNi_5$为例，只需在室温下给以一定充氢压力)，当外界的高纯氢气通入罐体内时，氢气会与罐体内的储氢合金发生反应；在另一温度压力条件下，又能将氢气释放出来，所以储氢合金就像“海绵”一样可逆地吸放氢气。在氢气的使用过程中，要经历扩散以及化合等过程，这些过程将会受到反应热力学以及动力学的制约，使氢气在使用过程中不易发生爆炸，安全性远高于高压气态储氢。常见的金属氢化物储氢的材料有以下几种。①稀土储氢材料：自 1969 年荷兰飞利浦实验室发现 $LaNi_5$ 型稀土类合金以来，AB_5 型稀土类合金就被全世界的研究人员广泛研究。AB_5 型稀土类合金吸氢后形成稳定的氢化物 AB_5H_x。以 $LaNi_5$ 型稀土储氢合金为例，最大吸氢量大约为 1.38%(质量分数，下同)。②Mg 和 MgH_2 基储氢合金：镁基储氢合金相较于稀土储氢合金，具有质量轻、储氢量大(≥3.6%)、地球储量丰富和成本低等优点。③Ca 和 CaH_2 基储氢体系：同 Mg 基储氢材料类似，Ca 基储氢材料也具有非常高的单位质量储氢量，CaH_2 的最大储氢量能达到 4.8%。④Ti 基储氢材料：Ti 基储氢材料最常用的合金体系为 Ti-Fe 基合金体系，理论储氢量大约为 1.86%，完全活化条件为 673K、5MPa，可以反复进行吸放氢。

(4) 有机液态储氢技术

有机液态储氢是采用能与氢反应生成性质稳定的氢能载体的有机储氢液体进行存储的方法。该方式利用液体不饱和类有机物加氢和脱氢的可逆过程，实现氢的储存和释放，参考流程如图 6-46 所示。有机液态储氢的质量储氢密度约为 5%～10%，储氢量较大，且存储介质为液态有机物，存储的同时也可以进行常温常压输送，相对气态存储更为安全。研究较多的液态储氢介质有苯、甲苯、萘和乙基咔唑等，相关信息及性质见表 6-8。相关技术在我国仍处于研究阶段，尚未大规模普及。

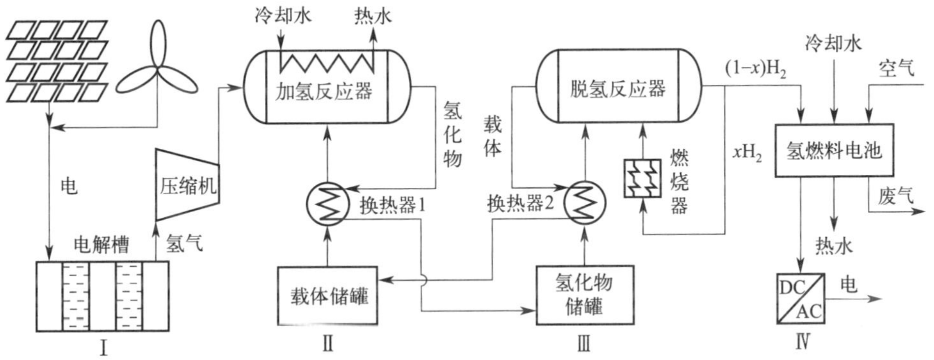

图 6-46 有机液态储氢示意图

表 6-8 典型有机液态储氢介质的储氢性能

项目	苯/环己烷	甲苯/甲基环己烷	萘/十氢萘	乙基咔唑/十二氢乙基咔唑	二苄基甲苯/十八氢二苄基甲苯
化学组成	C_6H_6/C_6H_{12}	C_7H_8/C_7H_{14}	$C_{10}H_8/C_{10}H_{18}$	$C_{14}H_{13}N/C_{14}H_{25}N$	$C_{21}H_{20}/C_{21}H_{38}$
加氢温度/℃	80～180	150～200	80～160	90～150	80
加氢产物常温状态	液态	液态	液态	液态	液态
沸点/℃	80.74	100.9	185.5		395
质量储氢能力/%	7.2	6.2	7.3	5.8	6.2
体积储氢能力/(kg/m^3)	55.9	47.4	65.4		57
脱氢温度/℃	300～320	300～350	320～340	170～200	260～310
脱氢产物常温状态	液态	液态	固态	固态	液态

6.7.3 氢气运输

氢能作为未来新能源发展的重点方向，储运的安全、效率、成本是其规模发展的主要瓶颈，也是国内外研究的热点和重点问题。考虑到管道运输长期以来均被视为大规模运输介质的低成本方式，因此下面仅针对氢能可能的几种管道运输方式进行分析。

（1）高压氢气管道输送

氢气和甲烷具有相似的性质，高压氢气管道输送可参考天然气管道建设经验，但与天然气环境相比，氢环境会造成管道钢力学性能的劣化。许多研究和实验项目中都发现，氢原子在金属晶格中的溶解和扩散会引起金属材料性能的退化、脱碳，甚至鼓泡或开裂等损伤。与天然气管输行业相比，常温高压临氢管道还没有形成统一的设计和选材标准。但随着时代的发展，近年来全球各国正逐步开始布局氢能储运技术，提出了 10MPa 以上的纯氢和掺氢长距离输送管道设计方案。为保证高压氢气管输的安全，需采取抗氢脆措施，选用氢脆敏感性低的低强度管道钢或降低输氢压力。这也导致了氢气管道系统相比天然气管道系统建设成本更高，经济效益更低。有文献指出，输氢管道的建造成本约为 62 万 \$/km，而天然气管道的建造成本仅为 19 万 \$/km，氢气管道的造价为天然气管道造价的 3 倍左右。同时，由于氢气制备成本高、能量密度低，相比传统化石能源暂时缺乏竞争力。目前，我国在运加氢站的氢气售价普遍在 60～80 元/kg，相较于汽油、柴油和纯电动竞争优势不明显，短期内只能依靠补贴的模式，长远看不能解决产业发展的根本问题。预计只有当加氢站的氢气售价低于 40 元/kg 时，才能真正使氢能走向“市场驱动”。从全球范围来看，据不完全统计，目前输氢管道的建设规模接近 4700km，相关统计数据见表 6-9。美国已经建设了 2720km 的输氢管道，而欧洲则已有 1500km 以上的输氢管道。

表 6-9 国内外高压氢气长输管道统计

国家	里程/km	典型管道	管道规格
美国	2720	空气产品公司(AP)于墨西哥湾沿岸建造的全球最大氢气供应管网	全长 965km，输氢量 $150\times10^4m^3/h$(标准状态)
德国	390	于德国莱茵—鲁尔工业区 HULL 化工厂建造的全球最早的输氢管道	全长 240km，管径 250～300mm，运行压力 0.2～2.1MPa
中国	109	巴陵—长岭输氢管道	全长 42km，管道材质为 20 号无缝钢管，管道规格 ϕ406mm×11mm，设计压力 5MPa，设计输气量 $7\times10^4m^3/h$(标准状态)
		济源—洛阳输氢管道	全长 25km，年输氢 10.04×10^4t，管道材质为 L245NS，管道规格 ϕ508mm×11.1/11.9mm，设计压力 4.0MPa
		扬子—仪征输氢管道	全长 40.4km，管道规格 ϕ325mm，首站设计压力 4MPa，设计温度 60℃，输送能力 $4\times10^4t/a$
		玉门油田水电厂氢气输送管道	全长 5.5km，年输氢 7000t，中石油首条绿氢输送管道，是玉门油田 160MW 可再生能源制氢示范项目的重要配套工程，这也是国内首个绿氢输送管道

（2）天然气管道掺氢输送

在天然气输送管道中掺入一定比例的氢气，被认为是目前可发展的氢气大规模输送方式之一。有学者认为，参考目前的几类氢能输运方式，长距离管道纯氢与天然气掺氢输送是实现氢能大规模、网络化输送最有潜力的技术，特别是针对现有天然气管网进行少量改造实现天然气掺氢输送，可节约大量基础设施建设费用。中国氢能产业发展的中期（2020—2030年）任务之一是示范应用掺氢天然气管道输送技术，为迈入非碳的“氢能时代”奠定基础。表 6-10 统计了部分国内外天然气管网掺氢输送典型项目。天然气掺氢管输可以利用现役天然气管道设施，降低氢气管道的前期建设成本，有望弥补气态氢体积能量低所带来的劣势，并能在掺氢输送的实际应用中探索气态氢管输的其他问题。目前已有学者对天然气掺氢管输的可行性做了研究，中国工程院衣宝廉院士也对天然气掺氢管输非常看好。但是，天然气管道掺氢输送在解决用户适用性的基础上，还需要研究掺氢比例对管内流体流动状态的影响及其工艺配套技术，探究管道材料和设施性能对掺氢输送的适应性，提高天然气管道掺氢输送的安全性和经济效益。

表 6-10 部分国内外天然气管网掺氢输送典型项目

项目名称	组织或国家	开展时间	项目介绍
Naturalhy	欧盟	2004 年	研究了天然气管道掺氢对包括天然气管网输送、配送及用户终端在内的整个系统的影响，为后续的掺氢天然气管道输送系统示范应用项目起到了参考作用
VG2	荷兰	2008 年	研究了电解制氢、掺氢混合过程以及掺氢天然气对荷兰管道和传统燃气器具性能的影响
WindGas Falkenhagen	德国	2013 年	开展了风电制氢与天然气管道掺氢结合的全过程技术链示范应用
GRHYD	法国	2014 年	将氢气以不高于 20%的比例注入天然气管网供居民使用，验证了电力制氢通过天然气管网混合输送的技术及经济可行性
HyDeploy	英国	2018 年	研究了在不影响终端用户安全、不改装设备的情况下将氢气混合到全国天然气网络中的可行性
SNAM 公司	意大利	2019 年	研究了发电厂涡轮压缩机、储存场和燃气锅炉等用户设备对掺氢天然气的适应性，用于探究天然气管道系统允许的掺氢比，当前输送天然气中的掺氢比为 10%
WSGG	澳大利亚	2020 年	利用风光发电电解水制氢，并将部分氢气注入 Jemena 公司的新南威尔士州天然气网络，为当地居民供暖
辽宁省朝阳市掺氢天然气管道安全关键技术验证示范项目	中国辽宁	2019 年	通过验证电力制氢和氢气流量随动定比掺混、天然气管道材料与氢气相容性分析、掺氢天然气多元化应用等技术的成熟性、可靠性及稳定性，达到全面验证示范氢气“制取-储运-掺混-综合利用”产业链关键技术的目的
天然气掺氢关键技术研发及应用示范项目	中国河北	2020 年	预计每年可向张家口市区输送氢气 $440\times10^4 m^3$
宁夏银川宁东天然气掺氢管道示范平台	中国宁夏	2023 年	管道全长 397km，天然气掺氢比例达到 24%

(3) 液氢管道输送

液氢输送，顾名思义就是将常温常压下气态的氢气通过降温加压的方式进行高密度输送。液氢管道在管材选择上，为保证管道绝热效果以及管材低温性能，主要采用不锈钢、铝合金、钛合金以及复合材料等具有优异的抗氢脆性能、良好的低温性能、可焊性及耐腐蚀性的材料。目前 300 系列奥氏体不锈钢被广泛应用于液氢储运容器中，海南航天发射场的 $300m^3$ 液氢运输罐车就是采用 321 不锈钢作为容器材料。相较于不锈钢，铝合金在质量、成形性、焊接性能、耐腐蚀性等方面更具优势，也已在国内外火箭液氢储罐中得到了应用。受限于液态输氢管道建设成本以及技术落后等问题，液氢几乎无法实现长距离、大规模的管道输送。目前液氢的长距离输送只能通过将液氢置于高度低温绝热储氢罐、液氢运输槽罐等特种储存装置内，依赖于槽车、火车、驳船等运输，尚没有长距离液氢管输实例。如何降低液氢输送管道的建设成本以及实现长距离液氢管道的快速预冷，是目前低温液氢管输的主要问题。低温液氢管输未来可期，但目前看来更适合在航空航天等限定液氢作为高能量燃料的场景中，作为短距离定点输送的管输方式，尚不能作为氢能大规模管输的合理选择。

思考题

1. 简述太阳能光伏发电的原理。
2. 从“碳中和”角度分析生物质能未来发展的方向。
3. 比较潮汐发电和水力发电的优缺点。
4. 写出氢能主要制备方法的方程式，并比较其优缺点。
5. 简述氢能存储和运输的主要途径。
6. 分析可燃冰开采过程可能遇到的困难。
7. 分析太阳能发电、风能发电等新能源发电技术的优缺点。

参考文献

[1] 国家自然科学基金委．中国学科发展战略能源化学［M］．北京：科学出版社，2022.

[2] 国际能源署．2023年可再生能源［R］．巴黎：OECD/IEA，2024.

[3] 国家能源局，科学技术部．“十四五”能源领域科技创新规划［R］．北京：国家能源局，2022.

[4] Tao X，Zhao Y，Wang S，et al. Recent advances and perspectives for solar-driven water splitting using particulate photocatalysts［J］. Chemical Society Reviews，2022，51（9）：3561-3608.

[5] Chen S，Qi Y，Li C，et al. Surface strategies for particulate photocatalysts toward artificial photosynthesis［J］. Joule，2018，2（11）：2260-2288.

[6] 庄修政，张兴华，张琦，等．“双碳”背景下中国生物质能利用技术的发展现状及挑战［J］．太阳能，2024（7）：40-49.

[7] 于琳浩．生物质平台分子5-羟甲基糠醛的催化氧化研究［D］．天津：天津大学，2021.

[8] 史宏达，尤再进，罗兴锜．基于我国资源特征的海洋能高效利用研究［J］．中国基础科学，2023，25（1）：7-14.

[9] 凌君谊，杨再明，高海波．可燃冰的开发现状与前景［J］．绿色科技，2021，23（16）：168-171+174.

[10] 蔡畠超．金属氢化物固态储氢器的安全性研究［D］．杭州：中国计量大学，2018.

[11] 刘洪茹，林文胜．基于液氢和氨的氢运输链能效和碳排放分析［J］．化工进展，2023，42（3）：1291-1298.

第 7 章 碳中和技术

7.1 温室效应及碳排放现状

温室效应是指透射阳光的密闭空间由于与外界缺乏热交换而形成的保温效应，就是太阳短波辐射可以透过大气射入地面，而地面增暖后放出的长波辐射却被大气中的 CO_2 等物质所吸收，从而产生大气变暖的效应。大气中的 CO_2 就像一层厚厚的玻璃，使地球变成了一个大暖房。据估计，如果没有大气，地表平均温度就会下降到 -23℃，而实际地表平均温度为 15℃，也就是说温室效应使地表温度提高了 38℃。科学家预测，今后大气中 CO_2 每增加 1 倍，全球平均气温将上升 1.5～4.5℃，而两极地区的气温升幅要比平均值高 3 倍左右。根据最近的气候报告，预计到 2050 年，全球平均气温将上升超过 2℃，到 2100 年将超过 4℃。因此，气温升高不可避免地使极地冰层部分融化，引起海平面上升。海平面上升对人类社会的影响是十分严重的。如果海平面升高 1m，直接受影响的土地约 530km^2，人口约 10 亿，受影响耕地约占世界耕地总量的 1/3。如果考虑到特大风暴潮和盐水侵入，沿海海拔 5m 以下地区都将受到影响，这些地区的人口和粮食产量约占世界的 1/2。一部分沿海城市可能要迁入内地，大部分沿海平原将发生盐渍化或沼泽化，不适于粮食生产。同时，对江河中下游地带也将造成灾害。当海水入侵后，会造成江水水位抬高，泥沙淤积加速，洪水威胁加剧，使江河下游的环境急剧恶化。温室效应和全球气候变暖已经引起了世界各国的普遍关注，目前正在推进制定国际气候变化公约，减少 CO_2 的排放已经成为大势所趋。

温室效应加剧主要是由于现代化工业社会燃烧过多煤炭、石油和天然气，这些燃料燃烧后放出大量的 CO_2 气体进入大气造成的。目前，每天约燃烧 2200 万 t 煤、100 亿 m^3 天然气和 1200 万 t 石油，以满足目前总能源需求的 82%，导致每年向环境释放 300 多亿 tCO_2。因此，CO_2 也被称为温室气体。此外，人类活动和大自然还排放其他温室气体，它们是氟氯烃(CFCs)、甲烷、低空臭氧和氮氧化物气体等。地球上可以吸收大量 CO_2 的是海洋中的浮游生物和陆地上的森林，尤其是热带雨林。除了排放更多的 CO_2，对森林乱砍滥伐，大量农田建成城市和工厂，破坏了植被，也减少了对 CO_2 的捕获与转化。此外，地表水域逐渐缩小，降水量大大降低，减少了吸收溶解 CO_2 的条件，破坏了 CO_2 生成与转化的动态平衡，使大气中的 CO_2 含量逐年增加。

不同类型的温室气体产生的增温效应差异较大。为了评价各种温室气体对气候变化影响的相对能力，人们采用了一个被称为“全球增温潜能值”(global warming potential，GWP)的参数。全球增温潜能值是某一给定物质在一定时间积分范围内与 CO_2 相比而得到的相对辐射影响值，用于评价各种温室气体对气候变化影响的相对能力。GWP 是基于充分混合的温室气体辐射特性的一个指数。尽管衡量温室气体作用强弱的评分方法有许多，但 GWP 无疑是最具参考价值的，特别是作为制定政策措施的依据。GWP 从分子角度评价温室气体，包括分子吸收与保持热量的能力，以及能在自然环境中存在多久而不被破坏或分解。如此这般，就能评价每种温室气体对温室效应的影响比重。GWP同样能够评价温室气体在未来一定时间的破坏能力，通常以20年、100年、500年来衡量(表7-1)。通常，由于自然的分解破坏机制，已有温室气体在大气中的浓度是逐年降低的，并且温室效应能力也一并减弱。然而某些CFCs家族气体，大气存留时间相当长，并且有可能其100年GWP值高于20年GWP。按照惯例，以CO_2的GWP值为1，其余气体与CO_2的比值作为该气体的GWP值。其余温室气体的GWP值一般远大于CO_2，但由于它们在空气中的含量少，我们仍然认为CO_2是温室效应的罪魁祸首，温室效应60%由其引发。其次为CH_4和N_2O。

表7-1 主要温室气体的GWP

温室气体	20年	100年	500年
二氧化碳	1	1	1
甲烷	62	21	7
一氧化二氮	275	296	156
CFC-12	7900	8500	4200
HCFC-22	4300	1700	520
氢氟碳化物	9400	11700	10000
全氟化物	3900	5700	8900
六氟化硫	15100	22200	32400

自工业革命以来，大气中CO_2的浓度逐渐增加(图7-1)。200多年前，大气中CO_2的浓度约为280μmol/mol，而如今已经超过了400μmol/mol。在2010—2020年间，全球大气中CO_2浓度的平均绝对增量为2.43μmol/(mol・a)。根据美国国家海洋和大气管理局NOAA全球监测实验室的年度报告，2023年全球平均大气CO_2浓度为419.3μmol/mol，较2022年增加了2.8μmol/mol，这是大气中CO_2含量连续第12年增加超过2μmol/mol。2024年CO_2增量创下历史新高，2024年较2023年CO_2浓度增加了近3.6个百万分率，达到超过424×10^{-6}的新高。CO_2的长期增加无疑是由人类活动造成的，主要是通过燃烧煤炭、石油和天然气以及砍伐森林。除了引起温室效应，导致全球气温升高外，CO_2对海洋生态环境也有较大影响。CO_2会像汽水中的气泡一样溶解在海洋中，它与水分子发生反应，产生碳酸并降低海洋的pH值(提高其酸度)。自从工业革命开始以来，海洋表层水的pH值已经从8.21下降到8.10，这种pH值的下降被称为海洋酸化。

衡量碳排放水平的各种量化指标具有很大的不确定性。国际上围绕碳排放有很多量化的指标，主流指标是碳排放总量和单位GDP碳排放量(即碳排放强度)。世界各国基于不同的利益提出了各种碳减排原则，但大致可归纳为国际公平、人际公平、代际公平和效率公平等四大原则，分别以国家碳排放总量、人均碳排放量、累积碳排放量、碳排放强度为主要衡量指标。但由于各国社会经济制度、相关管理机制、生产消费体系乃至具体核算过程都存在宏观或微观的差异，产生了很多不确定性，也引发了国际应对气候变化的许多争论。图7-2显示主要国家人均碳排放量对比。2019年，我国的生产端人均碳排放量是7.28t/人，高于全球平均水平，不过比美国要低很多；从消费端来看，我们的人均排放量比英法美都低；最核心的是图7-2最右边图中展示的人均累计碳排放量，大家都知道，一个国家的发展，尤其是基础设施建设，是逐年累积的，这张从1900年算起的人均累计碳排放量对比图显示，全球平均水平是209.62t/人，我国才157.39t/人，美国是1218.71t/人，欧洲的法国、英国这些国家都比我国多得多。所以计算人均累计碳排放量，我国远远低于全球平均。当前，我国现在的碳排放总量比较高，这和我国当前经济发展比较快有关。

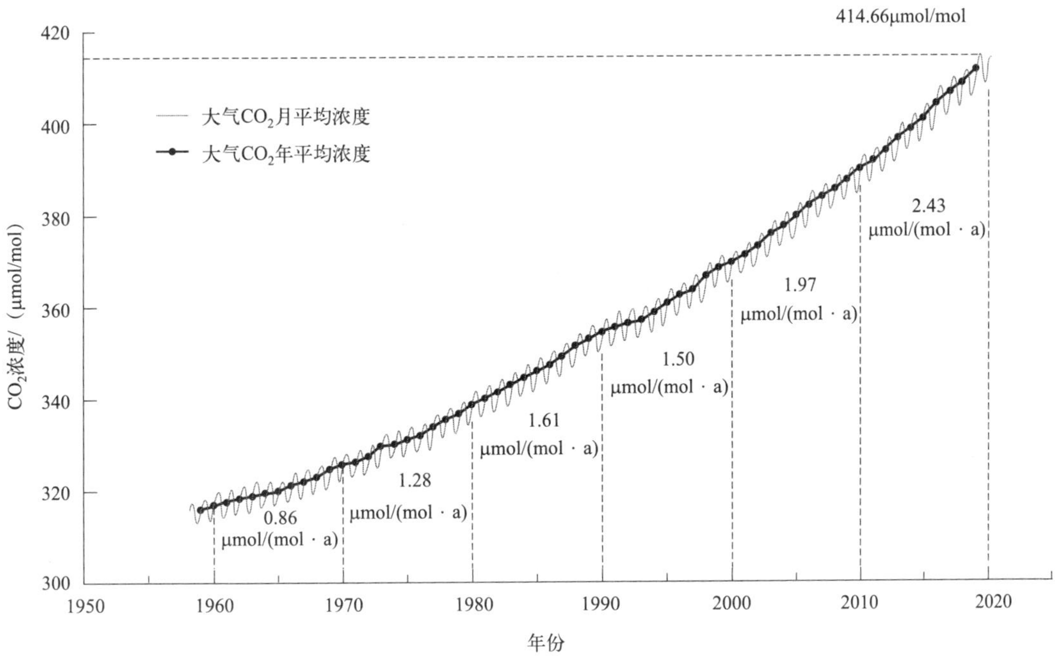

图 7-1　1958—2020 年大气 CO_2 浓度年平均和月平均变化

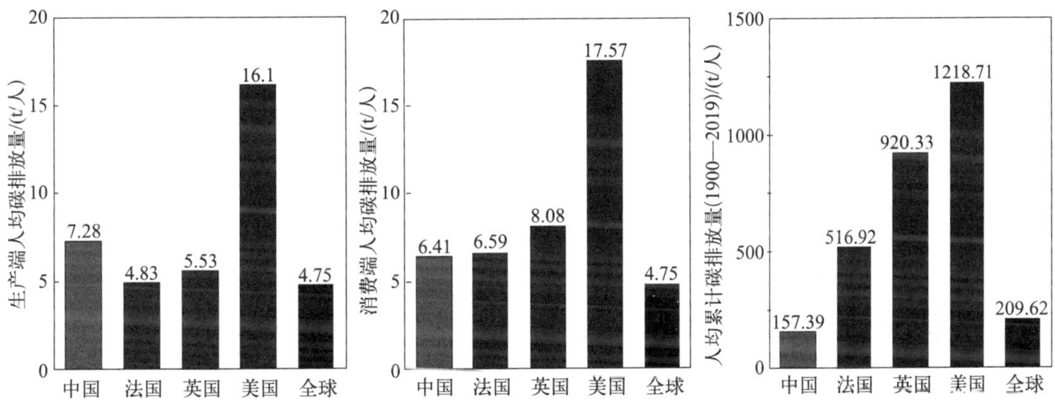

图 7-2　主要国家 2019 年碳排放量比较

7.2　碳中和目标及实现

碳中和，也称“净零排放”，是指人类经济社会活动所必需的碳排放，通过森林碳汇和其他人工技术或工程手段加以捕集利用或封存，从而使排放到大气中的温室气体净增量为零。它是人们对地球变暖的现实进行反思、自省后的自律，是觉醒后的积极行动。其最初由环保人士倡导，逐渐得到越来越多民众的支持，并成为各国政府所重视的实际绿化行动。2020 年 9 月 22 日，国家主席习近平在第七十五届联合国大会一般性辩论上发表重要讲话：“应对气候变化《巴黎协定》代表了全球绿色低碳转型的大方向，是保护地球家园需要采取的最低限度行动，各国必须迈出决定性步伐。中国将提高国家自主贡献力度，采取更加有力的政策和措施，二氧化碳排放力争于2030年前达到峰值，努力争取2060年前实现碳中和。”中国作为世界上最大的发展中国家，主动承担起碳达峰、碳中和的国家责任，通过加强国际能源合作和共建绿色“一带一路”等举措，将会带来显著的带动和示范效应，为人类现代化树立发展标杆，为全球生态文明建设和可持续发展做出积极贡献。

表7-2为全球主要国家碳达峰和承诺碳中和的时间。从表中可以看出，主要发达国家已经达到碳排放峰值。美国实现碳达峰的时间是2007年，实现碳中和的时间为2050年；欧盟实现碳达峰的时间为1990年，实现碳中和的时间为2050年；加拿大实现碳达峰的时间为2007年，实现碳中和的时间为2050年；韩国实现碳达峰的时间为2013年，实现碳中和的时间为2050年；日本、澳大利亚实现碳达峰和碳中和的时间分别为2013年和2050年、2006年和2050年；此外，南非实现碳中和的时间是2050年，巴西实现碳达峰的时间为2012年。除此之外，我国计划在2030年实现碳达峰，比欧盟实现碳达峰晚约40年，比美国晚约23年，比日韩晚约17年；之后，我国计划在2060年实现碳中和，仅比发达经济体实现碳中和晚约10年。

表7-2 主要国家碳达峰和承诺碳中和时间 单位：年

国家和地区	碳达峰时间	碳中和时间
美国	2007	2050
欧盟	1990	2050
加拿大	2007	2050
韩国	2013	2050
日本	2013	2050
澳大利亚	2006	2050
南非	2025	2050
巴西	2012	2050

碳中和问题之所以引起全球范围内的广泛关注，主要因为气候变化已对全球各个居住地区造成影响，伴随着一系列极端气候的变化，并对经济发展造成冲击。据我国应急管理部统计，频发极端天气造成的经济损失居我国自然灾害之首。此外，高气候风险对世界食品供应的影响也极为巨大，涉及水稻、小麦、大豆、大麦等粮食作物以及可可、咖啡等经济作物。“双碳”目标的提出具有多层面战略意义，切入点是气候履约。我国是《联合国气候变化框架公约》《巴黎协定》等协议的签约国，但提出“双碳”目标更为核心的原因在于新一轮的产业竞争。所谓产业竞争，是指世界进入“双碳”时代，从能源资源的角度看，全球经济发展模式正在从资源依赖型走向技术依赖型。首先，根据国际能源署分析，未来实现全球“双碳”目标，从化石能源转向以风、光等为主体的能源结构时，全球可提供的风光能源资源总量是足够的。人们过去经常讲到的挑战，化石能源不充足的资源约束将逐渐解除，足够支撑实现“双碳”目标。其次，目前全球经济高度依赖的化石能源地域分布极不均匀，煤炭、石油、天然气三种能源，2/3～3/4的储藏量都集中在位居前五位的储藏国。与化石资源相比，风光资源在全球分布相对更均匀，未来风电、光伏等新能源比例逐渐上升的过程中，谁的新能源技术领先，谁就抢得发展的先机，即经济发展走向技术依赖型。可以看到，欧洲、美国、日本等国家都在布局从资源依赖型走向技术依赖型的新一轮产业竞争。

“双碳”目标不仅促进产业竞争，还将推动根本性解决环境污染问题，对于生态文明建设、美丽中国目标实现有非常强的带动作用。同时，这对于全球尚未解决环境污染问题的发展中国家来讲，具有共性意义。提高环境质量的根本目的是健康。以 $PM_{2.5}$ 治理为例，在2020年，全国330多个城市 $PM_{2.5}$ 年均浓度平均在 $33\mu g/m^3$，如果没有“双碳”目标，按照“老”的治污政策路径，到 2060 年，$PM_{2.5}$ 年均浓度最多只会降到 25μg/m^3。而 2030 年实现“碳达峰”的话，到 2060 年，$PM_{2.5}$ 年均浓度就会降到 20μg/m^3。假设提前两年在 2028 年实现“碳达峰”，到 2060 年，$PM_{2.5}$ 年均浓度就会降到 18μg/m^3。2060 年如期实现“碳中和”，彼时全国 $PM_{2.5}$ 年均浓度会降到 8μg/m^3 左右，将为生态环境与百姓健康带来巨大福祉。

根据中国科学院院士丁仲礼以及清华大学关大博教授团队做的中国碳核算数据库(CEADs) 的估算，我国当前 CO_2 年排放量在 100 亿 t 左右，约为全球总排放量的四分之一。约 100 亿 tCO_2 的年总排放中，发电和供热约占 45 亿 t，建筑物建成后的运行(主要是用煤和用气) 约占 5 亿 t，交通排放约占 10 亿 t，工业排放约占 39 亿 t。工业排放的四大领域是建材、钢铁、化工和有色，而建材排放的大头是水泥生产(水泥以石灰石为原料，煅烧成氧化钙后，势必形成 CO_2 排放)。根据过去的全球碳循环数据，认为排放的 CO_2 约有 54%被陆地和海洋所吸收，假设未来几十年全球碳循环方式不变，那剩下的 46%则是应该被碳中和的对象。通过加强生态系统管理，陆地和海洋系统的固碳能力还会进一步增加。预计通过各种产业结构调整，我国 2060 年排放 25 亿～30 亿 tCO_2，各种生态系统固碳总量最多可达 22 亿 t，在此基础上，发展 5 亿 t 左右的 CO_2 利用技术，即可达到碳中和。从现在的 100 亿 tCO_2 降至 2060 年的 25 亿～30 亿 t，挑战性非常大。

具体的实现方式包括两种：一是通过植树造林等方式增加 CO_2 的吸收量；二是通过技术手段减少 CO_2 的排放量。碳中和的实现路径主要可分为五个板块，即资源增效减碳、能源结构降碳、地质空间存碳、生态系统固碳和市场机制融碳，“五碳并举”。资源增效减碳主要集中于节能和能效提升。我国能源强度是世界平均水平的 1.3 倍，远高于美、英、法、德、日等国家，是经济合作与发展组织(OECD) 国家的 2.7 倍。如果我国采取各种措施达到同样的经济目标，但将能源需求降到最低，当前消费水平下，能耗每降 1%，可减排 1 亿多吨 CO_2。能源结构降碳的主要目标是要大幅提升非化石能源比例，建立以新能源和可再生能源为主体的新型能源系统和电力系统。要重新认识我国的能源资源禀赋，只讲“富煤”“缺油”“少气”不能全面准确表述我国能源资源禀赋，丰富的可再生能源资源是我国能源资源的重要组成部分。地质空间存碳是指即使到了 2060 年，为了保障能源系统和电网系统的稳定，仍将保留一定量的化石能源使用，并进而产生 CO_2，届时将通过碳捕集、利用与封存对这部分 CO_2 进行处理。生态系统固碳与生态文明建设、美丽中国建设所涉及的山河林田湖草沙系统治理是目标一致的，随着生态系统的修复、巩固和建设，固碳增汇的收益也将更加显著。市场机制融碳，技术能够在市场上应用，主要取决于两点，一是政府的政策引导，更为重要的是市场机制。2021 年 7 月 16 日，全国碳市场正式启动上线交易。目前电力行业已被纳入全国碳市场，预计后续还会纳入建材、有色(冶金)、石油、化工等多个行业，且会覆盖到个人的碳足迹，100%覆盖各种碳的排放领域，通过市场信号、市场杠杆有序推动各类新技术的市场准入。

实现“双碳”目标，我国依然面临诸多挑战。第一大挑战在于关键核心技术的创新。据国际能源署分析，全球要实现碳中和所依赖的技术中，约有一半已经商业化，另外 50%仍需在未来数十年中逐步实现。我国碳中和技术总体成熟度不高，还有 2/3 的任务需要我国的科技工作者在未来几十年研发突破，相较世界平均水平，我国通过科技创新促进产业竞争、实现碳中和目标的任务更重，责任更大。第二大挑战来自受关键材料制约明显的新能源产业供应链。从世界来看，在所有可再生能源电力中，光伏的发电材料消耗最高，除钢、铜、光伏级玻璃等之外，还有镍、铟、镓、锗、碲等稀有金属。风电中所含钕、镨、镝三种稀土元素在未来也都面临严重短缺问题，可能会成为风电装机的制约因素。预计到 2050 年，光伏装机总量将达到2020年的19倍，光伏制造中铟、碲等关键材料的需求量或将超过储量，届时需要考虑如何对这些材料循环利用，或通过新技术进行替代。以电动车所使用的锂电池为例，支撑锂电池的几种金属等关键材料基本集中在三个国家，头部效应明显，中国除石墨资源较为丰富外，锂、钴、镍、锰的储量并不占优势，今后如何调度好这些关键材料的资源使用和循环利用也将成为重要问题。随着对风光资源的大规模利用，风电与光伏设备到一定使用周期后会产生报废，形成所谓的新型工业固体废物。如果未能建立起合理的消纳途径，固废可能会成为整个产业链的梗阻点，严重影响产业链发展。此外，气候与环境协同治理综合决策支撑也是一大问题。气候是全球尺度，环境更多是区域、国家尺度，要形成协同综合治理，不仅要在工程技术方面协同，还要形成国内外绿色高质量发展新规则。

7.3 CO_2 捕集、利用与封存

碳捕集、利用和封存(简称CCUS) 作为减少碳排放的重要措施之一，被认为是最具发展潜力的碳减排技术。CCUS技术是从大型稳定二氧化碳排放源中分离、收集二氧化碳，并运输到特定地点加以利用或封存，以实现被捕集与大气长期隔离的过程。

7.3.1 CO_2 捕集技术

CO_2 的排放主要来自发电和工业过程中化石燃料的使用。对于电力行业，根据碳捕集与燃烧过程的先后顺序，传统碳捕集方式主要包括燃烧前捕集、富氧燃烧和燃烧后捕集等。煤化工、天然气处理、钢铁、水泥等行业中 CO_2 的工业分离过程属于燃烧前捕集方式。各种碳捕集方式的技术路线如图7-3所示。燃烧前捕集是利用煤气化和重整反应，在燃烧前将燃料中的含碳组分分离出来，转化为以 H_2、CO 和 CO_2 为主的水煤气，然后利用相应的分离技术将 CO_2 从中分离，剩余 H_2 作为清洁燃料使用。该技术捕集的 CO_2 浓度较高，分离难度低，相应地能耗和成本也会降低，但投资成本高，可靠性有待提高。目前此技术主要用于以煤气化为核心的整体煤气化联合循环电站(IGCC)。尽管该过程比其他 CO_2 捕集技术复杂且昂贵，但气流中的高压(2～7MPa) 和高浓度 CO_2(15%～60%) 导致需要较少的能量来分离和压缩 CO_2，而这优于其他 CO_2 捕集技术。

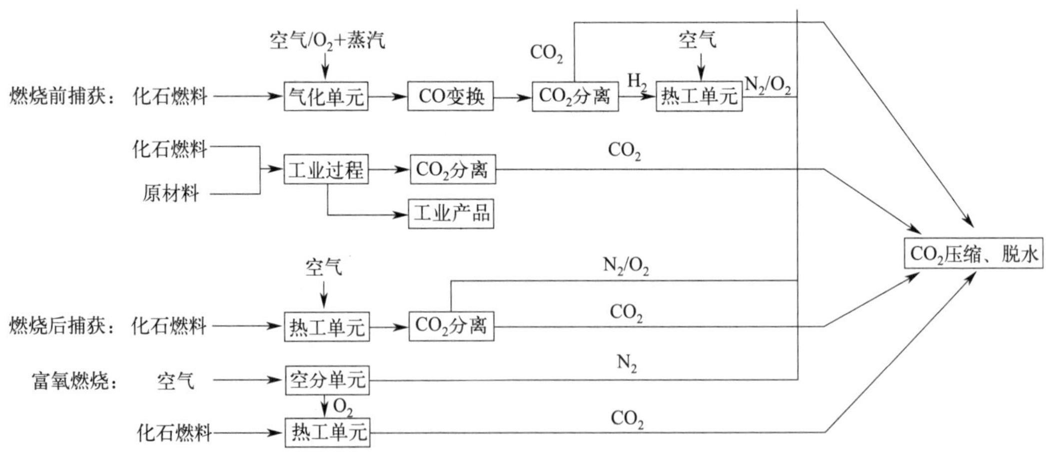

图7-3 不同碳捕获技术路线图

燃烧后捕集(PCC）是指直接从燃烧后的烟气中分离 CO_2，虽然投资较少，但烟气中 CO_2 分压较低，使得 CO_2 捕集能耗和成本较高。PCC 技术通常从传统石油、煤炭和天然气发电厂的烟道排放中收集含有 CO_2 的烟道气。通常低 CO_2 浓度烟气在大气压下从发电厂释放。CO_2 被有选择性地捕集，然后在运输之前通过压缩单元加压，而不含 CO_2 的烟气则被释放到大气中。由于燃烧后捕集技术不改变原有燃烧方式，仅需要在现有燃烧系统后增设 CO_2 捕集装置，对原有系统变动较少，是当前应用较为广泛且成熟的技术。它易于对现有发电厂进行改造，可以处理大量气体，并且可以实现良好的 CO_2 分离率。尽管如此，这种燃烧后捕集技术仍存在一些挑战，包括高烟气温度和燃烧烟气中低 CO_2 浓度产生的显著寄生负荷，导致产生操作捕集装置以提高 CO_2 浓度(超过 95.5%）的相关费用。这种升高的浓度对于有效运输和储存是必要的。然而，处理大量含有低 CO_2 浓度(通常为 4%～14%）的烟气需要大量的分离装置和较高的资本投资。此外，烟气中还含有飞灰、NO_x 和 SO_x，需要在 PCC 之前去除，这也增加了现有分离工艺的运行成本。

富氧燃烧本质上是一种改进的燃烧后技术，是指通过分离空气制取纯氧，以纯氧作为氧化剂进入燃烧系统，同时辅以烟气循环的燃烧技术，可视为燃烧中捕集技术。该技术捕集的 CO_2 浓度可达 90%以上，只需简单冷凝便可实现 CO_2 的完全分离，因此 CO_2 捕集能耗和成本相对较低，但额外增加制氧系统的能耗，提高了系统的总投资。空气分离装置(通常是低温分离）用于从环境空气中分离和浓缩氧气以供燃烧。该过程的另一个关键单元是锅炉，也称为燃烧室，它是决定富氧燃烧整体热能和经济损失的关键单元。现代锅炉可以显著减少 SO_x 和 NO_x 的排放并提高燃料的可燃性。由于燃料在纯氧中燃烧时锅炉内火焰温度过高，通常需要将一部分富含 CO_2 的烟气回收到锅炉中以降低燃烧温度。由于不存在 N_2，富氧燃烧过程比其他 CO_2 捕集技术更具成本效益，因为 N_2 在燃料燃烧过程中消耗大量能量。

下一代碳捕集技术将会在材料的创新、工艺或设备的改进上取得突破，这些新进展将使得投资运营成本降低的同时提高捕集效率。相比国际先进水平发展有所滞后，特别是对于目前 CO_2 捕集潜力最大的燃烧后化学吸收法，国际上已经处于商业化应用阶段，我国仍停留在工业示范阶段(表 7-3)。富氧燃烧技术方面国内外均处于中试阶段，整体发展较为缓慢，尤其是增压富氧燃烧技术仍处于基础研究阶段。

表 7-3　我国典型碳捕集示范项目技术对比

项目	地点	规模	路线	碳汇	投运时间
华能北京热电厂碳捕集项目	高碑店	300t/a	燃烧后	食品行业	2008 年
华能上海石洞口碳捕集项目	石洞口	12 万 t/a	燃烧后	食品行业	2009 年
中石化胜利油田碳捕集项目	东营	4 万 t/a	燃烧后	驱油	2010 年
中电投重庆双槐碳捕集项目	合川	1 万 t/a	燃烧后	工业利用	2010 年
神华鄂尔多斯碳捕集项目	鄂尔多斯	10 万 t/a	燃烧前	咸水层	2011 年
国电恒泰营城碳捕集项目	营城	10 万 t/a	富氧燃烧	工业利用	2015 年
华能天津绿色煤电碳捕集项目	滨海新区	(6～10)万 t/a	燃烧前	驱油/咸水层	2016 年
华润海丰碳捕集测试项目	汕尾	2 万 t/a	燃烧后	食品行业	2019 年
华能碳捕集项目	陕西	15 万 t/a	燃烧后	咸水层	2020 年

直接空气碳捕集技术(direct air capture，DAC）于 1999 年由 Lackner 教授第一次提出，是指利用吸附剂或吸收剂直接从空气中去除 CO_2 的技术，最近 20 年来，DAC 技术已经从不可能到了经济上初具实际应用的可能。由于大气中 CO_2 浓度稀薄，DAC 捕集、浓缩 CO_2 的能耗要高得多，目前 DAC 一般采用物理吸附或化学吸附的形式，关键是高效低成本的吸

附材料的开发和利用。吸附剂包括液态和固态两种形式，由于固体吸附剂具有较好的动力学性能，可以避免溶剂损失，能够减少热耗。根据 CO_2 吸附原理的不同，固体吸附剂可分为物理吸附剂、化学吸附剂和湿法再生吸附剂等。液体吸附剂，虽然传统碱溶液对 CO_2 的吸附量大、吸附速率快，但吸附剂再生过程能耗过大，因此比较普遍使用的是固体吸附剂。国内最新的进展是山西清洁碳研究院进行的固体吸附 HOF 材料的产业化开发。它是一种有机框架晶体材料，其最大特点是在常压、25°C 下能够从空气中直接捕集 CO_2，它具有永久的孔隙，孔道尺寸为 6.8Å×4.5Å(1Å=0.1nm)，对 CO_2 吸附的选择性高，1t 吸附剂能够吸附 113kgCO_2。当前最大的问题在于成本过于昂贵，未来大幅度降低吸附剂的成本是工业化生产的关键。

CO_2 运输是 CCUS 技术系统的中间环节，可选的运输方式有管道运输和各种交通工具运输，如罐车和船舶运输，适用于不同场景。如管道适用于大规模、长距离运输 CO_2；公路罐车适用于小容量、短距离运输；铁路罐车适用于大容量、长距离运输；船舶运输运量大，运输距离超远，适合近海碳封存运输。鉴于不同运输方式的优缺点，需从运输容量、运输距离、运输成本、市场因素以及运输沿线的交通布局等方面综合考虑，以确定 CCUS 运输方案。

CCUS 使用的吸附剂根据使用温度主要分为高温吸附剂、中温吸附剂和低温吸附剂。高温吸附剂常见的高温吸附剂包括类水滑石混合物、氧化钙基吸附剂、陶瓷材料(如锆酸盐基吸附剂、硅酸盐基吸附剂）等。类水滑石混合物的化学式可表示为 $Mg_6Al_{12}(OH)_{16}CO_3 \cdot 4H_2O$，300℃时，每克类水滑石混合物能够吸附 0.5mmol CO_2。随着吸附次数不断增加，类水滑石化合物会出现烧结团聚且结构坍塌的现象，CO_2 捕集量快速下降，循环稳定性不佳，成为限制此类吸附剂工业化应用的重要因素。

氧化钙以其在自然界巨大的储量、低廉的成本、较高的理论吸附量和简单的反应机理备受研究者的关注，被认为是最有潜力的高温固体吸附剂。利用 $CaO+CO_2 = CaCO_3$ 的可逆反应，氧化钙在 600℃得以快速捕集 CO_2，在更高的温度下氧化钙得以再生，其理论最大吸附量为 0.786gCO_2/g 吸附剂。但氧化钙基吸附剂缺点同样存在，在高温下易烧结团聚，结构不稳定易坍塌，孔隙率与比表面积急剧下降。同时捕集 CO_2 过程中生成的碳酸钙层会覆盖在尚未反应的氧化钙表面，使二氧化碳向内扩散得极为艰难，表现为循环稳定性较差。

陶瓷材料特别是硅酸锂(Li_4SiO_4)，由于其理论容量大(36.7%，质量分数，下同)、循环稳定性强，与其他高温吸附剂相比具有更高的稳定性和更低的再生温度，是最有前途的潜在候选材料之一。硅酸锂通过以下可逆反应进行二氧化碳的吸附与脱附。

$$Li_4SiO_4(s)+CO_2(g) \rightleftharpoons Li_2CO_3+Li_2SiO_3(s) \qquad \Delta H=-142kJ/mol \tag{7-1}$$

纯硅酸锂在低 CO_2 浓度下表现出极低的吸附动力学，在 600℃吸附 120min 后，吸附量仅为 7.55%，因此需要对纯硅酸锂材料进行一些修饰和掺杂。目前修饰 Li_4SiO_4 的方式主要有改善 Li_4SiO_4 的物理形貌，增加其孔隙率和比表面积，从而增加与 CO_2 的接触面积；加入一些活性较强的元素，如 Fe、Al 等，这些元素较为活泼，能够打乱 Li_4SiO_4 的晶格排布，使 Li_4SiO_4 的结构发生变化，进而降低离子在 Li_4SiO_4 内部的迁移阻力；加入一些碱金属碳酸盐，当温度升高时碱金属碳酸盐变成熔融状态，能够减小产物层对锂、氧离子和 CO_2 分子的扩散阻力。

中温吸附剂主要包括层状双氢氧化物(LDH) 和氧化镁(MgO)。LDH 是一种极具潜力的 CO_2 的吸附材料，吸附温度范围广且吸附选择性高，它主要以共沉淀法、离子交换法、水热合成法和模板法制备。可通过改进 LDH 的合成方法，将 LDH 和各种功能材料进行复合改性来解决合成过程中由于团聚引起的尺寸较大和导电性不佳等问题。LDH 对 CO_2 具有很强的亲和性和吸附性，选用质量轻、导电性好的石墨烯纳米材料与 LDH 进行复合，可以使 LDH 对 CO_2 的吸附能力进一步增强，仅需 7%的石墨烯，吸附量增值就能高达 60%。MgO 作为碱性氧化物，因无毒、无害、含量丰富且存在特殊的路易斯酸性和碱性位点，具有作为 CO_2 吸附剂的独特性质。MgO 吸附剂拥有较宽的 CO_2 吸附温度范围以及较高的 CO_2 理论吸附容量（1.09gCO_2/g 吸附剂），但是吸附速度过于缓慢，达到理论吸附容量的时间过长。

低温高压吸附材料中，对碳质材料的研究较多，其吸附方式主要为物理吸附，吸附量较大，易再生，但碳质材料受温度和水蒸气的影响较大，需要高压环境。碳质吸附材料是以煤或有机物制成的高比表面积的多孔含碳物质，包括活性炭及活性碳纤维、碳纳米管等纯碳结构的吸附剂，具有孔隙结构发达、比表面积大、化学性质稳定、耐酸耐碱、选择性吸附能力强、失效后容易再生等特点。碳纳米管具有典型层状中空结构特征，具有管束内径均一、比表面积较大、机械强度高、水热稳定性高和质量轻等优点。改性后的碳纳米管与 CO_2 表面亲和力增加，同时表面胺基数量的增加，使碳纳米管吸附更多的 CO_2 气体。

低温常压吸附材料主要有固态胺和聚离子液体等。该类材料的吸附/解吸温度在 200℃以下，并能在常压下吸附 CO_2。固态胺材料应用于实际的一个关键性问题是高温情况下浸渍法制得的固态胺材料表面的小分子胺容易从载体表面脱离，从而造成胺的损失，大分子会在一定程度上堵塞载体的微孔，导致吸附量不高。聚离子液体由离子液体单体聚合生成，具有重复阴、阳离子基团的大分子，聚合后容易提取，可循环利用。这种合成方法的最大优点是原子效率高、浪费少。

7.3.2 CO_2 利用技术

7.3.2.1 CO_2 化工利用技术

传统的 CO_2 利用技术主要是应用于食品行业，包括碳酸饮料、啤酒和红酒。CO_2 可以用于提高啤酒品质，红酒的封装会使用 CO_2 代替氩气以隔绝空气。另一个传统的 CO_2 应用领域是制冷，CO_2 是干冰的主要成分，因其性质稳定、不支持燃烧、升华过程需要吸收大量的热量等特性被广泛应用于制冷和消防。CO_2 化工利用是指以 CO_2 为碳资源，通过化学反应，将其转化为其他产物，并具有一定的减排效益的工业技术。在传统化学工业中，CO_2 大量用于生产纯碱、小苏打、白炭黑(轻质二氧化硅)、硼砂以及各种金属碳酸盐等大宗无机化工产品，这些无机化工产品主要用作基本化工原料。另外，合成尿素和水杨酸是最典型的 CO_2 资源化利用，其中尿素生产是最大规模的利用；有研究采用浓氨水喷淋烟气吸收 CO_2 并生产碳酸氢铵肥料，同时实现 CO_2 的捕集和利用。根据 CO_2 分子在化学转化中的反应本质，CO_2 化工利用技术主要包括 CO_2 还原利用技术、CO_2 非还原利用技术和 CO_2 矿化利用技术。

(1) CO_2 还原利用技术

CO_2 是含碳物质燃烧之后并释放能量后的最终产物，碳原子处于最高氧化态，也是能量最低状态。CO_2 还原利用技术是通过还原剂在外部供能条件下将 CO_2 通过加氢还原转化为高附加值的化学品或燃料，如烯烃、芳烃、汽油和醇类，极大地吸引了科学家的目光。

1） CO_2 加氢制甲醇

CO_2 加氢产物甲醇是一类非常重要的 C_1 化学品，具有广泛的应用。①燃料应用：甲醇具有高热值，可以作为燃料使用。它既可以作为内燃机的替代燃料，也可以用于生产燃料电池，提供清洁的能源。在减少排放和提高能源效率方面，甲醇燃料有着显著的优势。②化学工业原料：甲醇是许多化学品的原料，如甲醛、乙酸、丙酮和合成橡胶等(图 7-4)。在化学工业中，甲醇的地位举足轻重。③溶剂与清洁剂：由于甲醇具有良好的溶解性能，因此它常被用作溶剂，用于制造涂料、胶水等。同时，它也可以作为清洁剂，用于去除各种表面的油污和杂质。④农药与医药制造：甲醇是制造农药和药物的原料。例如，它可以用于制造马拉硫磷等农药，也可以用于制备某些药物。⑤其他应用：甲醇还在皮革加工、食品添加剂制造、燃料电池技术等领域发挥着重要作用。因此，以 CO_2 为原料，采用催化技术将其转化为甲醇，是一种减少碳排放、实现绿色能源可持续发展的有效手段。CO_2 加氢还原合成甲醇一度在全球引发一场关于“甲醇经济”的广泛探讨，该技术成为目前全球最受关注的 CO_2 利用技术之一。

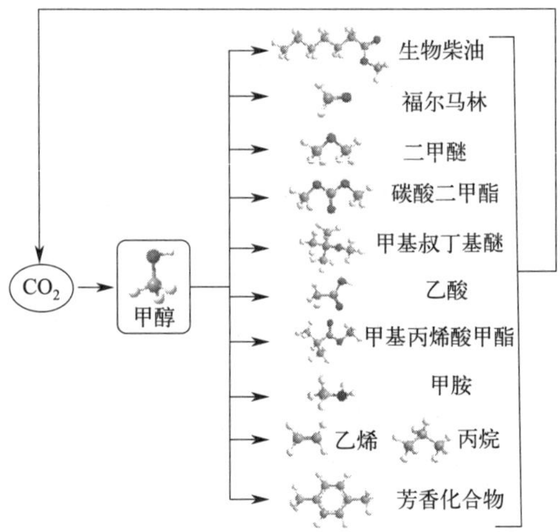

图 7-4 基于甲醇分子的化学工业产品

CO_2 加氢制甲醇包括热催化、光催化和电催化途径，具体途径如下。

① 热催化 CO_2 还原转化合成甲醇

CO_2 中的碳原子处于最高氧化状态，其能量处于最低水平，因此化学稳定性极佳，惰性相对较高。因此，CO_2 加氢还原为甲醇通常需要在较高的温度(200～300℃) 和较高的压力(0.1～5MPa) 条件下进行，克服热力学能垒。CO_2 制甲醇技术主要有直接法和间接法两条路线。直接法即 CO_2 直接加氢制备甲醇 [式(7-2)]，该法由于受到热力学平衡限制，CO_2 的平衡转化率在 20%～30%，甲醇平衡收率低于 21%；间接法是先将 CO_2 通过逆水煤气变换(RWGS) 反应生成 CO [式(7-3)]，然后和氢气合成甲醇 [式(7-4)]，该路线可打破平衡限制，大幅提高 CO_2 的转化率和甲醇的收率。目前，主流的甲醇生产技术路径是采用一步法直接制甲醇工艺。相比直接法制备甲醇，间接法制甲醇技术，由于涉及多个反应步骤，能效相对较低，且给大型反应装置的设计和建造带来诸多挑战，因此不适宜大规模工业化应用。CO_2 加氢制甲醇过程中，除了甲醇外，还会产生 CO、碳氢化合物(如甲烷、乙烷) 以及多碳含氧化合物(如二甲醚、乙醇) 等副产物，这些副产物的生成会降低甲醇的选择性和产率。因此，开发高性能的催化剂成为 CO_2 合成甲醇工业化应用的核心。

$$CO_2+3H_2 = CH_3OH+H_2O \quad \Delta H_{298K}=-49kJ/mol \tag{7-2}$$

$$CO_2+H_2 = CO+H_2O \quad \Delta H_{298K}=41kJ/mol \tag{7-3}$$

$$CO+2H_2 = CH_3OH \quad \Delta H_{298K}=-91kJ/mol \tag{7-4}$$

在 CO_2 加氢合成甲醇的过程中，催化剂的选择至关重要。合适的催化剂不仅能提高反应效率，还能优化产物的质量和产量。CO_2 加氢合成甲醇中常用的催化剂主要是铜基催化剂。这类催化剂以铜为主要活性成分，通常与其他金属氧化物如氧化锌、氧化铝等复合使用。铜基催化剂具有较高的活性和选择性，能够在较低的温度和压力下促进 CO_2 和 H_2 反应生成甲醇。除了铜基催化剂外，贵金属催化剂如钯、铂、铑等也常用于 CO_2 加氢合成甲醇。这些贵金属催化剂具有优异的催化性能，特别是在高温高压条件下，能够显著提高甲醇的产率和纯度。然而，贵金属催化剂的成本相对较高，限制了其在大规模工业生产中的应用。为了进一步提高催化效率和降低成本，研究者们还开发了一系列复合催化剂。这些催化剂通常由多种金属氧化物、硫化物或其他化合物组成，旨在通过协同作用提高催化性能。复合催化剂的设计和优化是当前 CO_2 加氢制甲醇领域的研究热点之一。

国内外掀起了针对二氧化碳加氢制绿色甲醇的研究热潮，陆续建设了千吨级、万吨级和十万吨级及以上规模的示范项目。国外技术已经进入中试和工业示范阶段，并与国内代表性企业达成友好合作。如冰岛碳循环国际公司(CRI) 2012 年建成了甲醇产能 1200t/a 的 CO_2 制甲醇技术的工业化示范装置。2020 年，安阳顺利环保科技有限公司(吉利、河南顺成投资) 二氧化碳制绿色低碳甲醇联产液化天然气(LNG) 项目装置开工，采用冰岛 CRI 的 ETL 专有绿色甲醇合成工艺和国内新的焦炉煤气净化冷冻法分离 LNG 及 CO_2 捕集技术，经煤气压缩、净化、深冷分离、甲醇合成与精馏等工序，生产绿色低碳甲醇联产 LNG。2024 年 10 月 29 日，中国天楹与冰岛碳循环国际公司签署绿色甲醇项目技术许可协议。双方将在中国天楹集团位于吉林辽源的大型绿色甲醇生产项目中应用 CRI 的甲醇合成技术。

国内二氧化碳加氢制甲醇技术起步较晚，但发展迅速，目前已有多个示范项目投入使用。2020 年 9 月，世界首台 5000t/a 的 CO_2 加氢制甲醇工业试验装置在海南省东方市海洋石油富岛有限公司达到稳定运行，产出合格产品，通过了中国石油和化学工业联合会组织的专家组的现场考核及技术评估。该装置采用了由中国科学院上海高等研究院自主研发的纳米限域非贵金属催化剂及其核心技术，由中国成达工程有限公司进行工程设计、海洋石油富岛有限公司进行建设及运行。2023 年 2 月，我国首套、全球规模最大的 CO_2 加氢制甲醇工业化生产装置在河南安阳投产，项目综合利用焦炉气中的副产氢气与从工业尾气中捕集的 CO_2 合成绿色甲醇，每年能有效利用焦炉气 3.6 亿 m^3，生产 11 万 t 甲醇并联产 7 万 t 液化天然气，直接减少 CO_2 排放约 16 万 t。产出的绿色甲醇可直接供应当地交通运输等场景。该项目投产当天，300 台吉利远程重卡作为物流车投入使用，以安阳甲醇项目生产的绿色低碳甲醇为燃料，预计每年可节省约 3000 万元燃料费、减少约 4.5 万 t 碳排放量。2024 年，国电投、中煤等国央企的捕集 CO_2 制甲醇项目陆续落地，共约 6 个项目建成投产或开工，10 个项目签约或备案，国内 CO_2 加氢制甲醇布局热度进一步上扬(表 7-4)。

表 7-4　国内 CO_2 加氢制甲醇项目

机构/企业	规模	原料来源及工艺
吉利控股集团和河南省顺成集团	10 万 t/a	工业尾气中捕集的 CO_2 加氢，冰岛 CRI 的 ETL 绿色甲醇合成工艺
中煤集团联合中国科学院大连化学物理研究所	10 万 t/a	工业捕集的 CO_2(低温甲醇洗装置)加绿氢技术
国家电投集团山东能源发展有限公司	50 万 t/a	锅炉烟气(“CRI-ETL”专利技术)
内蒙古能源集团/扬州吉道能源	33.75 万 t/a	风光制氢合成绿色甲醇
赤峰绿色氢链技术有限公司	30 万 t/a 生物质甲醇、绿色电甲醇	生物质甲醇：生物质气化制合成气；绿色电甲醇：生物质发酵类企业副产的绿色 CO_2、绿电电解水制氢装置生产的绿色氢气

续表

机构/企业	规模	原料来源及工艺
浙能集团	50 万 t/a	CO_2 加绿氢技术
盛虹石化	10 万 t/a	装置废气中 CO_2 加氢，ETL 技术
明阳绿色化工	100 万 t/a	
元鲲能源(巴彦淖尔)	100 万 t/a	风光电一体化绿氢和外采生物质

② 光催化 CO_2 还原合成甲醇

光催化 CO_2 还原合成甲醇即利用光能和光催化材料驱动 CO_2 还原合成甲醇，被认为是一种清洁合成甲醇的生产方法。在这个过程中，光催化剂吸收太阳光并将其转换为化学能，从而驱动 CO_2 还原。在这个反应中，电子从光催化剂移动到 CO_2 分子，将其还原为甲醇。同时，光催化剂中的空穴则接收来自水的电子，水被氧化为氧气。光能驱动的 CO_2 还原合成甲醇主要涉及 5 个步骤：a. 催化剂吸引光子产生电子-空穴对，此步骤要求光辐射能量大于光催化剂的带隙能量，将电子从能量低的价带激发至能量高的导带；b. 光电子-空穴对分离转移，被催化剂表面活性位点捕获；c. CO_2 吸附在催化剂上，此步骤是电子从催化剂转移至 CO_2 的前提条件；d. 催化剂表面发生氧化还原反应，此步骤中 CO_2 被活化，并在活性位点发生多个质子耦合电子转移；e. 还原产物解吸并扩散至体系中。

与传统的热催化方法相比，光催化方法具有更高的能效和更低的能耗。此外，由于光催化方法利用的是太阳能，因此它是一种可持续的、环保的 CO_2 转化方法。目前光催化 CO_2 制甲醇的效率仍然较低，需要进一步提高。

③电催化 CO_2 还原合成甲醇

电催化 CO_2 还原合成甲醇反应条件温和，利用可再生电力驱动，未来有望替代热催化技术，是最具潜力的减碳途径之一。公认的电催化 CO_2 还原合成甲醇机制为：a. CO_2 化学吸附于电催化剂表面；b. 电子和质子的转移使化学键分离和结合；c. 甲醇从催化剂表面解吸。电催化 CO_2 还原合成甲醇过程中还原产物并不单一，不同 CO_2 的还原反应见式(7-5)～式(7-10)。该途径仍然存在一系列技术挑战，如效率低、产物选择性低、产物难分离、电催化剂稳定性不佳等问题，特别是电催化反应器发展不成熟。

$$2CO_2+12H^++12e^- \longrightarrow CH_3CH_2OH+3H_2O \tag{7-5}$$

$$CO_2+8H^++8e^- \longrightarrow CH_4+2H_2O \tag{7-6}$$

$$CO_2+6H^++6e^- \longrightarrow CH_3OH+H_2O \tag{7-7}$$

$$CO_2+4H^++4e^- \longrightarrow CH_2O+H_2O \tag{7-8}$$

$$CO_2+2H^++2e^- \longrightarrow CO+H_2O \tag{7-9}$$

$$CO_2+2H^++2e^- \longrightarrow HCOOH \tag{7-10}$$

2）CO_2 加氢制备高级醇技术

CO_2 加氢转化为高级醇在 C_1 化学广受关注，C_{2+} 醇类产品常常作为燃料添加剂、反应溶剂和中间体的增值化学品。最有用的高级醇是 C_2～C_5 醇，其中一些可以直接用作运输燃料，无论是单独使用还是在汽油混合物中使用都可以，以延长汽油供应和提高辛烷值，从而改善发动机性能。在这些 C_2～C_5 醇中，乙醇已经在许多国家作为燃料添加剂使用，如美国、加拿大、巴西和瑞典、中国。

将 CO_2 直接转化为高级醇是一条有前景的、具有挑战性的路线。然而，从 CO_2 加氢直接合成高级醇是比较难实现的，这不仅是因为 CO_2 是一个热力学稳定和化学惰性的分子，而且还因为各种反应路线的复杂性和表面分子的 C—C 偶联的不可控性。CO_2 加氢制多碳醇的研究，大都集中在传统费托合成烃类催化剂的改性，通过解离活化与非解离活化等多个活性位点的协同耦合，实现多碳醇的合成。然而，这两种活性中心通常存在一定距离，吸附烷基物种很难与一氧化碳快速偶联生成多碳醇，从而发生烷基物种间的偶联形成多碳烃类化合物。此外，烷基物种偶联反应能垒通常低于 CO 插入能垒，这也导致多碳醇的选择性不高，这也是 CO_2 直接转化为高级醇的一个重要挑战。当前，CO_2 直接转化为高级醇都处于实验室研究阶段，目前尚无工业应用技术开发。

3）CO_2 加氢制甲烷

甲烷化是指 H_2 和 CO_2 在 150～500℃和 0.1～10MPa 及金属催化剂的作用下，生成 CH_4 和 H_2O 的强放热反应过程。表 7-5 列出了 CO_2 甲烷化反应过程中进行的基本反应。这种转换可以通过基于电解水制氢＋热催化的多步 Power-to-X(PtX) 路线或直接电(或光电)催化技术来实现。CO_2 催化加氢制甲烷是一种重要的催化过程，具有广泛的应用前景。美国国家航空航天局正在研究将这种反应应用于火星载人及太空移民。甲烷可以替代天然气，并且方便引入现有的天然气输配网络和地下储气系统，可以高效取代化石燃料的使用。

表 7-5 CO_2 甲烷化过程可能发生的反应

反应式	ΔH/(kJ/mol)	反应类型
$CO_2+4H_2 = CH_4+2H_2O$	−165.0	CO_2 甲烷化
$CO_2+CH_4 = 2CO+2H_2$	+247	甲烷、CO_2 重整
$CO+H_2O = CO_2+H_2$	−41.2	水煤气变换
$CH_4 = C+2H_2$	+74.8	甲烷裂解
$2CO = CO_2+C$	−172.4	CO 歧化
$CO_2+3H_2 = CH_3OH+H_2O$	−53.7	CO_2 加氢

从热力学的角度来看，CO_2 甲烷化反应是强放热反应，在低温和高压条件下更有利于反应正向进行；而逆水煤气变换反应是吸热反应，CO_2 甲烷化反应在高温下容易产生副产物 CO，因此，在低温下进行甲烷化反应更有利于提高甲烷的选择性和催化剂的稳定性。然而，从动力学角度来看，由于 CO_2 分子具有很高的化学惰性，其活化加氢生成甲烷的动力学能垒很高，因此研制低温下具有高活性的甲烷化催化剂仍然面临巨大的挑战。

催化剂是 CO_2 甲烷化的关键因素。对于多相催化剂来说，载体和金属组分都很重要。载体是负载型催化剂的重要组成部分，对提高负载型催化剂的选择性和活性具有重要意义。目前，CO_2 甲烷化催化剂常用载体有：金属氧化物、沸石、金属有机框架(MOFs) 等。载体具有较大的比表面积和适宜的孔道结构，并通过形成金属-载体界面或者金属-载体相互作用力来影响催化剂的性能。此外，载体对活性金属的形态、CO_2 的吸附和催化剂的性能影响显著。因此，需要探索高效稳定的催化剂，以期早日实现 CO_2 加氢合成甲烷技术的工业化。

CO_2 甲烷化反应的活性金属组分分为贵金属催化剂(如 Ru、Rh、Pt 和 Pb) 和非贵金属催化剂(如 Ni、Co、Fe 和 Mo)。对于金属来说，其电子性质不同，导致产物选择性差异。如贵金属 Pt 和 Pd 用于 CO_2 加氢反应时，反应更倾向于生成甲醇，而非甲烷；然而 Ru 和 Rh 则主要得到甲烷。对于非贵金属 Ni 基催化剂，因其成本低且活性相对较高，被广泛应用于 CO_2 甲烷化研究。

在可再生能源和氢能快速发展的背景下，CO_2 加氢制备甲烷可利用太阳能或者风能等新能源发电制取的氢和捕集的 CO_2 作为原料，来生产甲烷，即电制气技术(power to gas，PtG)，实现碳中和。目前，全球有约 25 个 PtG 项目，如日立造船的“PtG SQUARE”，其将太阳能高效水解氢装置与 CO_2 甲烷化装置集成，进行工业化实证试验，如图 7-5 所示。对于 PtG 技术，主要的能耗过程有电解制氢、氢储存和压缩以及甲烷化反应，其中电解制氢在整个过程能量消耗中的占比最大，其次是氢储存和压缩过程。同时，由于电解过程中电解阻力的存在，约 20%的电能在转换为化学能的过程中损失，转换为热能；而在 H_2 参与 CO_2 甲烷化的过程中，损失了约 64%的能量，整个过程的转换效率为 35%～50%。

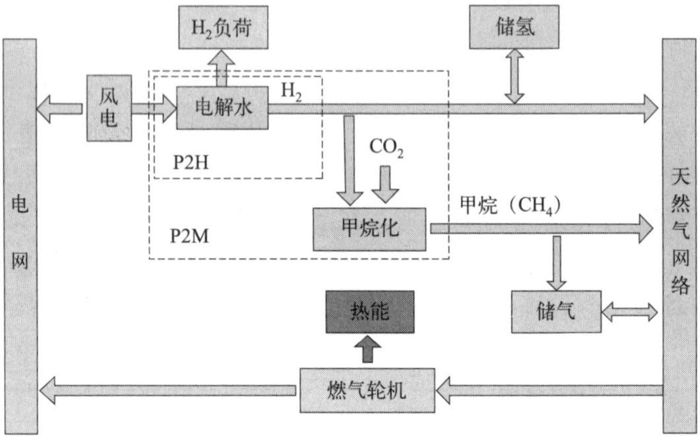

图 7-5 电制气工艺流程示意图

4）CO_2 加氢合成油品

CO_2 加氢合成油品是指 CO_2 和氢气反应生成五个碳以上的混合液态烃类物质的技术。各种馏分油品是重要的运输燃料，该技术需求巨大。与 CO_2 加氢制烯烃技术类似，CO_2 加氢合成油品技术也包含多个反应的耦合，主要也分为两种技术：一种为 CO_2 加氢合成甲醇，甲醇转化为异构烃、环烷烃和芳烃等油品；另一种为 CO_2 加氢还原为 CO，两者与氢气转化为不同长度的链烃或烯烃，再进一步转化为高辛烷值的油品。

2017 年，中国科学院大连化学物理研究所团队开发了 CO_2 加氢制汽油技术，通过设计一种新型 Na-Fe_3O_4/HZSM-5 多功能复合催化剂，成功实现了 CO_2 直接加氢制取高辛烷值汽油(图 7-6)。CO_2 在 Fe_3O_4 位点反应生成 CO 和水，CO 在 Fe_5C_2 位点进一步反应生成 α-烯烃，α-烯烃最终在分子筛酸性位点转化为汽油馏分烃。经过一系列后续处理，包括对反应条件的精准控制以及产物的分离提纯，最终得到合格的汽油。该技术可实现 CO_2 和 H_2 的转化率达到 95%，汽油在所有含碳产物中的选择性优于 85%，显著降低了原料 H_2 和 CO_2 的单耗，整体工艺能耗较低，经第三方检测，辛烷值超过 90，馏程和组成均符合国六排放标准。该技术历经实验室小试、百克级单管评价试验、催化剂吨级放大制备、中试工艺包设计等过程，于 2020 年在山东邹城工业园区建设全球首套 1000t/a CO_2 加氢制汽油中试装置，并成功投产(图 7-7)。这一里程碑式的成就，标志着我国在 CO_2 制汽油技术方面已走在世界前列。然而，技术的工业化应用并非一帆风顺。催化剂的稳定性、成本问题，氢气的制取效率，CO_2 的收集与运输难题，以及生产过程中的能耗问题，都是亟待解决的挑战。尽管自制汽油技术目前仍处于工业化应用的初期阶段，但其展现出的巨大潜力与广阔前景，已让人们对未来充满期待。随着技术的不断成熟与成本的逐步降低，自制汽油有望成为我国乃至全球能源结构中的重要组成部分。

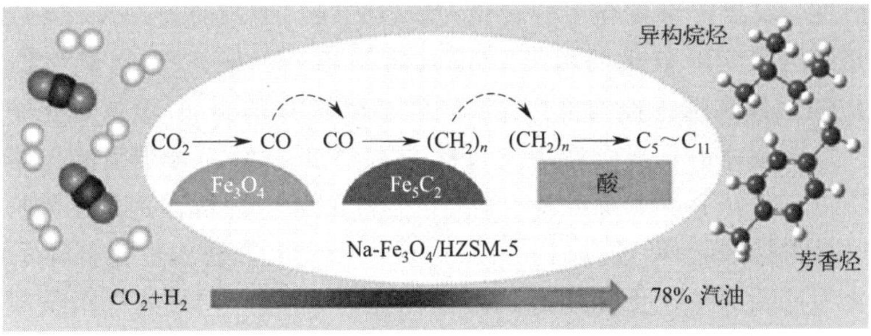

图 7-6　$Na\text{-}Fe_3O_4/HZSM\text{-}5$ 催化 CO_2 加氢制备汽油

图 7-7　CO_2 加氢制汽油千吨级中试装置

CO_2 加氢转化制液体燃料和化学品，不仅可实现温室气体 CO_2 的资源化利用，还有利于可再生能源的储运。但 CO_2 活化与选择性转化极具挑战，国内外技术路线多集中于合成低碳化合物。若能利用该过程选择性生产高附加值、高能量密度的烃类燃料，将为推进清洁低碳的能源革命提供全新路线。

5）CO_2 加氢制烯烃

烯烃可以分为两个亚类：低碳烯烃（$C_2 \sim C_4$）和高碳烯烃（C_{5+}）。低碳烯烃通常指的是乙烯、丙烯、丁烯和 1，3-丁二烯。低碳烯烃具有重要工业应用，是合成塑料、纺织品、橡胶、溶剂和涂料的基石。如乙烯是化学工业中最重要的原料之一，主要用于生产聚乙烯、乙二醇、二氯乙烷、环氧乙烷、苯乙烯单体以及聚氯乙烯等化工产品；丙烯主要用于生产聚丙烯，此外还可合成丙烯腈、环氧丙烷、异丙醇、苯酚、丙酮等化学品，广泛应用于塑料、医药、农业等领域；高碳烯烃，特别是线性 α-烯烃，高碳烯烃可以用作石化原料，用于合成高级烃类、芳烃、胶体化工产品，可以作为溶剂、润滑剂、增塑剂用于塑料和橡胶工业。

CO_2 加氢制备烯烃的催化体系分为甲醇介导和非甲醇介导两条路径。甲醇介导反应中，CO_2 和 H_2 先反应生成甲醇，然后再转化为烯烃。通常，甲醇介导的路线烯烃产率较低，烯烃选择性较高；而非甲醇介导的路线，先经过 RWGS 反应得到 CO，随后经过费托合成获得烯烃。非甲醇路线经 CO 中间体路线受费托反应产物遵循的 ASF 分布的影响，单一产物选择性较低。铁基催化剂因为兼具 F-T 合成及 RWGS 活性，因此非甲醇合成路线采用的是铁基费托合成反应器，在相似的反应条件下实现由 CO 变为 CO_2 的体系转换并获得较高的烯烃收率，因而具有更高的工业化开发价值。

CO_2 经甲醇中间体制烯烃反应产物中，对催化剂的要求既要具备较高的催化 CO_2 加氢还原为甲醇的活性，又要能够催化甲醇转化为低碳烯烃。为同时兼顾两者活性，研究人员关注于耦合理念开发出双功能催化剂用于 CO_2 加氢制烯烃。金属/金属氧化物与沸石组分对 CO_2 制甲醇反应的活性和选择性均具有影响，这要求选择的金属/金属氧化物催化剂具有较高的甲醇选择性，而载体的选择则取决于目标产物，如 ZSM-5 分子筛的采用有助于芳烃和汽油的生产，SAPO-3 分子筛则易于轻质烯烃的形成。如中国科学院大连化物所李灿院士等人在 CO_2 催化加氢制备低碳烯烃方面取得新进展：实现了串联式催化剂体系上直接将 CO_2 高选择性地转化为低碳烯烃，低碳烯烃的选择性达到 80%～90%。ZnZrO 固溶体氧化物上 CO_2 加氢可高选择性地合成甲醇，在此基础上将 ZnZrO 固溶体氧化物与 SAPO 催化剂串联实现 CO_2 直接加氢制备低碳烯烃。红外光谱和同位素实验表明 CO_2 和 H_2 在 ZnZrO 固溶体氧化物上被活化生成 CH_xO 中间物种，中间物种从 ZnZrO 表面迁移到分子筛孔道中，进而完成碳碳键的生成(图 7-8)。串联催化剂之间的协同机制以及关键中间物种 CH_xO 的表面迁移实现了 CO_2 加氢直接到低碳烯烃反应在热力学和动力学上的耦合。该技术的实现为 CO_2 转化拓展了新的思路，同时也为低碳烯烃的合成开辟了新的路径。

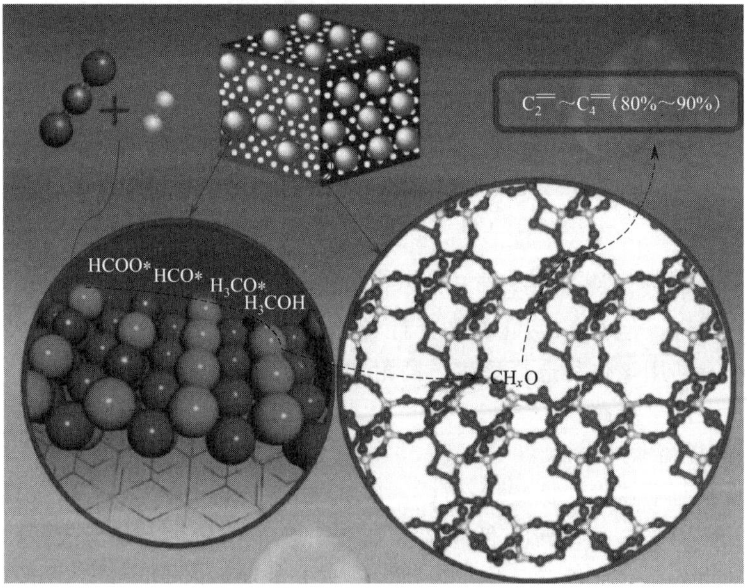

图 7-8　ZnZrO 固溶体氧化物与 SAPO 协同催化 CO_2 和氢气转化为烯烃

CO_2 经 CO 中间体制烯烃路线主要分两步进行，CO_2 通过 RWGS 生成 CO，CO 经费托反应转化为烯烃。这个过程涉及反应物 CO_2 的转化、CO 中间体和产物烯烃等的形成，其中 CO_2 所具的高度热力学稳定性使其在反应中的转化率较低，而反应中间体 CO、目标产物烯烃在催化剂表面上的吸附相对较强，则易使烯烃发生深度加氢形成饱和烷烃，从而使产物中烷烃所占比例增大。因此，该路线面临的主要挑战是如何兼顾 RWGS 和费托反应的效能、开发具有高活性和高烯烃选择性的催化剂。目前，研究者已经研发了很多用于 CO_2 加氢制烯烃反应的催化剂，这些催化剂的组分与费托反应大致相同，其中 Fe 基和 Co 基催化剂应用最多。Co 基催化剂是经典的费托反应催化剂，常用于合成重质烃，但由于 Co 基催化剂在 RWGS 反应中没有催化活性，因而需引入贵金属和碱金属组分进行修饰，提高催化活性，促使烯烃的生成。与 Co 基催化剂相比，Fe 基催化剂兼具良好的费托反应活性和 RWGS 活性，因而被广泛应用于 CO_2 加氢还原合成烯烃。然而，CO 分子性质稳定，Fe 基催化剂表面对于 CO_2 的吸附能力较低，催化剂表面易形成富氢的气氛，中间体或烯烃易被加氢生成烷烃。最近，研究人员设计了改性 Fe 基催化剂，在催化 CO_2 经 CO 路径加氢还原合成烯烃方面取得了系列重要进展。如中国科学院大连化学物理研究所设计合成了电子助剂 Na 和结构助剂 Co 共修饰的铁基催化剂，并研究发现 Na 和 Co 的协同作用促进了在低温反应条件下（180～240℃）铁催化剂原位碳化形成三斜相的 NaCoFe 合金碳化物，显著提升了二氧化碳加氢制烯烃的催化性能。Fe_xCo_y 合金相可在反应过程中逐步原位碳化生成 C-C 偶联活性更高的新物种，即三斜相（Fe_xCo_y）$_5C_2$ 合金碳化物。该催化剂在低至 180℃反应条件下依然可稳定催化 CO_2 加氢合成烯烃，在 500h 的稳定性测试中未发现明显失活，大幅降低了 CO_2 活化与 C-C 偶联生成烯烃的反应温度，在优选条件下烯烃的时空收率最高可达 1829mg/(g・h)。该工作为低能耗和高效率 CO_2 转化合成烯烃提供了新途径。中国科技大学通过设计改性铁基催化剂，实现了常压下 CO_2 经 CO 途径加氢还原合成长链烯烃。研究人员在铁基催化剂的基础上引入具有 CO 非解离吸附能力的铜位点，制备了具有铜-碳化铁界面在常压下工作的铜-铁催化剂，该催化剂包含金属铜、四氧化三铁和碳化铁等多种物相。对催化剂进行性能评估发现在 320℃、0.1MPa（H_2 : CO_2 = 3 : 1）、空速为 2400mL/(h・g) 的反应条件下，该催化剂对长链烯烃的选择性高达 66.9%，同时 CO_2 转化率为 27.3%，CO 选择性为 43.7%。相比于传统铁基催化剂，该催化剂对 CO 和甲烷 CH_4 的选择性更低，对长链烯烃的选择性更高。

近年来，通过电能驱动 CO_2 加氢制备烯烃是一种新兴、高效的 CO_2 利用途径。CO_2 的电化学还原分别涉及 2、4、6、8 和 12 个电子转移过程，主要还原产物分别为一氧化碳（CO）、甲酸（HCOOH）或甲酸盐（$HCOO^-$）、甲醛（CH_2O）、甲醇（CH_3OH）、草酸（$H_2C_2O_4$）或草酸盐（$C_2O_4^{2-}$）、甲烷（CH_4）、乙烯（C_2H_4）或乙醇。当前，电催化 CO_2 加氢制备烯烃主要集中在乙烯，所用阴极材料为铜基催化剂。提高铜催化剂的选择性和法拉第效率，使二氧化碳高选择性地还原成乙烯成为众多研究的关注热点。铜催化剂主要分为金属铜催化剂、表面修饰铜催化剂、铜氧化物催化剂、铜合金催化剂、单位点 Cu 催化剂等。如中山大学科研人员采用主-客体策略，制备了双铜位点氮掺杂多孔碳（NPC）材料，在 0.1mol/L $KHCO_3$ 电解液中，−1.4V（vs. RHE）下，CO_2 电催化还原为乙烯法拉第效率为 52%，电流密度为 180mA/cm^2。优异的性能归因于超高双铜位点促进了 C-C 偶联和 C_2 产物的形成。为提高电催化 CO_2 电催化还原为乙烯的效率，构筑 Cu 基双组分催化剂，双组分催化剂中另一金属组分用于电催化还原 CO_2 为 CO，而 Cu 位点用于 CO 还原偶联合成烯烃。如中国科学院福建物构所设计了一种有效的串联催化策略来提升还原 CO_2 制乙烯的选择性，通过将非贵金属单原子 Ni 高效催化 CO_2RR 产 CO 和 Cu 纳米催化剂可以进行 CO-CO 耦合的优势有效结合，进行串联催化来提升 CO_2RR 制乙烯的选择性（图 7-9）。卟啉基三嗪框架中心锚定 Ni 单原子（PTF-Ni）及其表面负载 Cu 纳米颗粒，制备了非贵

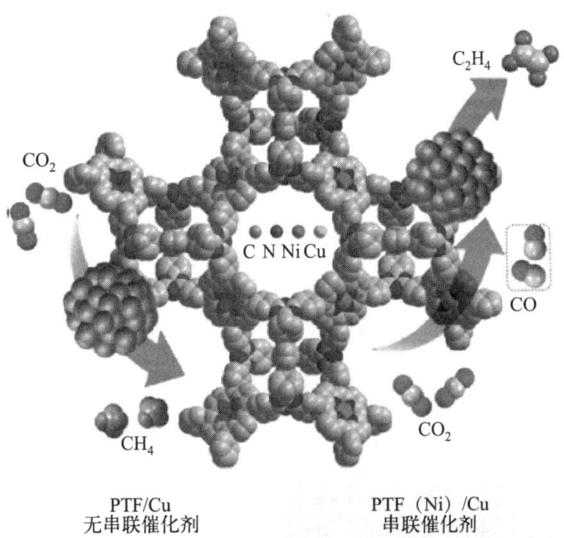

图 7-9　串联电催化剂提升 CO_2RR 制乙烯示意图

金属基的串联电催化剂 PTF（Ni）/Cu，催化时单原子 Ni 高效将 CO_2 还原为中间体 CO，生成的 CO 马上被邻近的 Cu 纳米催化剂进行 C-C 偶联反应高效转化为乙烯。因此，与非串联催化剂 PTF/Cu（卟啉中心无金属原子的三嗪框架）主要产甲烷相比，乙烯的法拉第效率提高了 5 倍［−1.1V(vs. RHE)］，由 9.6%提高到 57.3%，优于目前已经报道的其他大多数电催化剂。此外，PTF（Ni）/Cu 表现出良好的稳定性，连续电解 11h 后仍能保持约 91%的初始活性。原位红外光谱、对比实验一氧化碳电还原和理论计算表明，PTF（Ni）有利于增加 Cu 纳米颗粒表面的 *CO 活性中间体，进而提升 C-C 耦合的概率，且明显降低了生产乙烯所需要的能量，因此通过串联催化，提升了 CO_2 转换为乙烯的活性。

6）CO_2 加氢还原合成芳烃

芳烃作为重要的有机合成化工原料，被用于众多聚合物材料的合成，如聚苯乙烯、苯酚树脂、尼龙以及聚对苯二甲酸乙二醇树脂等。传统芳烃的合成路径均高度依赖化石资源，主要通过石油脑裂解和基于煤制甲醇的路径制备。利用可再生能源制氢将 CO_2 转化为具有高附加值的芳烃，既可以减少不可再生能源的使用，又可以实现 CO_2 资源化利用，起到减排 CO_2 的作用，对于节能减排、保护生态环境、实现可持续发展具有重要的战略意义，因而受到国内外学者广泛关注。2018 年，中国科学院大连化学物理研究所刘中民院士团队设计了一种 $ZnAlO_x$ 和 H-ZSM-5 复合催化剂，用于 CO_2 加氢合成芳烃。CO_2 在 $ZnAlO_x$ 上加氢生成二甲醚和甲醇物种，并溢流扩散到 H-ZSM-5 分子筛孔道中继续反应形成烯烃，进而生成芳烃。通过此串联过程，该催化剂可实现高达 73.9%的芳烃选择性，而甲烷选择性低至 0.4%。与此同时，中国科学院大连化学物理研究所李灿院士团队进一步构建了 ZnZrO/ZSM-5 串联催化剂体系，用于 CO_2 加氢高选择性地转化为芳烃。当 CO_2 单程转化率为 14%时，烃类中芳烃的选择性达到 73%～78%。红外光谱、化学捕获等实验表明 CO_2 和 H_2 在 ZnZrO 固溶体氧化物上被活化生成 CH_xO 中间物种，中间物种从 ZnZrO 表面迁移到分子筛孔道中，进而完成芳烃的生成。串联催化剂之间的协同机制，以及关键中间物种 CH_xO 的表面迁移实现了 CO_2 加氢直接到芳烃反应在热力学和动力学上的耦合(图 7-10)。研究还表明，CO_2 加氢反应中生成的 H_2O 对烯烃的芳构化有明显的促进作用。由于在反应体系中 H_2O 及 CO_2 的存在，其提供了弱氧化氛围，抑制了催化剂上多环芳烃的生成，延长了催化剂的寿命，该催化剂在 100h 的反应过程中没有明显失活。该技术为 CO_2 转化拓展了新的思路。

《2022—2027 年中国二氧化碳制芳烃行业市场深度调研及发展前景预测报告》显示，CO_2 制芳烃工艺环保安全，备受市场关注，但受技术限制，其工业化进程缓慢。我国在 CO_2 制芳烃技术上处于全球领先水平，在 CO_2 加氢制芳烃工业化应用方面，久泰集团与清华大学共同建立 CO_2 制芳烃联合技术中心，解决了 CO_2 低温转化、薄壁催化剂制备等多个世界级难题，形成具有自主知识产权的技术工艺，并完成小试开发及工程设计，达到了工业化要求。在此基础上，清华大学和久泰集团加强合作，共同建设了万吨级 CO_2 制芳烃工业试验，是全球首套开工建设的万吨级二氧化碳制芳烃工业试验项目。该项目标志着我国 CO_2 加氢制芳烃技术已经走在世界前列。

7）CO_2 合成淀粉

淀粉是粮食最主要的成分，通常由农作物通过自然光合作用固定 CO_2 生产。自然界的淀粉合成与积累，涉及 60 余步生化反应以及复杂的生理调控。人工合成淀粉是科技领域一个重大课题。此前，多国科学家积极探索，但一直未取得实质性重要突破。中国科学院天津工业生物技术研究所研究员马延和带领团队，采用一种类似“搭积木”的方式，从头设计、构建了 11 步反应的非自然固碳与淀粉合成途径，在实验室中首次实现从二氧化碳到淀粉分

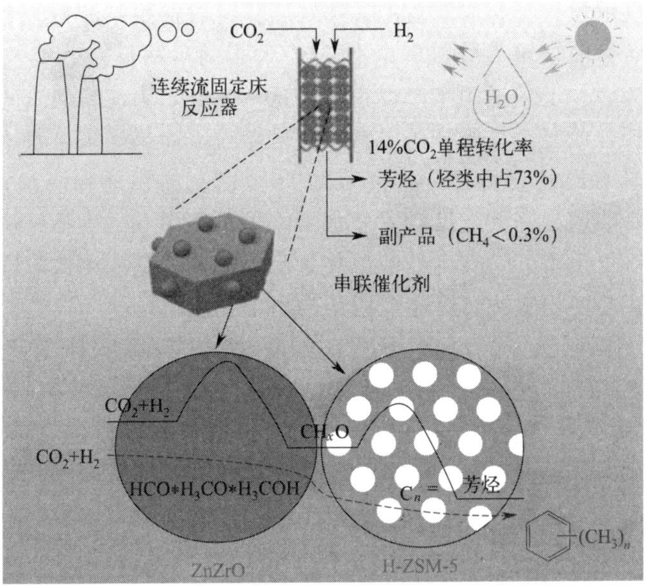

图 7-10　ZnZrO/ZSM-5 串联催化 CO_2 还原制备芳烃

子的全合成。如图 7-11 所示，人工合成淀粉主要包括以下路径：利用化学催化剂将高浓度 CO_2 在高密度氢能作用下还原成碳一(C_1) 化合物，然后通过设计构建碳-聚合新酶，依据化学聚糖反应原理将碳一化合物聚合成碳三(C_3) 化合物，最后通过生物途径优化，将碳三化合物聚合成碳六(C_6) 化合物，再进一步合成直链和支链淀粉(C_n 化合物)。该研究成果于 2021 年发表在《科学》杂志上。核磁共振等检测发现，人工合成淀粉分子与天然淀粉分子的结构组成一致。

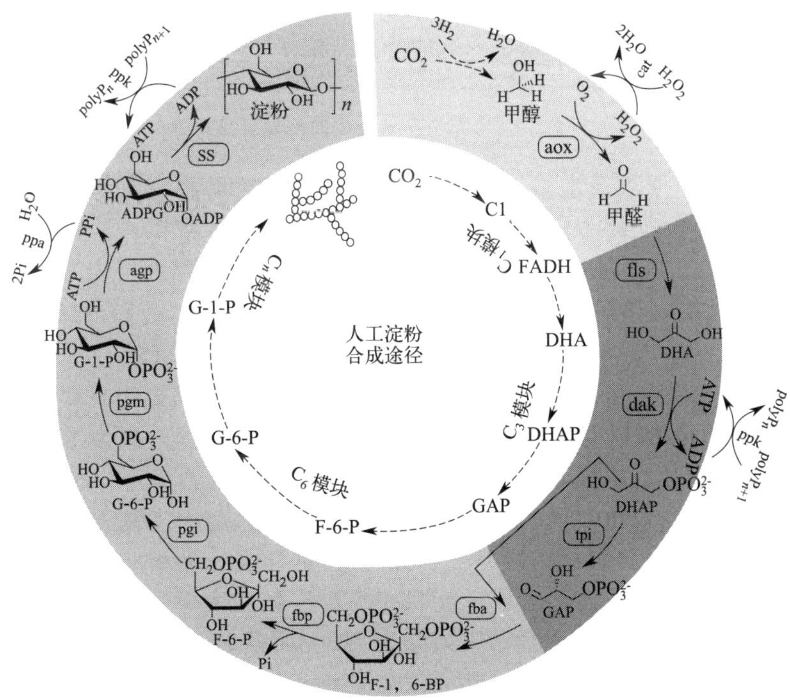

图 7-11　人工合成淀粉步骤流程图

实验室初步测试显示，人工合成淀粉的效率约为传统农业生产淀粉的 8.5 倍。在能量供给充足的条件下，按照目前技术参数，理论上 $1m^3$ 大小的生物反应器年产淀粉量相当于我国 5 亩（1 亩≈$666.67m^2$）玉米地的年产淀粉量。这一突破，为淀粉的车间生产打开一扇窗口，并为二氧化碳原料合成复杂分子开辟了新的技术路线。如果未来该系统过程成本能够降低到与农业种植相比具有经济可行性，将会节约 90%以上的耕地和淡水资源，避免农药、化肥等对环境的负面影响，提高人类粮食安全水平，促进碳中和的生物经济发展，推动形成可持续的生物基社会。据报道，该技术的中试装置已经建成并进入测试阶段，这标志着该技术已经成功跨越了从实验室研究到实际生产应用的重要门槛。

在人工合成淀粉的基础上，2023 年 8 月 16 日，中国科学院天津工业生物所实验室实现了从二氧化碳到糖的精准全合成，人工合成糖迈出关键一步。著名学术期刊《科学通报》刊发了这一最新研究成果。在这项围绕“人工制糖”的研究中，基于碳素缩合、异构、脱磷等酶促反应，设计构建了一条非天然转化途径——“化学-酶偶联”的人工生物合成系统，工程化设计改造酶蛋白分子的催化特性，实现了精准控制合成不同结构与功能的已糖（图 7-12）。

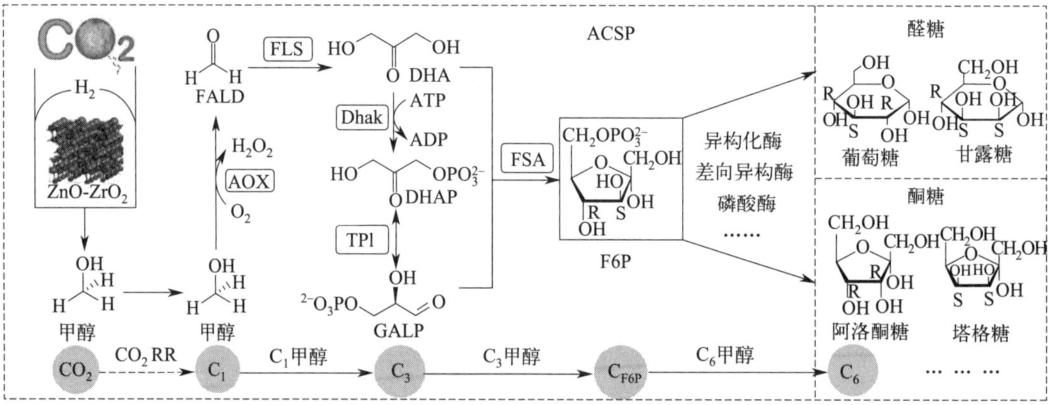

图 7-12 人工已糖合成路线设计

具体而言，研究人员在反应溶液中将高浓度 CO_2 等原料按一定比例进行调配，在化学和酶催化剂的作用下，最终获得了葡萄糖、阿洛酮糖、塔格糖、甘露糖 4 种已糖，整套实验的反应时长约 17h，相较于通过种植甘蔗等农作物获取糖的传统方式，在时间尺度上实现了从“年”到“小时”的跨越；此外，糖合成的效率比已知成果提高了 10 倍以上，达 0.67g/(L·h)，葡萄糖的碳固定合成效率达到 59.8nmol/(mg·min)。相较于自然光合作用，这种“化学-酶偶联”人工生物合成系统的糖合成更为高效、精准，并且合成步骤也更为简单，能够精准控制合成不同结构与功能的已糖，更为重要的是，该“化学-酶偶联”人工生物合成系统的碳转化率高于自然界植物光合作用，同时也高于传统的化学法制糖以及电化学-生物学耦联的人工制糖方法，为目前人工制糖路线中碳转化效率的最高水平。进一步，我国科研人员开发了 CO_2 转化合成长链脂肪酸技术。该技术首先通过电催化将 CO_2 和水合成高纯乙酸，再以乙酸及乙酸盐为碳源经生物发酵合成葡萄糖和脂肪酸等长碳链分子（图 7-13）。具体而言，研究团队首先使用镍-氮-碳单原子催化，在膜电极中实现 CO_2 到 CO 的转化，其法拉第效率近 100%；然后，研究人员将收集的 CO 经脉冲电化学还原工艺形成的晶界铜催化合成乙酸。在气体扩散流动池中，乙酸盐法拉第效率最高可达 52%；最高偏电流密度可达 $321mA/cm^2$，此时乙酸盐法拉第效率仍保持在 46%。为降低液体产物与电解质溶液及相关副产物分离成本和方便产物乙酸的下游利用，研究人员进一步开发了多孔固态电解质反应器，使阴极得到的乙酸根与阳极得到的氢离子结合形成高纯乙酸水溶液，无须分离提纯可直接用于下游生物发酵。通过新型电解装置测试，催化剂可在 $250mA/cm^2$ 偏电流密度条件连续 140h 制得纯度为 97%的乙酸水溶液，从而解决了电合成过程中“浓度”与“纯度”两个关键难点。乙酸作为优秀的生物合成碳源之一，在细胞体内能有效转化为乙酰辅酶 A 进入中枢代谢，通过糖异生、脂肪酸合成等通路实现碳链延伸，合成葡萄糖和脂肪酸。

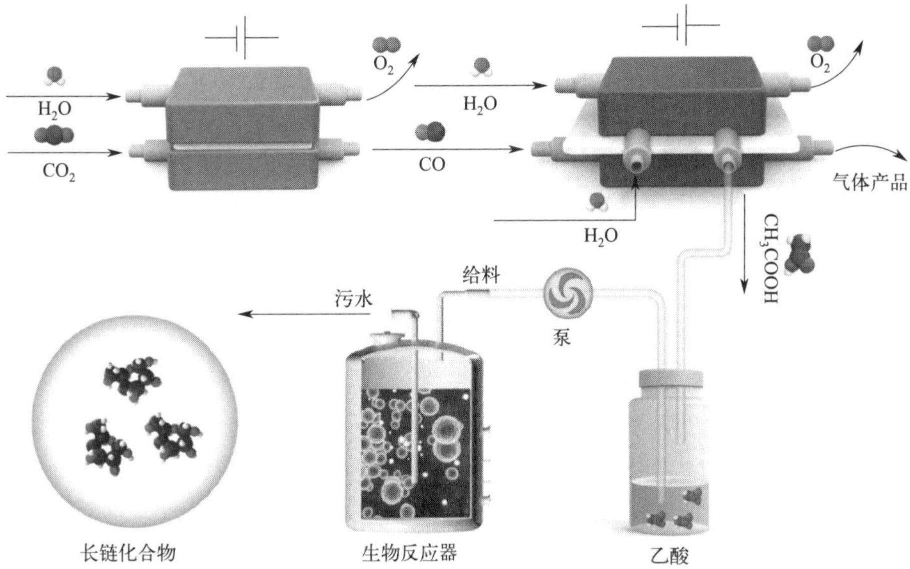

图 7-13　人工合成葡萄糖和脂肪酸路线图

(2) CO_2 非还原利用技术

CO_2 除了参与构建 C—C、C—N、C—O 键外，还可以将 CO_2 分子直接整合到有机杂环中，通过 CO_2 非还原利用技术合成有机碳酸脂、羧酸、羧酸酯等，这些产品在环保溶剂、汽油添加剂、电池电解液中具有广泛的应用，具有较好的经济价值。部分反应还可以替代传统需要 CO 或光气的化学合成。但总体需求相对有限。

1) CO_2 合成尿素

尿素作为一种优质高效的中性氮肥，氮含量高达 46%，能为农作物快速提供生长所需的氮元素，对于促进作物的生长、增加产量具有关键作用。目前尿素生产方法使用巴扎罗夫反应，需要高能耗和长时间来完成反应。该反应的过程分为以下几个步骤：①将 NH_3 和 CO_2 分别通入高压反应器中，保持高压以维持反应的进行。在高温高压条件下，NH_3 和 CO_2 发生化学反应，生成尿素［式(7-11)］。这个过程主要是 CO_2 和 NH_3 反应生成氨基甲酸铵，然后通过脱水反应将氨基甲酸铵转化为尿素。主要注意的是整个反应过程需要高温和高压条件，并且能源消耗较高。②把生成的尿素通过冷却和分离，从反应器中分离出来。③收集和干燥尿素，以备后处理或使用。

$$2CO_2+3NH_3 = (NH_2)_2CO+3H_2O \tag{7-11}$$

直接合成尿素的原理是利用催化剂将 CO_2 和 NH_3 直接转化为尿素。在合成尿素的过程中，需要使用一种称为尿素催化剂的特殊催化剂，它可以将 CO_2 和 NH_3 直接转化为尿素，而不需要氨基甲酸铵作为中间产物。该方法的反应式为：

$$2NH_3 + CO_2 = H_2NCONH_2 + H_2O \tag{7-12}$$

相比于巴扎罗夫反应，直接合成尿素的方法减少了反应步骤，减少了能源消耗和反应时间。由于该方法是在常温常压下进行的，因此可以减少对能源的依赖，同时降低生产成本。此外，该方法使用的催化剂可以循环使用，因此可以降低生产成本并提高生产效率。未来，研究人员将继续优化该方法的工艺和催化剂性能，以实现大规模生产和商业化应用。

相较于在高温高压条件下实现工业尿素合成，电催化 CO_2 与含氮物质还原偶联合成尿素具有条件温和、能耗低、二次污染小等优点，是一种具有工业化应用前景的 CO_2 利用方式。CO_2 电催化还原合成尿素的氮源主要有 N_2、NO_3^- 和 NO_2^-。其中 N_2 是地球上最丰富和廉价的氮源，但由于自身惰性，其在催化剂表面吸附量较低，且氮氮三键难以断裂，导致反应速率慢，尿素产率低。相反地，采用 NO_3^- 和 NO_2^- 作为氮源与 CO_2 共还原，可以显著提升尿素的合成效率。尤其是 NO_3^- 作为工业废水，电催化 NO_3^- 和 CO_2 共还原合成尿素近年来已引起了广泛的研究兴趣并取得了较大的进展。

电催化 NO_3^- 和 CO_2 合成尿素的形成是一个涉及 16 电子的复杂过程，该过程中，会伴随着各种含 N 和 C 的中间体产生。然后，关键中间体相互结合产生关键的 C—N 键。与单独的 CO_2 或含 NO_3^- 还原相比，共还原意味着反应物的吸附模式和中间体的偶联阶段更加复杂，不同的 C、N 中间体肯定会影响反应途径。因此，设计有利于进行共还原的催化剂、提升合成尿素的活性显得更为重要。目前已有很多研究利用单原子、合金、金属氧化物等催化剂成功制备出尿素，并通过掺杂、缺陷等方式调控催化剂的结构，进一步提高了尿素的产率。如安徽师范大学与河南大学等合作，提出利用 MnO_2 纳米管，来稳定高价态 Cu 位点的策略，制备了 Cu-MnO_2 催化剂用于电催化合成尿素。Cu-MnO_2 催化剂在 NO_3^-/CO_2 共还原合成尿素的反应中表现出色，最高法拉第效率（FE）可达 54.7%，最大尿素产率达到 116.7mmol/(g·h)。这一优异性能得益于 $Cu^{\delta+}$ 位点的稳定存在以及 $Cu^{\delta+}$-O_{vs}-Mn^{3+} 双位点的形成，这些特征显著降低了反应速率决定步骤所需的能量，并促进了两个关键的 C-N 偶联步骤。在 −0.5V（vs. RHE）的条件下，持续电解 120h 后，成功获得了 59.09mg 的尿素，展现出较大的工业应用潜力（图 7-14）。

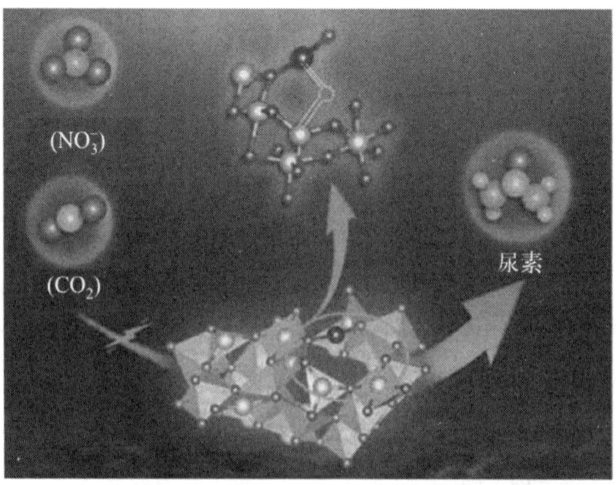

图 7-14 利用 Cu-MnO_2 在流动池中电化学合成尿素

中国科学院化学研究所韩布兴和孙晓甫首次设计用于尿素电合成的异质结构 Cu-Bi 双金属催化剂（图 7-15）。在 H 电池中实现了 23.5% 的高尿素法拉第效率（FE），生产率为 2180.3μg/(mg・h)，超过了大多数报道的电催化剂。此外，催化剂具有显著的循环稳定性。实验和密度泛函理论计算表明，适量 Bi 的引入诱导了具有丰富相界的 Bi-Cu/O-Bi/Cu_2O 异质结构的形成，有利于 NO_3^-、CO_2 和 H_2O 的活化，增强 C-N 耦合，促进 * HONCON 中间体的形成。此外，还验证了有利的 $HNCONH_2$ 质子化和尿素解吸过程，进一步解释了对尿素具有高活性和选择性的原因。

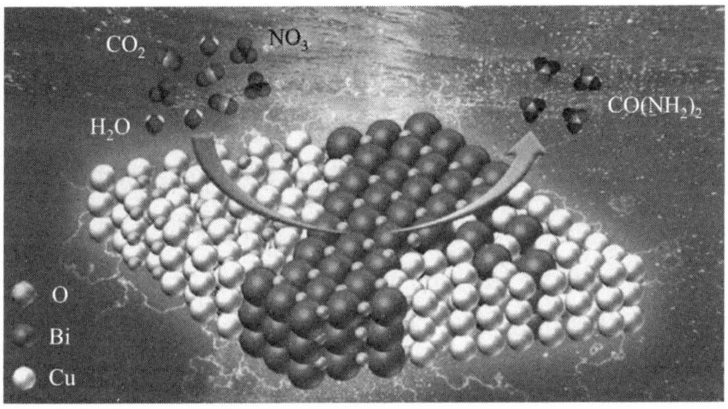

图 7-15　Cu-Bi 双金属催化剂电催化 CO_2 还原合成尿素

清华大学团队进一步提出了一种高效的光电催化策略，利用 Cu_2O 光电极同时还原二氧化碳（CO_2）和硝酸盐（NO_3^-）合成尿素（图 7-16）。在 −0.017V（vs. RHE）的低外加电位下，尿素的生成速率为（29.71±2.20）μmol/(g・h)，法拉第效率为 12.90%±1.15%。实验数据结合理论计算表明，吸附的 CO 和 NO_2 是关键中间体，其 C-N 耦合是限速步骤。

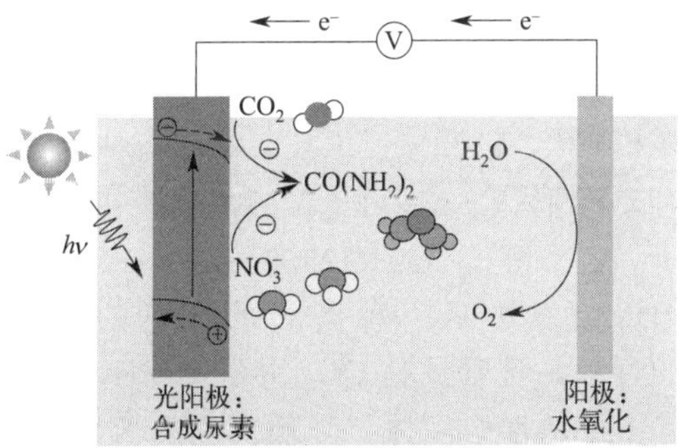

图 7-16　Cu_2O 光电极同时还原 CO_2 和硝酸盐合成尿素

2）CO_2 合成有机碳酸脂

有机碳酸酯类化合物在化学工业中日益重要，主要表现在两方面：①它作为试剂和溶剂的多功能性；②其毒理学和生态毒理学表明其对人类健康和环境无毒。通过 CO_2 酯化反应，不仅可获得具有高附加值的有机碳酸酯类化合物，如碳酸二甲酯、碳酸乙烯酯、聚碳酸酯等，还能够消耗无用的 CO_2，是有经济价值的产品。下面将从 CO_2 酯化反应出发，讨论几种常见的有机碳酸酯类的研究进展。

① 碳酸乙烯酯

碳酸乙烯酯（EC）是一种重要的化工产品，可广泛替代对环境和人类有毒有害的传统溶剂，是锂电池电解液的主要成分，对新能源汽车、储能、电子信息等产业发展具有重要价值。碳酸乙烯酯作为一类平台化合物，可衍生出系列产品及材料，如可替代光气合成聚碳酸酯、异氰酸酯等，被誉为绿色化学化工的新基石。工业合成 EC 所使用的催化剂可分为四代：第一代，季铵盐催化剂；第二代，KI/聚合物催化剂；第三代，季鏻盐催化剂；第四代，非均相催化剂。国外主要采用第二代、第三代催化剂，产品质量较高，但用于动力锂电池高端电解液仍需多次精制，且需在流程中设置催化剂的分离单元和产品精制单元，额外增加成本与操作。相较于前三代催化剂，非均相催化剂不仅催化活性高，而且简化生产流程，受到广泛青睐。自 2008 年开始，中国石化从催化材料、关键设备、反应和精制工艺等多方面着手，聚焦新型非均相催化生产电子级 EC 技术的研发。首先确定了构建不含金属离子的催化剂合成策略，制备出性能优异的有机/无机复合材料催化剂 SEC；随后通过强化气液固接触效率、控制反应进程与产物循环，开发了高气液通量的三相反应系统，实现了 CO_2 与环氧乙烷的高效转化。基于小试研究，中国石化在 1400t/a 中试装置上考察 SEC 催化剂与三相反应系统的选择性及长周期稳定性，实现接近 100%的环氧乙烷转化率和 EC 的选择性。经过进一步精馏可获得 99.996%的高纯 EC，第三方检测表明，中试 EC 产品可用于动力锂电池电解液，各项质量指标优于进口产品。经过多年持续创新，中国石化开发的非均相法 EC 生产技术已能实现 2 万 t/a 产量，且各项指标达到或超过《工业用碳酸乙烯酯》（HG/T 5391—2018）电子级（超纯级）指标要求，满足动力电池电解液溶剂最高要求。非均相法 EC 生产技术工业应用的成功，标志着面向动力锂电池电解液的高纯 EC 生产技术的成熟，实现了 CO_2 的资源化利用，市场前景广阔。

② 碳酸二甲酯

碳酸二甲酯（DMC）分子结构中含有羰基、甲基和甲氧基等官能团，具有多种反应性能，是一种用途广泛的化工原料。DMC 的合成方法主要有光气法、尿素法、酯交换法、CO_2 和醇直接合成法等。酯交换法是利用环氧乙烷和 CO_2 反应，得到碳酸乙烯酯，而后与 CH_3OH 发生酯交换合成 DMC，是目前合成 DMC 的主流方法。该技术路线由美国 Texaco 公司研发并于 1992 年实现工业化，已经广泛推广。浙江石油化工有限公司采用酯交换法生产工艺，建设年产 20 万 t DMC 联产 13.2 万 t 乙二醇装置并成功开车，该工艺使用均相催化剂，DMC 收率 95%以上，乙二醇产品纯度 99.9%以上。

CO_2 和醇直接合成 DMC 方法是一种新兴的绿色的 DMC 制备方法。由 CO_2 和 CH_3OH 反应生成 DMC 的过程，可看成是 CO_2 分子和 CH_3OH 的酯化反应。通过催化剂对 CO_2 的活化作用，使其形成活性中间体，降低反应的活化能，从而提高 DMC 的收率。最近，基于 CeO_2 缺陷工程催化剂在 CO_2 和醇直接合成 DMC 展现出优异的催化性能。中国科技大学谢毅院士等人通过对 CeO_2 纳米棒在 H_2 气氛下 600°C 处理，构建了表面空位团簇介导的固体受挫 Lewis 对（FLP），实现了 CO_2 的 100%原子高效化学转化为 DMC（图 7-17）。正电子湮没谱证实了在制备的处理后的 CeO_2 纳米棒上存在丰富的 FLP 位点。理论计算表明，CeO_2 表面的 FLP 位点能有效地促进关键反应中间体（CH_3OCOO*）的生成和转化，从而促进 DMC 的生成。更重要的是，原位漂移反映了 DMC 合成反应中所有中间体的形成过程。由于大量 FLP 位点的存在，CeO_2 催化 CO_2 转化合成 DMC 的有效收率为 15.3mmol/g。

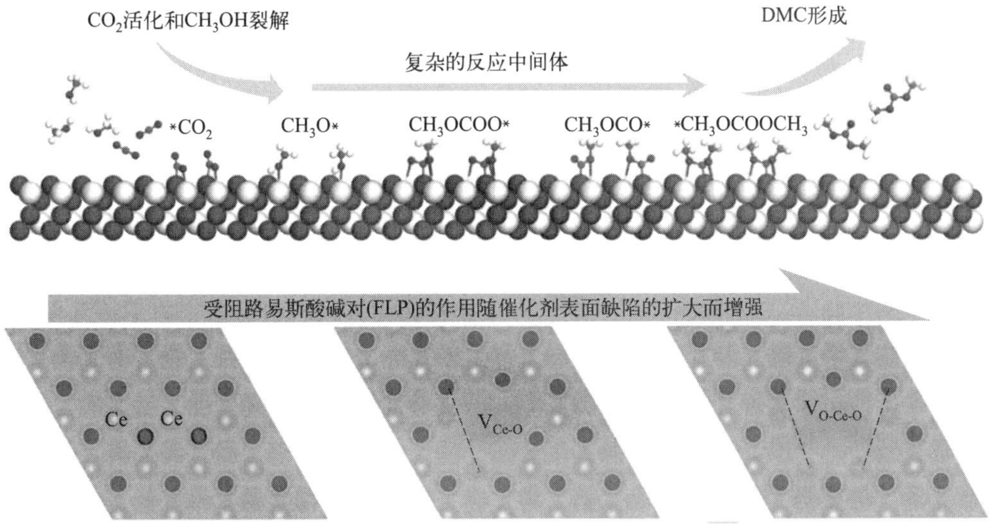

图 7-17　CeO_2 催化 CO_2 与甲醇转化合成 DMC

总的来说，利用 CO_2 和甲醇直接合成 DMC，原料廉价、丰富且低毒，副产物只有水，对环境友好，因此备受关注。甲醇和 CO_2 反应合成 DMC 受到热力学限制，通常反应转化率较低，目前只停留在实验室研究阶段。另外，甲醇和 CO_2 的反应为可逆反应，基于平衡移动原理，移除体系水分将促进平衡向右移动，因此，使用脱水剂将有助于提升反应效率，目标产物收率在很大程度上得到提高。另一方面，为了提升目标产物收率，DMC 生产过程中常使用过量甲醇，因此，体系混有大量未反应的甲醇，进一步形成 DMC/甲醇二元共沸物体系，使分离过程更加复杂。传统的分离方法有萃取精馏、变压精馏、膜分离技术等，其中工业过程中 DMC 和甲醇分离采用变压蒸馏技术，过程复杂且能耗高，增加了 DMC 的生产成本。因此，提高分离效率和降低能耗迫切需要改进和创新。此外，助催化剂、脱水剂、离子液体的引入将进一步促进 DMC 的合成。

③ 聚碳酸酯

聚碳酸酯为非结晶性热塑性塑料，它是一类分子链中含有碳酸酯结构的高分子化合物及以它为基础而制得的各种材料的总称。聚碳酸酯作为五大工程塑料中唯一的透明产品，具有高透光性、高弹性模量、高冲击韧性、抗蠕变性以及热塑性等特点，市场需求稳步增长。按分子结构中所带酯基不同可以分为脂肪族、脂环族、芳香族和脂肪-芳香族等几大类，并以双酚 A 型聚碳酸酯为最重要，分子量通常为 3 万～10 万。在无特别说明情况下，通常所说的聚碳酸酯都指双酚 A 型聚碳酸酯及其改性品种。美、日等国开发了生产聚碳酸酯的新技术，在固态熔融的状态下，采用双酚 A 和碳酸二苯酯通过酯交换获得聚碳酸酯，它取代了常规的以光气为原料的路线，并同时实现了两个清洁生产目标：一是不使用有毒有害的光气作原料；二是反应在熔融状态下进行，不使用致癌物二氯甲烷作溶剂。

近年来，我国在聚碳酸酯合成的基础研究和工业应用方面都取得了重大突破。泸天化集团采用成都有机所和中蓝晨光化工研究院开发的非光气法聚碳酸酯生产技术，计划建设 20 万 t/a 聚碳酸酯项目，一期为 10 万 t/a，已于 2019 年 5 月投产。奥克股份充分运用大连长兴岛（西中岛）石化产业基地优势，拟建设环氧与 CO_2 衍生绿色低碳精细化工项目，实现年产30万t碳酸酯系列项目、15万t CO_2 回收。另外，联泓新科与长春应化所合作研发基于多核锌系催化剂的聚碳酸亚丙酯超临界聚合工业化技术，拟实现5万t/a聚碳酸亚丙酯产量。近日，随着二氧化碳基聚碳酸酯多元醇产品各项指标达到预设要求，国家首批"绿色低碳先进技术示范项目"—合肥普力先进材料科技有限公司位于淮南现代煤化工产业园的安徽普碳新材料科技有限公司年产30万t二氧化碳基聚碳酸酯多元醇项目（一期）投料试车成功。安徽普碳年产30万t二氧化碳基聚碳酸酯多元醇项目，总投资约20亿元，占地面积约500亩，项目分两期建设。项目建成达产后，可有效固定 CO_2 约18万t，预计年销售收入约75亿元，年税收约3亿元，预计增加就业400人。其中，项目一期工程占地面积150亩，投资约6亿元，建设年产5万t二氧化碳基聚碳酸酯多元醇生产装置及配套工程，每年可有效固定 CO_2 约2.63万t，是目前全球规模最大的二氧化碳基多元醇装置。目前装置正式投产。项目建成达产后，预计年销售收入15亿元，年税收约0.6亿元，预计增加就业150人。

7.3.2.2 CO_2 生物转化技术

二氧化碳生物转化是指利用生物过程或生物方法将 CO_2 通过代谢途径转化成有机物等其他碳储存形式。以 CO_2 为原料的生物制造，可以形成高效"碳中性"的新型物质合成路线，为促进工业经济可持续增长提供新途径。迄今为止，科研人员已经利用 CO_2 生物转化技术生产出了几十种化学品。近年来，随着代谢工程与合成生物学的快速发展，研究人员通过挖掘和优化固碳底盘细胞、探索和设计固碳代谢通路，不断改善微生物 CO_2 固定能力，调节碳代谢流分布，创新固碳最终产品，提高 CO_2 资源化利用效率，以 CO_2 为基础的第三代生物炼制技术日益成熟，在实现资源独立和环境友好方面发挥越来越重要的作用。

微藻等光合自养微生物利用太阳能将 CO_2 转化成含碳有机物、脂质和其他活性代谢物，在可再生能源、生物制药和营养保健品行业都具有广泛应用潜力（表7-6）。许多微藻如小球藻（*Chlorella vulgaris*）、隐甲藻、筒柱藻等能够在细胞中大量积累甘油三酯，尤其在缺氮、缺磷、缺硫、高盐等胁迫条件下，常被用于合成生物柴油。蓝细菌结构简单，遗传修饰容易，集胞藻PCC6803、聚球藻PCC7942、聚球藻PCC7002等均具有相对清晰的遗传背景和成熟的遗传操作工具，因此作为重要的光合微生物底盘细胞被广泛用于各种能源化学品的生产，包括乙醇、乙烯、丁醇、异丁醇、长链脂肪酸和脂肪醇等。光合能效低是限制光合自养细胞 CO_2 固定效率的瓶颈之一，研究人员通过优化能量捕集系统、提高核酮糖-1,5-二磷酸羧化酶（Rubisco）活性、优化 CO_2 固定路径等方法来改善光合作用并提高菌株生物量。

表7-6 藻类生物炼制生产高价值产品

类别	产品	菌株	应用
醇类	乙醇	斜生栅藻（*Scenedesmus obliquus*）、集胞藻、钝顶节旋藻（*Arthrospira platensis*）、小球藻（*Chlorella marina*）	生物燃料
	1,3-丙二醇、异丙醇、丁醇、2,3-丁二醇、脂肪醇	集胞藻、聚球藻	燃料、化学品
有机酸	乙酸、琥珀酸、乳酸	聚球藻、集胞藻、小球藻	化学品

续表

类别	产品	菌株	应用
脂肪酸/脂质	脂肪、脂肪酸	三角褐指藻(*Phaeodactylum tricornutum*)、聚球藻、集胞藻、二形栅藻(*Scenedesmus dimorphus*)、斜生栅藻	营养、生物燃料
	棕榈酸、油酸 亚麻酸	小球藻、单针藻(*Monoraphidium dybowskli*) 近头状尖胞藻(*Raphidocelis subcapitata*)	生物柴油 营养
	二十碳五烯酸(EPA)	三角褐指藻、微拟球藻(*Nannochloropsis*)、菱形藻(*Nitzschia*)、巴夫藻(*Pavlova salinan*)、骨条藻(*Skeletonema costatum*)	食物补充、营养
	二十二碳六烯酸(DHA)	列壶藻(*Schizochytrium*)、寇氏隐甲藻(*Crypthecodinium cohnii*)、巴夫藻	营养、保健
	花生四烯酸(ARA)	紫球藻(*Porphyridium purpureum*)、纤细裸藻(*Euglena gracilis*)、缺刻缘绿藻(*Varietochloris incisa*)	营养、保健
糖类	葡萄糖、半乳糖、甘露糖、木糖	紫球藻(*Porphyridium cruentum*)	生物乙醇
	淀粉	莱茵衣藻(*Chiamydomonas reinhardtii*)	生物乙醇、淀粉基塑料
	多糖	紫球藻、球等鞭金藻(*Isochrysis galbana*)	医药、化装品
	纤维素	海生拟微球藻(*Nannochloropsis oceanica*)	纤维素纳米纤维
色素/天然产物	叶黄素、β-胡萝卜素	珊瑚、杜氏盐藻(*Dunaliella salina*)	健康、食品添加剂、饲料
	虾青素(astaxanthin)、岩藻黄质(fuconxanthin)、藻蓝蛋白(phycocyanin)	雨生红球藻(*Haematococcus pluvialis*)、鱼鳞藻(*Mallomonas*)	保健、制药、饲料添加剂
氨基酸/蛋白质/维生素	必需氨基酸(苏氨酸、蛋氨酸等)、非必需氨基酸(半胱氨酸、谷氨酸等)	黄提金藻(*Tisochrysis lutea*)、迦得拟微球藻(*Nannochloropsis gaditana*)、扁藻(*Tetraselmis*)、珊瑚	食品、饲料
	生物活性肽	路氏巴夫藻(Pavlova lutheri)、钝顶节旋藻、斜生栅藻(*Tetradesmus obliquus*)	生物活性剂、抗氧化剂
	藻蓝蛋白	节旋藻(*Arthrospira*)	保健、化妆品、抗氧化胶囊

除了植物和海洋生物，藻类和自养微生物是最具发展潜力的固碳生物体，且具有良好的研究基础，固碳效率较高。固碳微生物的多样性令人惊叹，结合转基因菌株的能力以及代谢工程、蛋白质工程和合成生物学工具的最新进展，使得利用 CO_2 生产各种高价值生物基产品成为可能。当前已经实现从一碳到多碳的 40 余种化学品的二氧化碳生物转化，覆盖有机醇、有机酸、脂肪酸和油脂、糖类、色素、氨基酸和蛋白质以及生物材料等各种类型（表 7-7），为低碳生物化工转型提供了重要的技术基础。

表 7-7 二氧化碳生物转化代表性高价值化学品及生产菌株

分类	主要产品	生产菌株
C_1	甲烷、甲醇、乙酸	联合鬃毛甲烷菌(*Methanosaeta concilii*)、凯伍氏嗜热厌氧菌
C_2	乙醇、乙烯、乙酸	酿酒酵母、蓝细菌(*Cyanobacteria*)、伍氏醋酸杆菌
C_3	丙醇、乳酸、3-羟基丙酸、异丙醇、1,3-丙二醇、甘油	乙醇梭菌、小球藻(*Chlorella* sp. GD)、蓝细菌、集胞藻、伍氏醋酸杆菌、聚球藻
C_4	正丁醇、异丁醇、2,3-丁二醇、3-羟基丁酸、丁二酸	沼泽红假单胞菌(*Rhodopseudomonas palustris*)、黏液优杆菌(*Eubacterium limosum*)、醋杆菌(*Acetogenic bacteria*)

续表

分类	主要产品	生产菌株
C_5	甲基-丁醇、异戊二烯	聚球藻、蓝细菌、无丙二酸柠檬酸杆菌
C_6	葡萄糖	聚球藻
C_n	淀粉、蛋白、油脂、PHA、PHB	小球藻（*Chlorella* sp. AE-10）、节旋藻、绿球藻（*Chloreococcum littorale*）、钩虫贪铜菌

天然固碳的自养微生物来源广泛，但是生长速度普遍较慢，能量传递效率较低，生物制造生产效率不高，工业应用有限。当前工程改造较为成熟的微藻在生物能源和化学品制造方面可发挥重要作用，藻类培养的可扩展性、操作稳定性和成本控制是其商业化挑战。其他自养微生物遗传工具受限，能量转换效率、固碳转化效率和产品受限是发展瓶颈。天然异养微生物生长速度快，通过羧化反应固定 CO_2，通过有机物分解获得所需底物和能量，由于其基因操作工具更加先进，代谢路径复杂，可以通过修改代谢路径实现目标化学品的积累，优化能量供应增强碳固定是重要研究课题。此外，借助计算机辅助设计，研究人员可以模仿生物体内代谢途径，在无细胞环境中利用单酶或组合酶及辅酶将二氧化碳定向转化为目标化合物，这种无细胞系统在热力学和能量利用效率方面更具优势，但短期内高昂的成本难以满足工业制造的要求。未来，研究人员将继续探寻高效固碳微生物，设计和优化遗传工具，挖掘高效固碳通路，提升生物固碳能量转换效率，优化细胞代谢网络，打通二氧化碳向多种化学品的生物转化途径。

与生物固碳相比，化学固碳可实现更高的固碳效率和能量转换效率，是目前更具成本优势的固碳方式。由于直接化学固碳的能量来源不可再生，耦合化学固碳和生物转化是实现二氧化碳高值化利用的创新方向。例如，将二氧化碳通过电化学转化为甲醇、甲酸或乙酸，再通过生物过程可以实现大部分石油基化学品生产。但在无机-有机复杂系统中，能量利用、CO_2 还原、多碳生物转化都被整合在一个细胞里面，不仅受气液传质、电极-生物界面相容等工艺影响，还受生物电能利用机制、自养生物代谢规律所限，当前整体固碳转化效率依然较低。未来需继续通过设计合成高效固碳元件、攻克化能/光能/电能等非生物能转化壁垒，优化光-酶与电-酶协同催化效率，构建更加协调的光电化生复合固碳体系，开发配套固、液、气三相混合发酵工艺，打通二氧化碳到淀粉、蛋白质、化工醇、有机酸等的高效人工合成路线，实现二氧化碳规模化生物化工利用，助力完成全球碳中和目标。

目前，二氧化碳生物转化技术的产业化还处于起步阶段，过程能效和生产成本是技术转化的主要瓶颈。生物燃料和蛋白类食品是生物固碳实现商业化的主要产品，未来具有高附加值的精细化学品发展潜力巨大。为了促进 CO_2 生物转化技术的产业化，政府和产业界需要进一步增加激励措施，鼓励生物科技企业瞄准能效提高和过程控制，降低生产成本，开发更加丰富的高价值产品，推动实现更多石油基产品的部分和完全替代；构建生物制造基础设施，并为其配备必要的资源和设备，支持新型生物技术产品从原型生产走向中试生产和规模扩大。

7.3.3 CO_2 封存技术

常见的 CO_2 封存技术有物理化学、生物和地质等封存。物理化学方法使用吸附、气体分离膜和低温蒸馏等工艺从工业废气中捕集 CO_2；而生物除 CO_2 的工艺主要是借助藻类的光合作用，以碳水化合物（在木质纤维植物中）和多糖（在藻类中）的形式吸收大气中的 CO_2；地质封存 CO_2 则主要将碳以生物碳的形式储存在土壤中，或通过水溶解和深层地质构造将碳封存在密闭地层中。CO_2 地质封存技术是一种十分有效的减排手段，也是实现“双碳”目标的重要途径。该技术将工业活动中所收集的 CO_2 进行特殊处理后，灌注进入封闭且稳定的地层中，从而降低 CO_2 排放量，减缓大气污染与温室效应。

7.3.3.1 CO_2 地质封存

与地质有关的 CO_2 封存技术包括海洋封存、地质封存和矿化封存 3 种，其中地质封存对于永久封存 CO_2 最为有效，主要的封存场所有：深部的咸水储层、枯竭的油气藏、深部不能开采的煤层和基性-超基性火成岩岩体。值得注意的是，地质封存体必须埋在地表以下足够深的地方（>800m），以保持 CO_2 处于超临界状态。因此，评估地层储层的有效封存潜力是一项重要的工作，如渗透率、孔隙度、断层封闭性、盖层突破压力和其他环境问题直接决定了封存体的稳定性与安全性。我国目前 CO_2 地质封存潜力巨大，对深部不可采煤层和深部咸水层已具有较深的研究，但对枯竭油气藏和基性-超基性火成岩封存技术的研究还有待加强。

地质封存的基本原理就是模仿自然界储存化石燃料的机制，把 CO_2 封存在地层中，CO_2 可经由输送管线或车船运输至适当地点后，注入特定地质条件及特定深度的地层中。目前所提出适合作 CO_2 地质封存的地质条件，包含旧油气田、难开采煤层、深层地下水层等地质环境。

比较理想的地质封存环境是无商业开采价值的深部煤层（同时促进煤层天然气回收）与油田（同时促进石油回收）、枯竭天然气田、深部咸水含水地层。在每种类型中，CO_2 的地质封存都将 CO_2 压缩液注入地下岩石构造中。封存深度一般要在 800 米以下，该深度的温压条件可使 CO_2 处于高密度的液态或超临界状态。CO_2 埋藏其间的时间跨度为数千年甚至上万年，为防止 CO_2 在压力作用下返回地表或向其他地方迁移，地质构造必须满足盖层、储集层和圈闭构造等特性，方可实现安全有效埋藏。

常规地质圈闭构造包括油田、气田和不含烃的储气层（主要是深部含盐水层）三种。对于前两种，由于熟悉已开采油气田的构造和地质条件，利用它们来储存 CO_2 相对容易。利用含盐水层储存有两个优点：一是含盐水层的圈闭构造比油田和气田更普遍；二是在含盐水层中可能有一些适于储存 CO_2 的巨大储气构造。此外，还有一点不同的是，CO_2 注入含盐水层后，经过流体力学的反应，可在含水地层中稳定上万年，矿物地层和富含 CO_2 的含水层之间发生化学反应，使 CO_2 转化为无害的碳酸盐沉淀下来，可以保存上百万年。

非常规地质圈闭构造的处理包括海上与陆地两部分，利用非常规地质圈闭构造来储存 CO_2 也是有效的方法。可能的地质构造或结构包括玄武岩、盐穴、废弃矿井以及深海海底，都是潜在的封存 CO_2 地点的选择对象，在沿岸和沿海的沉积盆地中也可能存在合适的封存构造，有充分渗透性且以后不可能开采的煤炭，也可能用于封存 CO_2。此外，把 CO_2 埋存在地下深部的不可采深煤层还能增加煤层气的产量。

地表封存的基本原理是使 CO_2 与金属氧化物进行化学反应，形成固体形态的碳酸盐及其他副产品。地表封存所形成的碳酸盐，也是自然界的稳定固态矿物，可在很长的时间中提供稳定的 CO_2 封存效果。CO_2 地表封存的可行性取决于封存过程所需提供的能量成本、反应物的成本以及封存的长期稳定性三个因素。每封存 1t 的 CO_2 需要 1.6～3.7t 含碱土金属的硅酸盐岩石，并会产生 2.6～4.7t 的废弃物。一旦 CO_2 经地表封存为碳酸盐矿物后，其封存稳定性可高达千年以上，相对于地质、海洋等其他封存机制，其封存后的监管成本较低。整体而言，CO_2 地表封存技术尚未成熟，高操作成本、矿业开采作业对环境的影响等议题，是后续研究的重点。

7.3.3.2 CO_2 海洋封存

海洋碳封存是一种碳减排理念，不但封存潜力巨大，而且比陆地碳封存更加安全可靠。海洋封存的基本原理是利用海洋庞大的水体体积及 CO_2 在水体中不低的溶解度，使海洋成为封存 CO_2 的容器。目前海水中所含碳的总量约为大气层的50倍，植物及土壤中总和的20倍。CO_2 海洋封存的潜在容量远大于化石燃料的含量，海水能自大气层吸收 CO_2 的潜在能力，取决于大气层的 CO_2 浓度和海水的化学性质。而吸收速率的高低则取决于表层及深层海水的混合速率。海洋每年要吸收约 80 亿～92 亿 t CO_2，受限于表层及深层海水间的缓慢对流，目前，仅在大约 1000 米深的海洋水体中发现了因人类活动所排放 CO_2 的证据。就阻隔 CO_2 返回大气层而言，灌注深度越深隔离效果越好。目前，CO_2 的海洋封存都是把 CO_2 灌注于海洋的斜温层以下，以期获得更好的封存效果。被灌注到深海中的 CO_2，可以是气态、液态、固态或水合物形态，不同灌注形态 CO_2 的溶解速率会有差别。增加海水中 CO_2 的浓度，会对海洋生物造成不利的影响，例如降低生物钙化、繁殖及成长速率、迁移能力等。海洋碳矿封存（图 7-18）更为简易经济，节省了海上大型浮式平台、钻井作业设备等，只需要通过液态 CO_2 运输船将 CO_2 运输至适宜被封存的海域，在适当深度并加入适量促进固化的物质，通过管柱直接注入封存海水层；同时在该海域安装监测设备进行后期稳定性监测。

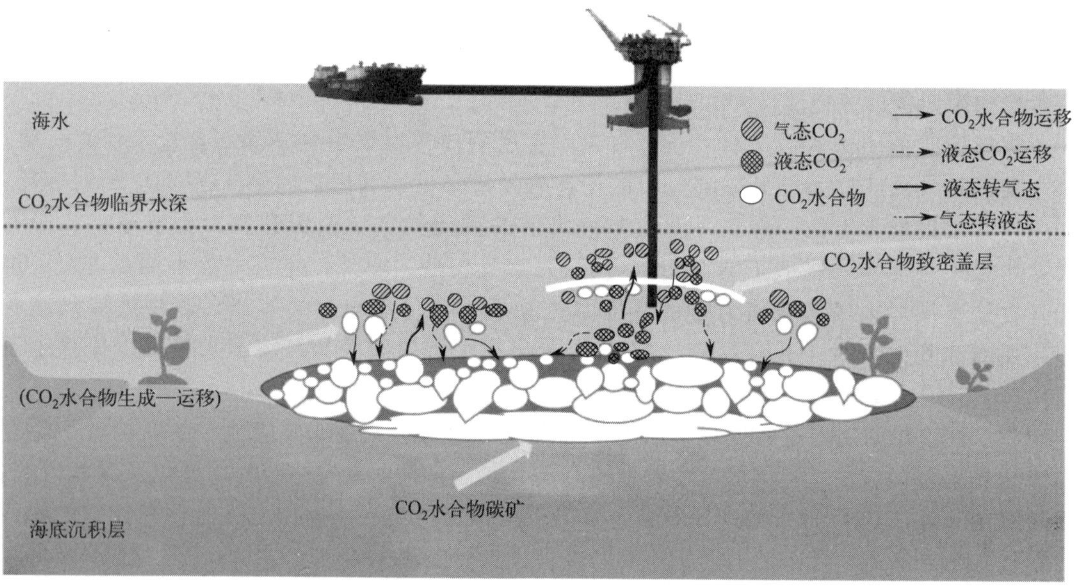

图 7-18 海洋碳矿封存示意图

目前海洋封存 CO_2 主要包括三种形式：一是将 CO_2 压缩后直接注入深海 1500m 以下，以气态、液态或者固态的形式封存在海洋水柱之下，其中固态 CO_2 的封存效率最高；二是将 CO_2 注入海床巨厚的沉积层中，封存在沉积层的孔隙水之下，即海洋沉积物封存；三是 CO_2 置换强化开采海底天然气水合物进行封存。海洋水柱封存方法是将捕获的 CO_2 以一定的方式注入海洋中，依靠海水中的 CO_3^{2-} 和 HCO_3^- 等游离的离子，通过一系列物理和化学

反应将 CO_2 溶解和吸收，最终实现海洋水柱封存。CO_2 主要以 4 种无机碳形式存在于海水之中，其中 HCO_3^- 占据了 95%的比例，它与 H_2CO_3、CO_3^{2-} 和溶解态的 CO_2 构成了一个比较稳定的、巨大的缓冲系统。在不断增大的深度条件下，CO_2 受到的压力会越来越大，其密度也会变得比海水稠密，最终会进入重力稳定状态，并存在于负浮力区。在海洋水柱封存中，CO_2 所处的状态主要取决于 CO_2 所注入的深度。当 CO_2 注入海洋的浅水区时，它通常是气态的。在水深小于 500 米时，连续注入的 CO_2 会形成大量的羽状流。这些羽状流中含有大量的 CO_2 气泡，其中一部分会慢慢溶解在周围的水体中，另一部分在完全溶解前会逐渐上浮并最终释放到大气中。CO_2 在海水中的溶解度受到所处区域纬度和水温的影响，特别是在高纬度海区，CO_2 的溶解性会更加明显，因为这里的海水温度较低，且密度较大。另外，洋流可以强化 CO_2 与海水的混合作用、加速海水对 CO_2 的溶解，从而提升碳封存的效果。当水深为 500～2500m 时，CO_2 以正浮力的液态形式存在，注入的 CO_2 仍会形成富含 CO_2 液滴的羽流。但是在大部分海域，CO_2 液滴表面将会与周围海水发生化学水合反应，在液滴表面形成一种类似固体的水合物，这样就会增加 CO_2 液滴的密度、减缓 CO_2 液滴上浮的速度，进而增强 CO_2 在海水中的溶解。随着深度的增加，CO_2 密度也会逐渐增加。在 3000m 水深的条件下，CO_2 的密度会明显大于周围海水，CO_2 会逐渐下沉到海底形成液态 CO_2 湖泊。碳湖表面会形成 CO_2 水合物覆盖层，这更有利于封存 CO_2。

海洋沉积物封存是通过将 CO_2 注入海底的多孔床层中，在沉积物层的高压和低温的条件下，使 CO_2 形成晶体状的水合物，从而实现 CO_2 在海底沉积物层内的有效封存。Koide 等最早提出将 CO_2 封存到深海沉积物中，并经过大量的研究针对不同深度的海域提出了相应的理论建议。他们将海床划分为三个深度范围，浅水区海床（＜300m）、深海海床（300～3700m）和超深海床（＞3700m）。他们认为 CO_2 在海底沉积物中是安全的，即使有少量的 CO_2 从海底渗出，也会分散并溶解到海水中去。在水深约 300m 以下深海区域的沉积层中，环境温度通常会低于 5℃，此时存在水合物形成区（hydrate formation zone，HFZ），CO_2 会形成一种在海水中性质稳定的 CO_2 水合物盖层。由于晶状水合物在海水中的溶解速率极低，因此可以有效地降低 CO_2 对海洋生态系统的影响。此外，CO_2 水合物的产生不仅可以显著降低沉积层的孔隙度，甚至还会堵塞沉积层的孔隙，增强沉积层的密闭性，从而提升其封藏的能力并改善封存的效果。海洋沉积物的岩石类型主要以砂岩和玄武岩为主，其中高渗砂岩能够有效封存 CO_2，而深海域玄武岩和高深砂岩中富含的钙、镁等物质元素则可以与 CO_2 反应生成稳定的碳酸盐，而且这种反应速率很快，甚至 95%以上的 CO_2 在不到两年的时间内就可以被矿化为碳酸盐矿物。将 CO_2 液体注入至少 3000m 的深海和几百米的海底沉积物中进行封存，由于那里的孔隙液浓度比较低，而且 CO_2 还可以形成水合物，这就可以保证 CO_2 的永久储藏。

此外，CO_2 的封存也可以与可燃冰开采相结合，即在一定的温度和压强下在天然气水合物储层中注入 CO_2 置换出甲烷（图 7-19）。近几年围绕天然气水合物的勘探开发等关键技术持续突破，开发重点已从试验性开采逐渐向预生产方面转移，天然气水合物开发技术瓶颈突破希望在即。天然气水合物的主要开采方法有降压法、热激发法、注抑制剂法、置换法等。其中，二氧化碳置换法是一种相对安全的天然气水合物潜在开采方法，在开采过程中会重塑水合物的笼形结构，因此在开采过程中不会引起水合物储层力学性质的弱化，其工艺流程是将工业捕集的二氧化碳通过钻井平台注入天然气水合物储层，将其中的甲烷置换出来，同时将二氧化碳以水合物的形式封存，以降低碳排量、减缓温室效应，一举双效。该技术可以大幅度提升二氧化碳的资源利用率，天然气水合物开采实现兼顾开采过程中地质风险的解决，特别是可以利用海洋储存空间范围广、潜力巨大的特点，最大化实现二氧化碳的封存，是 CCUS 技术的有益补充，具有环境友好的特性。

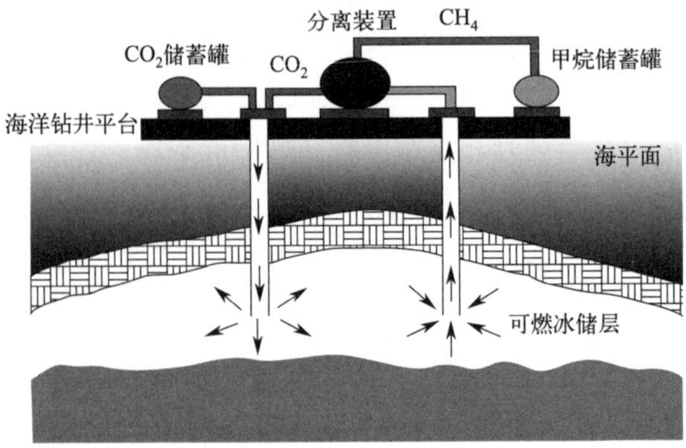

图 7-19　CO_2 的封存与可燃冰开采相结合技术

欧美已实现了碳达峰，是海洋 CO_2 封存利用的先行者。欧洲早在 1996 年即启动了第一个海上碳封存先导试验工程，目前海上 CO_2 驱油提高采收率、海洋咸水层地质封存等已经进入推广应用阶段；CO_2 废弃地质构造封存等也进行了先导试验。我国陆地 CO_2 地质封存 10 吨级先导试验已经成功实施，百万吨封存试验即将进行，海上第一个 CO_2 年封存 30 万 t CO_2 项目已经实施，但在总的 CO_2 海洋地质封存基础研究、核心装备和安全监测等领域与国外先进水平仍有较大差距。

7.3.3.3　CO_2 矿化封存

CO_2 矿化封存技术主要是指模仿自然界 CO_2 矿物吸收过程，利用天然硅酸盐矿石或固体废渣中的碱性氧化物，如 CaO、MgO 等将 CO_2 化学吸收转化成稳定的无机碳酸盐的过程（图 7-20）。二氧化碳矿化封存自 1990 年 Seifritz 首次在 *Nature* 提出以来，一直被认为是具有大规模二氧化碳封存潜力及应用前景的减排技术。而 CO_2 矿化利用是指利用富含钙、镁的大宗固体废弃物（如炼钢废渣、水泥窑灰、粉煤灰、磷石膏等）矿化 CO_2 联产化工产品，在实现 CO_2 减排的同时得到具有一定价值的无机化工产物，以废治废、提高 CO_2 和固体废弃物资源化利用的经济性，是一种非常有前景的大规模固定 CO_2 利用路线。

从热力学角度来看，反应产物碳酸盐的标准吉布斯自由能要比 CO_2 的标准吉布斯自由能低 0～180kJ/mol，也就是说，该反应是一个由高能态到低能态的过程，生成的碳酸盐相对稳定。所以理论上，在自然条件下便可将与二氧化碳转化为碳酸盐，从而实现矿化封存，即便经历漫长的地质年代也不会分解。实际上碱性矿物矿化封存与 CO_2 过程中，只有当反应温度小于 500K 或者在较高反应压力下，矿化反应才具有热力学的可行性。然而从动力学角度来看，CO_2 矿化封存在自然条件下却是一个极其缓慢的过程（100～1000 年），而碱土金属离子的析出和 CO_2 的扩散速率等都对矿化反应的速率有很大影响。一般来说，矿物中碱土金属离子的析出较为缓慢，为该反应体系的控速步骤。但如果反应体系中 CO_3^{2-}/HCO_3^- 的浓度过低，较低的 CO_3^{2-}/HCO_3^-，浓度阻碍了矿化过程中碳酸盐的结晶及其晶体的生长，CO_2 溶解也会成为控速步骤。综合考虑热力学和动力学因素，CO_2 矿化封存技术逐渐由气固两相反应体系转变为气液固三相反应体系。气固相反应体系是指 CO_2 直接与矿化

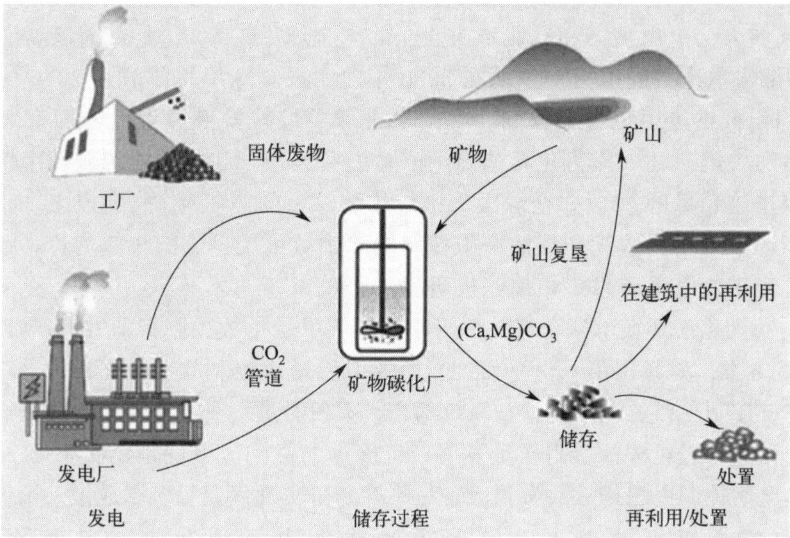

图 7-20　CO_2 矿化过程

原料接触生成碳酸盐，整个反应过程条件苛刻，一般需要在高温高压的条件下进行，且 CO_2 的转化率较低。气液固三相反应体系是先将 CO_2 溶于水形成碳酸，再将碱土金属矿物或者固体废弃物在碳酸溶液的作用下逐步溶解并生成碳酸盐沉淀。

在位于冰岛西南的 Hellisheiði 发电厂西南 3km 处，一座世界性的 CO_2 固定工厂正在悄然运行。自 2014 年来，这里共有 7 万 t 的 CO_2 注入地下，以石头的形式被“永久地”存储在地下。Carbfix 团队开发的是一种原位矿化技术，通过地层岩石原位完成矿物吸收过程，即将 CO_2 直接注入富含钙镁碱土金属的硅酸盐矿物层，通过改变活性岩层表面积、反应温度、环境 pH 值以及 CO_2 分压加速了自然矿化的进程，从而大幅缩短矿化封存 CO_2 的时间，在短时间内实现 CO_2 的大规模封存，在实现 CO_2 就地利用的同时极大降低 CO_2 运输限制与成本。值得一提的是在 Carbfix 项目中，CO_2 在玄武岩层中的矿化速度非常惊人，远远超过了研究人员预期，在不到 2 年的时间内，该项目近 95%的 CO_2 被矿化。而在早期的观念中，利用矿物封存 CO_2 的过程过于缓慢，往往需要成百上千年，这使得该方法不受重视，Carbfix 工艺基于扎实的科学研究，并已被证明在工业规模上是成功的。

由于每吨 CO_2 的矿化过程需要消耗将近 $25m^3$ 的水，因此这一技术并不是在地球上所有地方都适用，只有在水资源丰富的地区，这一技术才比较容易实现。此外，在冰岛上还在建 CODA 终端，船只可以将其他区域的 CO_2 转运到这里来，将 CO_2 泵入 Carbfix 的固碳网络中。该计划于 2034 年前完成有六艘船只在营任务，每年可输送 CO_2 量 300 万 t。

7.4　甲烷控排

甲烷是全球排放量第二大的温室气体，在大气中仅留存 12 年左右。甲烷的实物量排放虽然远低于 CO_2，但是其单位排放产生的气候效应更强，在 100 年尺度下甲烷的增温潜势是 CO_2 的 27.9 倍，在 20 年尺度下则高达 81.2 倍。自工业革命以来，甲烷对全球温升已负有超过 30%的责任，减少甲烷排放是迅速减缓变暖的最具成本效益的气候战略之一，并将为全球实现 1.5℃目标做出重要的贡献。甲烷排放控制已成为国际共识。针对全球层面的甲烷排放问题，国际上已经建立了多个甲烷控排国际联盟并得到多方支持。例如于 2021 年第 26 届联合国气候大会上由美国和欧盟牵头建立的“全球甲烷承诺”，目前该承诺已经有超过 150 个国家参与并承诺共同努力，争取在 2030 年前实现全球甲烷排放在 2020 年的基础上减少 30%。我国积极推进甲烷排放控制。我国是全球甲烷减排潜力最大的国家之一，也是全球甲烷控排中的关键一环，作为化石能源生产和消费大国，我国的能源领域甲烷排放占全球能源领域甲烷排放总量的 23%，全球人为甲烷排放总量的 7.4%。长期以来，我国积极开展甲烷控排工作，采取多种政策和经济措施控制能源领域甲烷排放的快速增长，致力于为推进全球气候治理和供应链低碳发展做出积极贡献。

2023 年，我国生态环境部联合有关部门印发了《甲烷排放控制行动方案》(以下称《甲烷方案》)。《甲烷方案》是我国第一份全面、专门的甲烷排放控制政策性文件，是对未来一段时期我国甲烷排放控制工作的顶层设计和系统部署，不仅对进一步控制甲烷排放具有重要指导意义，而且也必将对促进经济社会高质量发展产生深远的影响。甲烷是仅次于 CO_2 的全球第二大温室气体，全面控制甲烷排放意义重大。一是有利于实现气候等多重成效。甲烷既是温室气体，还是优质的燃料和化工原料，也是煤矿安全等领域管控的瓦斯气体的主要成分，并且与油气 VOCs、垃圾填埋场恶臭等污染物控制具有协同性，因此有效控制甲烷排放兼具减缓全球温升的气候效益、能源资源化利用的经济效益、减少生产事故的安全效益和协同控制污染物的环境效益。二是有利于减缓全球的温升速度。甲烷具有增温潜势高、寿命短的特点，根据 IPCC 第六次评估报告，在百年尺度下甲烷的全球增温潜能值是二氧化碳的 27.9 倍，二十年尺度下为 81.2 倍，在大气中存续时间约为 12 年。该评估报告还指出，要实现《巴黎协定》目标，全球需在 2030 年大幅削减甲烷排放水平。三是有助于展现我国负责任大国担当。从全球看，加强甲烷排放控制，积极参与相关国际合作与交流，将扩大我国在全球应对气候变化领域的国际影响力与话语权，并进一步提升我负责任大国的形象。《甲烷方案》首次明确了到 2030 年我国重点领域甲烷排放控制目标，全面提出了加强甲烷监测核算报告和核查体系建设，加快推进能源、农业和废物领域排放控制等八项重点任务，必将在有效保障能源安全与粮食安全的基础上，采取更加有力的政策和措施，确保在控制甲烷排放上取得显著成效。

我国 2022 年人为甲烷排放量为 5567 万 t，约占全球的 15.6%。我国的甲烷排放主要来自化石能源的生产和使用、水稻种植、畜禽养殖、废弃物处理等活动，其中能源领域是最大的甲烷排放源，占排放总量的 46%（图 7-21），是现阶段的重点控排领域。

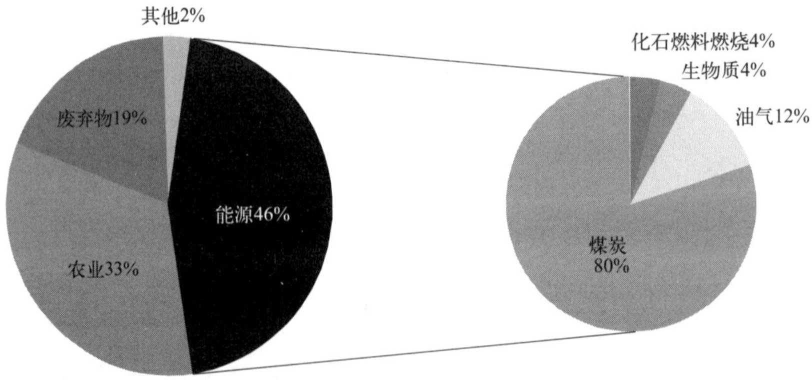

图 7-21　我国甲烷排放分布

能源领域的甲烷排放主要来自煤炭、石油和天然气的生产。在煤炭行业，井工和露天煤矿的采掘活动，煤炭的洗选、运输，以及关闭和废弃煤矿井均会排放甲烷；在油气行业，石油系统和天然气系统在勘探开发、炼油、天然气处理、输配等过程中也会持续释放甲烷；此外，化石燃料及生物质的燃烧也会产生少量甲烷。单位热量的煤炭、石油、天然气的甲烷排放强度相似。但由于“富煤、贫油、少气”的资源禀赋，我国生产的一次能源主要为煤炭，因而煤炭行业产生了大量的甲烷排放，占能源领域的 80%，石油和天然气行业约占 12%。煤炭和油气田中蕴藏的甲烷量与采区的地质条件高度相关：我国大量的煤炭在华北地区和西南地区生产，部分地区（如内蒙古西部等地）的煤炭埋藏较浅，甲烷含量较低，而部分省份以井工煤矿为主（如贵州、山西等），煤炭埋藏深、甲烷含量高。虽然如此，自然禀赋的差异并不能完全决定排放量的高低：甲烷可以通过技术手段进行回收利用，甲烷含量高的煤矿如果采取严格的管控措施，实施关键减排技术并充分回收利用甲烷气体，就能够大幅减少排放，降低自身的气候影响。“十一五”以来，我国已采取多种措施控制能源甲烷排放快速增长：在基础能力建设方面，我国注重甲烷排放监测、报告与核查（MRV）体系建设，发布煤炭及油气行业排放核算指南及国家标准，同时不断开展减排技术的研发和应用，为甲烷管控打下基础；在行业政策方面，我国发布排放标准促进煤炭行业甲烷回收利用，禁止煤炭企业排放浓度高于 30%的煤矿瓦斯，“十二五”及“十三五”期间煤矿瓦斯利用率大幅提升；在企业行动方面，我国支持企业参与国内外甲烷控排联盟，能源企业主动参与承诺并设立了减排目标；在激励措施方面，我国通过瓦斯发电上网电价和瓦斯利用补贴等形式成功扶持了一批瓦斯利用项目的建设和运营。上述措施成功推动了甲烷控排，扩大了能源领域甲烷资源化利用规模，甲烷管控战略取得阶段性成效。

能源消费结构是影响能源领域甲烷排放的关键因素。我国能源消费量大，且未来 10 年内仍有缓慢增长的趋势。我国目前的能源消费结构仍以化石能源为主，煤炭、石油和天然气占能源消费比重分别为 56%、18.5%和 8.9%，且化石能源生产基本全部供应本国消费，因此国内对于煤炭、石油和天然气产品的大量需求促进了上游化石能源的开采、处理和输送活动，进而产生了大量的甲烷排放。电力、钢铁、化工、水泥、交通和居民生活领域的能源消费贡献了最多的甲烷排放。无论是能源加工转换还是终端消费环节，能源消费结构都是影响甲烷排放的关键：在能源加工转换环节，以煤炭为主要燃料和原料的发电和炼焦活动对能源甲烷排放的影响最大，而天然气液化、炼油、煤制油等加工过程由于消费量较少，对甲烷排放的影响也相对较小；在终端消费环节，钢铁、化工、水泥的现有生产工艺需要消耗大量燃料和原材料，使工业成为对能源甲烷排放影响最大的终端消费部门，与此同时，居民生活和交通领域由于供暖、烹饪和运输的需求也消耗大量化石燃料，对甲烷排放的影响不容忽视。如果上述关键领域能够调整能源消费结构，减少对化石能源产品的依赖，就有助于减轻上游生产和供应的压力，促进由化石能源消费减量引导的能源领域甲烷减排。

井工煤矿开采过程产生的甲烷排放是煤炭行业甲烷控排的关键。我国 80%的能源甲烷排放都来自煤炭行业，其中绝大部分来自井工煤矿开采过程，因此降低井工开采的甲烷排放是我国煤炭行业以及能源领域甲烷深度减排的关键所在。井工开采的甲烷排放主要来自抽采系统和乏风系统，两个系统将煤矿生产过程中伴生瓦斯气体从地下输送至地面。目前，我国针对井工甲烷排放的回收利用技术已较为成熟，基本按照甲烷浓度的高低形成了梯级利用体系。在现有技术中，一般来说甲烷浓度越高，减排技术的经济性越好。抽采系统气体的甲烷浓度更高，一般以浓度 30%作为界限，高于 30%的为高浓度抽采瓦斯，主要用于发电和民用、工业用途，目前基本应用尽用，甲烷浓度低于 30%的为低浓度抽采瓦斯，其中较高浓度的气体（浓度介于 8%～30%之间）可以用于发电，低浓度气体（一般低于 8%）则主要用于氧化供热，为矿区和周边社区提供热水及热蒸汽。煤矿的乏风系统主要用于确保井下工况和工人生命安全，系统进风口会鼓入大量新鲜空气，导致回风管道内的乏风瓦斯浓度极低（一般低于 0.75%），目前主要的利用途径是氧化供热，或与低浓度瓦斯掺混后利用，技术经济性不佳。

我国是世界上最大的水稻生产国，水稻种植的淹水条件促进了温室气体甲烷的排放。据估算，我国每年因水稻种植排放的甲烷高达 740 万 t，约合 1.87 亿 t 二氧化碳。稻田甲烷的排放包含着甲烷在水田土壤中的生成和从土壤向大气释放这样两个过程。前者是通过土壤中微生物活动分解复杂的有机物质，在盐水还原条件（氧化还原电位低于－200mV）下，由产甲烷菌最后转化形成甲烷；后者主要是通过水稻植株向大气释放，只有少量通过气泡或分子扩散从水田土壤通过田面水层向大气排放。稻田甲烷排放受水稻品种、土壤特性、气候条件、农艺措施等因素影响。有机物料施肥是增加稻田甲烷排放的主要人为因素，其能为甲烷菌提供丰富的作用底物，从而显著促进稻田甲烷的排放。秸秆还田下的水稻丰产与甲烷减排的技术模式是一种环保且高效的稻作新模式。这种模式主要依托于秸秆切碎匀抛、稻田旱耕湿整和增密调氮控水等关键技术。这些技术的实施可以有效地改善稻田耕层的通透性，增强水稻通气组织的输氧能力，提高抗倒防衰性能，从而提高耕层和水稻根际的氧含量。畜牧养殖业碳排放在人类活动引起的碳排放中占有重要作用（约 14.5%），每年畜牧养殖业甲烷排放量约 1.15 亿 t，主要来自牛、羊等反刍家畜胃肠道甲烷排放。降低畜牧业碳排放主要包括调整养殖结构、调控饲料营养、粪便管理等。

全球主要国家都积极响应碳中和趋势，重视碳中和顶层设计并加强立法保障，制定相应的技术措施和法规措施。我国碳中和举措要立足我国国情，参考发达国家先进经验，逐步实现碳中和目标。实现“碳达峰、碳中和”，是贯彻新发展理念、构建新发展格局、推动高质量发展的内在要求，是党中央统筹国内国际两个大局作出的重大战略决策。“十四五”是碳达峰的关键期、窗口期。各地区各部门锚定目标，坚定不移走生态优先、绿色发展之路，统筹产业结构调整、污染治理、生态保护、应对气候变化，协同推进降碳、减污、扩绿、增长，推动绿色低碳发展不断取得新进展。

落实“双碳”目标，建设美丽中国！

思考题

1. 什么是碳中和和碳达峰？
2. 为实现“双碳”目标，从国家战略和个人角度分析可行的方法。
3. CO_2 化工转化方法有哪些？写出主要的反应方程。

参考文献

[1] 丁仲礼，张涛．碳中和：逻辑体系与技术需求［M］．北京：科学出版社，2022.

[2] 国务院．2024—2025 年节能降碳行动方案［R］．北京：人民出版社，2024.

[3] Ra E C，Kim K Y，Kim E H，et al. Recycling carbon dioxide through catalytic hydrogenation：recent key develop-

ments and perspectives [J]. ACS Catalysis, 2020, 10 (19): 11318-11345.

[4] 全国煤化工信息总站. CO_2 利用技术研发新进展 [J]. 煤化工, 2018, 46 (1): 84-86.

[5] 谢和平, 刘涛, 吴一凡, 等. CO_2 的能源化利用技术进展与展望 [J]. 工程科学与技术, 2022, 54 (1): 145-156.

[6] 江洋洋. CO_2 加氢制甲醇技术现状及其发展趋势 [J]. 能源化工, 2024, 45 (2): 1-8.

[7] 陈加扬. CO_2/CO 加氢制烯烃铁基催化剂的性能研究 [D]. 无锡: 江南大学, 2023.

[8] 曹民. 用二氧化碳合成有机碳酸酯及有机碳酸酯的化学反应研究 [D]. 广州: 中山大学, 2006.

[9] 朱瑞柯. 碱金属基吸附剂高温捕碳及原位转化性能研究 [D]. 徐州: 中国矿业大学, 2022.

[10] Yang Y, Wu G, Jiang J, et al. Stabilization of $Cu^{\delta+}$ sites within MnO_2 for superior urea electro-synthesis [J]. Advanced Materials, 2024, 36 (41): 2409697.

[11] Song X, Ma X, Chen T, et al. Urea synthesis via coelectrolysis of CO_2 and nitrate over heterostructured Cu-Bi catalysts [J]. Journal of the American Chemical Society, 2024, 146 (37): 25813-25823.